齿轮的近净锻造成形加工

伍太宾　著
任广升　审

内 容 简 介

本书较系统地介绍了齿轮的近净锻造成形加工工艺与模具，主要内容包括近净锻造成形加工方法、渐开线外齿轮的近净锻造成形、渐开线内齿轮的近净锻造成形、直齿锥齿轮的近净锻造成形、直线形齿轮的近净锻造成形、端面齿轮的近净锻造成形。

作者著写本书，旨在为在生产现场和科研、教学实践一线对齿轮进行冷挤压成形加工、冷摆辗成形加工、精密热模锻成形加工等锻造成形加工的工程技术人员提供具体、可靠的参考和指导。本书在讲解近净锻造成形加工方法的前提下，力求深入浅出、切实可行，使所介绍的齿轮近净锻造成形工艺及模具设计具有较强的可操作性。

本书可作为高等院校机械制造、材料成形与控制、金属材料等相关专业的教材，也可作为从事金属材料、材料成形加工工作的工程技术人员、科研人员的参考书。

图书在版编目（CIP）数据

齿轮的近净锻造成形加工 / 伍太宾著. -- 北京：北京大学出版社，2024. 11. --ISBN 978-7-301-35737-8

Ⅰ. TG61

中国国家版本馆 CIP 数据核字第 2024M3K851 号

书　　名　齿轮的近净锻造成形加工
CHILUN DE JINJING DUANZAO CHENGXING JIAGONG
著作责任者　伍太宾　著
策划编辑　童君鑫
责任编辑　孙　丹
数字编辑　蒙俞材
标准书号　ISBN 978-7-301-35737-8
出版发行　北京大学出版社
地　　址　北京市海淀区成府路 205 号　100871
网　　址　http://www.pup.cn　新浪微博：@北京大学出版社
电子邮箱　编辑部 pup6@pup.cn　总编室 zpup@pup.cn
电　　话　邮购部 010-62752015　发行部 010-62750672　编辑部 010-62750667
印 刷 者　三河市北燕印装有限公司
经 销 者　新华书店
787 毫米×1092 毫米　16 开本　13 印张　317 千字
2024 年 11 月第 1 版　2024 年 11 月第 1 次印刷
定　　价　98.00 元

前　言

齿轮是机械传动中应用广泛的机械零件。随着我国汽车工业、摩托车工业、工程机械行业、通用机械行业、国防军事工业等的飞速发展，对齿轮的需求量越来越大。采用常规切齿加工工艺（如滚齿、插齿、铣齿、刨齿等）生产的齿轮不仅无法满足国民经济发展的需要，而且生产效率和材料利用率都很低。因此，采用既能提高生产效率又能提高材料利用率、减轻劳动强度、降低加工成本的近净锻造成形加工工艺生产齿轮零件是大势所趋。

齿轮的近净锻造成形工艺是一种先进的近净成形技术，只需锻造成形的齿轮精锻件进行少量后续切削加工或不再进行后续切削加工即可满足齿轮零件的尺寸精度、齿形精度、齿向精度等技术要求。由于采用近净锻造成形工艺生产的齿轮精锻件尺寸精度和齿形精度高，因此其后续机械加工余量小，材料利用率提高。与切削加工相比，近净锻造成形工艺的工序简化、工时减少。采用近净锻造成形工艺加工的齿轮轮齿因金属流线未被切断而机械性能较好，从而提高了齿轮轮齿的使用寿命。

目前，国内缺少全面、系统地介绍齿轮近净锻造成形加工技术方面的图书。20 世纪 90 年代以来，作者一直从事齿轮锻造成形加工技术的研究和开发工作，积累了丰富的经验。作者著写本书，旨在为广大从事机械设计与制造、齿轮加工、金属加工、锻造加工的工程技术人员提供齿轮近净锻造成形加工技术方面的参考。

本书分为 6 章，主要内容包括近净锻造成形加工方法、渐开线外齿轮的近净锻造成形、渐开线内齿轮的近净锻造成形、直齿锥齿轮的近净锻造成形、直线形齿轮的近净锻造成形、端面齿轮的近净锻造成形。

本书的出版得到了有关单位的大力协助，并承蒙我国著名金属锻造成形专家、中国机械总院集团北京机电研究所有限公司的任广升教授认真审阅，在此作者深表谢意。

由于作者水平有限，书中难免存在疏漏之处，敬请广大读者批评指正。

重庆文理学院　伍太宾

2024.3.30

目　　录

第1章 近净锻造成形加工方法

近净锻造成形技术是指零件成形后，只需少量加工或不再加工即可用作机械构件的成形技术。它是新工艺、新材料、新装备及新技术成果的综合集成技术。

近净锻造成形技术包括如下两方面内容。

（1）产品形状和尺寸的精密锻造成形，以获得近净成形锻件或净成形锻件。

（2）产品内在质量和表面质量的精确控制，以获得具有良好内在质量和表面质量的锻件。

在生产实际中采用的近净锻造成形方法有精密热模锻成形、冷锻成形、多向模锻成形、等温模锻成形、粉末锻造成形、液态模锻成形、局部加载成形等。

1.1 精密热模锻成形

1.1.1 概述

精密热模锻是在常规热模锻的基础上逐步发展起来的一种少无切削加工工艺。与常规热模锻相比，它能获得表面质量好、机械加工余量小且尺寸精度较高的锻件，从而提高材料利用率，取消或部分取消切削加工工序，使金属流线沿零件轮廓合理分布，提高零件的承载能力。因此，对于生产批量大的中、小型锻件，若能采用精密热模锻成形方法生产，则可显著提高生产效率、降低产品成本和提高产品质量。特别是对于一些材料贵重且难以进行切削加工的工件，其技术经济效果更显著。有些零件（如汽车的同步齿圈）不仅齿形复杂，而且其上有一些盲槽，切削加工困难，采用精密热模锻成形后，只需少量切削加工即可装配使用。因此，精密热模锻是机械加工工业中的一种先进制造方法，也是锻造技术的发展方向。

根据技术经济分析，若零件的生产批量大于2000件，则精密热模锻显示出优越性；若现有锻造设备和加热设备均能满足精密热模锻的工艺要求，则零件的批量大于500件，可采用精密热模锻生产。

常规模锻件的尺寸精度约为±0.50mm，表面粗糙度只能达到 Ra12.5μm。而精密热模锻件的尺寸精度为±0.10～±0.25mm，甚至可达到±0.05～±0.10mm，表面粗糙度 Ra0.8μm～Ra3.2μm。例如，即使不再对采用精密热模锻生产的直齿锥齿轮锻件进行机械加工，其齿轮精度也可达到 IT10 级；精密热模锻叶片的轮廓尺寸精度可达±0.05mm，厚度尺寸精度可达±0.06mm。

1. 精密热模锻的特点

精密热模锻是提高锻件精度和降低表面粗糙度的一种先进热模锻方法。

精密热模锻成形具有如下特点。

(1) 精密热模锻件的机械加工余量和公差小，锻件精度可达±0.20mm，表面粗糙度 Ra0.8μm～Ra3.2μm，能部分或全部代替机械加工，从而节约大量机械加工工时，提高劳动生产率和材料利用率，降低零件的成本。

(2) 由于采用精密热模锻生产的零件的金属流线不仅没有被切断，而且流线分布更合理，因此其力学性能比采用切削加工生产的零件高，使用寿命也长。

(3) 采用精密热模锻可以成批生产形状复杂、使用性能高且难以用机械加工方法生产的零件，如齿轮、带齿零件、叶片等。

(4) 精密热模锻对毛坯要求严格。因为毛坯的形状和尺寸直接影响锻件成形、金属充满效果及模具使用寿命，所以要求毛坯尺寸精确、形状合理；同时，应清理表面（如打磨、抛光、酸洗或滚筒清理等），去除氧化皮、油污、锈斑等，以保证锻件质量和延长模具使用寿命。

(5) 精密热模锻对毛坯的加热质量要求高。为了得到尺寸精确、表面光洁的精锻件，要求采用少无氧化加热的方法（如在带有保护气氛的加热炉中加热、在感应炉中加热、在电炉中快速加热、在毛坯表面涂刷玻璃润滑剂后加热等），以保证毛坯表面光洁、锻件表面质量好。

(6) 精密热模锻的锻件需要在保护介质（如砂箱、石灰坑、无焰油炉等）中冷却。

2. 精密热模锻的应用范围

精密热模锻主要用于如下两方面。

(1) 生产精化毛坯。生产精度较高的零件时，用精密热模锻取代粗切削加工，即对精密热模锻件进行精机加工，从而得到成品零件。

(2) 生产精密热模锻零件。在多数情况下，用精密热模锻生产零件的主要部分，以省去切削加工，而零件的某些部分仍需少量切削加工；有时也可完全采用精密热模锻生产成品零件。

1.1.2 精密热模锻的成形方法

常用精密热模锻的成形方法有小飞边开式模锻、闭式模锻、闭塞式锻造、热挤压等。

1. 小飞边开式模锻

小飞边开式模锻是一种常用的精密热模锻工艺，如图 1.1 所示。小飞边开式模锻的成形过程可分为自由镦锻、模膛充满和打靠三个阶段，如图 1.2 所示。

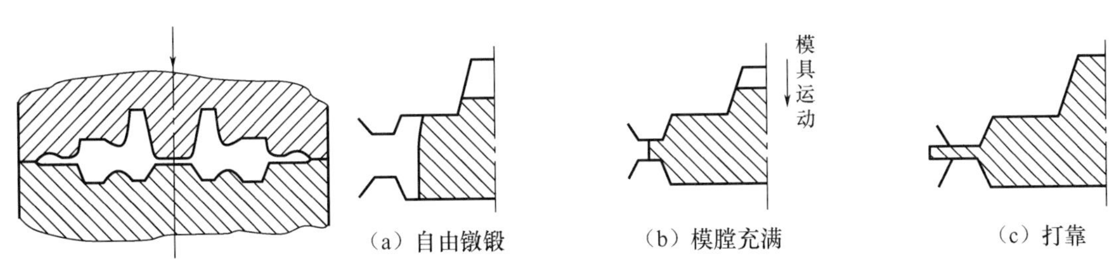

图 1.1　小飞边开式模锻

图 1.2　小飞边开式模锻的成形过程

小飞边开式模锻模具的分模面与模具运动方向垂直，在模锻过程中分模面之间的距离逐渐减小，在模锻的第二阶段（模膛充满）形成横向飞边，依靠飞边的阻力使金属充满模膛。

2. 闭式模锻

闭式模锻（图 1.3）又称无飞边模锻。闭式模锻的成形过程可分为自由镦锻、模膛充满、形成纵向飞刺三个阶段，如图 1.4 所示。

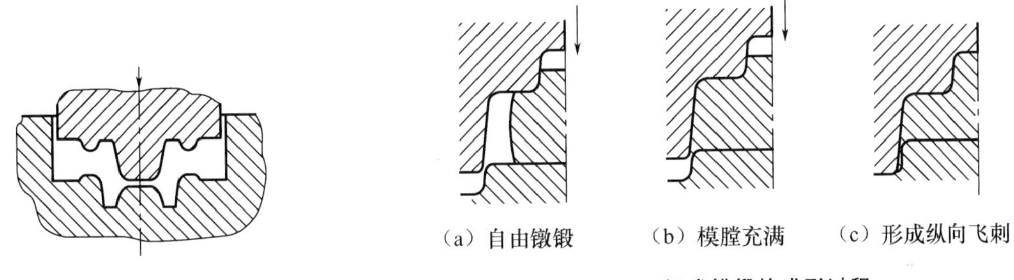

图 1.3　闭式模锻

图 1.4　闭式模锻的成形过程

(1) 自由镦锻。从毛坯与上模模膛表面（或冲头表面）接触到坯料金属与模膛最宽处侧壁接触，金属充满模膛中某些容易充满的部分。

(2) 模膛充满。从毛坯金属与模膛最宽处侧壁接触到金属完全充满模膛，坯料金属的流动受到模壁阻碍，毛坯各部分处于不同的三向压应力状态；随着坯料变形量的增大，模壁的侧向压力逐渐增大，直到金属完全充满模膛。

(3) 形成纵向飞刺。多余金属被挤出到上模和下模的间隙中，形成少量纵向飞刺，锻件达到预定高度。

闭式模锻模具的分模面与模具运动方向平行，在模锻成形过程中分模面之间的距离保持不变，在模膛充满阶段不形成飞边，即模膛充填不需要依靠飞边的阻力。如果毛坯体积过大，则在形成纵向飞刺阶段出现少量纵向飞刺。

从变形过程可以看出，闭式模锻要求毛坯体积较精确。如果毛坯体积过大，则在锤上模锻时，上模和下模的承击面不能接触（打靠），不但会使锻件高度尺寸达不到要求，而且会使模膛压力急剧增大，导致模具迅速破坏。在曲柄压力机上模锻时，轻则造成闷车，重则损坏模具和锻造设备。

闭式模锻与小飞边开式模锻相比，除没有飞边外，还有如下特点。

(1) 采用小飞边开式模锻时，模壁对变形金属的侧向压力比采用闭式模锻小，虽然两者的坯料金属都处于三向压应力状态，但剧烈程度不同。从应力状态对金属塑性的影响来看，闭式模锻比小飞边开式模锻好，它适用于低塑性金属的锻造。

（2）采用小飞边开式模锻时，金属流线在飞边附近汇集，当锻件切边后，由于金属流线末端外露，锻件的力学性能降低，因此对应力腐蚀敏感的材料（如高强度铝合金）和各向异性对力学性能有较大影响的材料（如非真空熔炼的高强度钢）采用闭式模锻更能保证锻件质量。

3. 闭塞式锻造

闭塞式锻造（图 1.5）也称闭模挤压、可分凹模锻造、径向挤压、多向模锻等。

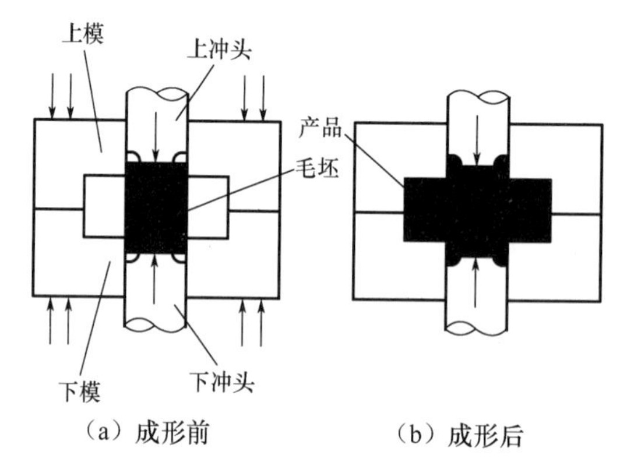

（a）成形前　　（b）成形后

图 1.5　闭塞式锻造

闭塞式锻造是在封闭模膛内的挤压成形，也是传统闭式模锻的一个发展方向。

闭塞式锻造的变形过程如下：首先将可分凹模闭合而形成一个封闭模膛，同时对闭合的凹模施加足够的压力；然后用一个或多个冲头从一个或多个方向对模膛内的坯料进行挤压成形。

4. 热挤压

热挤压如图 1.6 所示。热挤压按金属流动方向分为正挤压、反挤压、径向挤压和复合挤压。

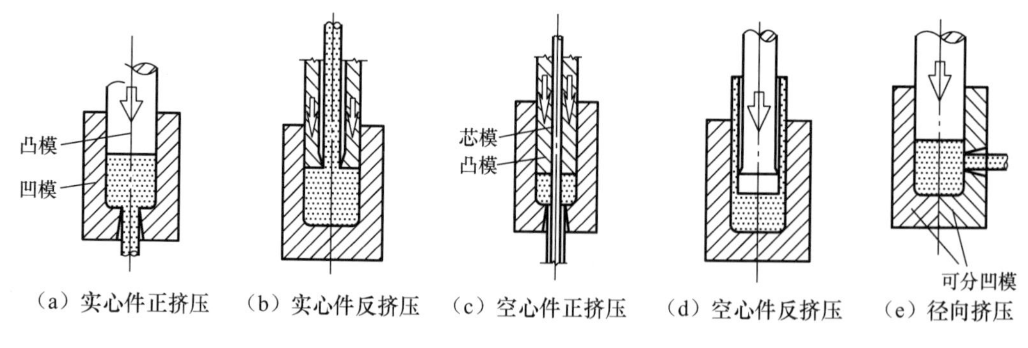

（a）实心件正挤压　（b）实心件反挤压　（c）空心件正挤压　（d）空心件反挤压　（e）径向挤压

图 1.6　热挤压

热挤压与闭式模锻的区别如下：采用闭式模锻时，金属充满模膛后，多余金属一般形

成纵向飞刺；采用热挤压时，金属挤出端处于自由状态，多余金属只会引起锻件挤出部分长度的变化。

与闭式模锻相同，热挤压件具有较好的质量。

1.1.3 精密热模锻成形工艺设计

1. 零件的成形工艺性分析

零件的成形工艺性分析主要考虑如下因素。

(1) 零件的材料。能够用普通热模锻方法锻造的金属材料都可以进行精密热模锻。因普通热模锻用的铝合金、镁合金等轻金属和有色金属具有锻造温度低、不易氧化、模具磨损少和锻件表面粗糙度低等特点，故适合采用精密热模锻成形。对钢进行精密热模锻时坯料温度较高，要求模具具有较好的红硬性和热态下的抗疲劳性等；坯料加热时容易氧化和脱碳；某些耐热合金的变形抗力很大、模具寿命低，精锻成形困难。所以，钢质精锻件的精密热模锻比轻合金和有色金属困难。

(2) 零件的形状。旋转体零件（如齿轮、轴承等）适合采用精密热模锻；对于形状复杂的零件，只要锻造时能从模具模膛中取出，就可以采用精密热模锻。

(3) 零件的尺寸精度和表面质量。精密热模锻件的尺寸精度约比模具精度低两级。目前，温锻件的尺寸精度达到 IT4 级，热锻件的尺寸精度约为 IT5 级。如果对零件的尺寸精度和表面质量（包括表面粗糙度和表面脱碳层深度等）要求不高，采用普通热模锻即可达到，则应采用普通热模锻生产；如果对零件的尺寸精度和表面粗糙度要求很高，采用精密热模锻不能达到，则精密热模锻可作为精化毛坯的工序以取代一般精度的切削加工，此时精密热模锻件应留有精加工余量。

(4) 生产批量。精密热模锻的经济性与生产批量、节约原材料、减少机械加工工时及模具成本等有关。若零件的生产批量大于 2000 件，则精密热模锻充分显示其优越性；若现有锻造成形设备和加热设备均能满足精密热模锻工艺要求，则零件的生产批量大于 500 件即可采用精密热模锻生产。

2. 制定精密热模锻工艺过程

制定精密热模锻工艺过程的内容如下。

(1) 根据产品零件图绘制精锻件图。

(2) 确定模锻工序和辅助工序（如切除飞边、清除毛刺等），决定工序间尺寸。

(3) 确定加热方法和加热规范。

(4) 确定清除坯料表面氧化皮或脱碳层的方法。

(5) 确定坯料尺寸、质量及允许公差，选择下料方法。

(6) 选择锻造成形设备。

(7) 确定坯料润滑、模具润滑、模具冷却的方法。

(8) 确定锻件的冷却方法和冷却规范，确定锻件的热处理方法。

(9) 提出锻件的技术要求和检验要求。

3. 对精密热模锻成形工艺的要求

(1) 由于精密模锻件表面不应有（或允许有少量）氧化皮，必要时还要控制脱碳层厚度，因此精密热模锻通常采用少无氧化加热方法加热坯料。加热前，应去除坯料表面的氧化皮，必要时去除表面脱碳层，或者采用专门方法去除加热坯料表面的氧化皮。

(2) 尽量减少热锻件与空气的接触时间，通常将精密热模锻成形的锻件放入能防止氧化的介质中冷却，以防止二次氧化；或者利用保护涂层防止热锻件在空气中氧化。

(3) 使用具有较高精度的模具和合适的精密锻造成形设备。

(4) 严格控制模具温度、锻造温度、润滑条件和锻造操作等。

(5) 提高坯料的下料精度和质量：采用闭式模锻时，对坯料体积精度有严格的要求，最好采用效率高的精密下料方法。

4. 制定精锻件图

(1) 精密热模锻件的机械加工余量。可以在零件图上某些不便模锻成形的部位（如小孔和某些凹槽等）加敷料，以简化锻件形状。当精密热模锻件的尺寸精度或表面质量达不到产品零件图的要求时，需为后续机械加工留加工余量。

(2) 分模面。分模面的选择原则与普通热模锻相同，应考虑易充满模膛、能从模膛中取出锻件、易检查锻件的错移和便于模具加工等问题；分模面的位置与模锻成形工艺直接相关，而且决定了锻件的流线方向；流线方向对锻件性能有较大影响，应使最大载荷方向与流线方向一致。

确定分模面时，应考虑以下几点。

① 材料的各向异性。必须将锻件材料的各向异性与零件外形联系起来，选择恰当的分模面，以保证锻件的流线方向与主要工作应力方向一致。

② 平面分模。对于带有一个或多个腹板的锻件，若其主要工作应力在平行于腹板的平面，则可将分模面置于腹板中心平面；对于盘形锻件，可将分模面置于外表面或者近于外表面处。

③ 曲面分模。为了便于模具加工，应优先选择平面分模，但当受到锻件形状的限制时，可选择曲面分模。当采用曲面分模时，应保证既得到最合适的流线又便于模具生产和尽量减小模锻时的错移力；必要时，应在模具中设置锁扣。

④ 多向流线。若精锻件的主要工作应力是多向的，则要设法形成与其适应的多向流线。

(3) 模锻斜度。为了便于脱模，在锻件侧面需有模锻斜度；精密热模锻铝合金锻件时的模锻斜度为1°～3°，精密热模锻钢锻件时的模锻斜度为3°～5°。模锻斜度公差为±0.5°或±1.0°。

(4) 圆角半径。精密热模锻件的最小圆角半径见表1-1。

(5) 筋、凸台和腹板厚度。一般筋的长度超过高度且大于宽度的3倍。凸台的长度一般小于宽度的3倍，凸台可以呈圆形、矩形或其他不规则形状。推荐采用的锻件筋的最大高宽比$h:W=6:1$，高宽比上限为8∶1，高宽比下限为4∶1。对于可锻性较好的材料（如铝合金等），当筋的高宽比$h:W=(6:1)\sim(8:1)$时可以锻造；对于可锻性较差的材料（如镁合金、钛合金和钢），筋的高宽比$h:W=(4:1)\sim(6:1)$较适宜。对于中、小型铝合金锻件，筋的最大高宽比为15∶1，通常采用的高宽比$h:W=(8:1)\sim(15:1)$；当筋的高宽比上限$h:W=(15:1)\sim(24:1)$时也可以锻出，但必须采用预锻制坯方法制坯。

表 1-1 精密热模锻件的最小圆角半径 单位：mm

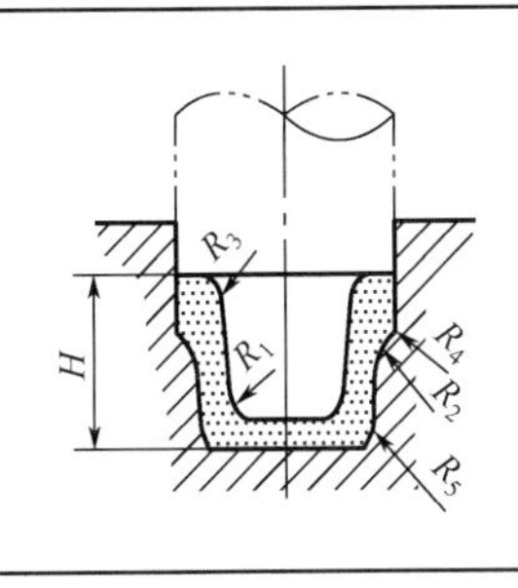

锻件高度 H	一般精度		较高精度	
	R_1、R_2	R_3、R_4、R_5	R_1、R_2	R_3、R_4、R_5
≤5.0	0.5～0.8	0.4～0.6	0.4～0.5	0.3～0.5
>5.0～10.0	1.0～1.5	0.8～1.0	0.8～1.0	0.5～0.6
>10.0～15.0	1.5～2.5	1.0～1.5	1.2～1.5	0.8～1.0
>15.0～25.0	2.5～3.0	2.0～2.5	2.0～2.5	1.5～2.0
>25.0～40.0	3.0～4.0	2.5～3.0	2.5～3.0	2.0～2.5
>40.0～80.0	4.0～5.0	3.0～4.0	3.0～4.0	2.5～3.0

1.1.4 精密热模锻的变形力和变形功

在精密热模锻成形过程中，精锻件的几何形状和几何尺寸、原材料的性能、变形金属与模具的温度及其热交换、变形金属与模具接触表面的摩擦、变形金属在模膛中的非稳定不均匀流动等都会对精密热模锻的变形力和变形功有直接或间接影响。完全依靠理论计算很难精确求出精密热模锻的变形力和变形功，在实际工作中，常用经验公式求出精密热模锻的变形力和变形功。

1. 精密热模锻的变形力

(1) 纽伯格（Neuberger）和斑纳奇（Pannasch）公式。纽伯格和斑纳奇在测试含碳量低于0.6%的碳钢和低合金钢精密热模锻件的变形力时发现，当飞边桥部宽度 b 与厚度 $h_飞$ 之比 $b:h_飞=2.0\sim4.0$ 时，影响精密热模锻变形力的主要因素是精锻件平均高度 h_a，其计算公式如下。

$$h_a=\frac{Q}{A_t\times\rho}$$

式中：Q——精锻件质量（kN）；

A_t——精锻件在分模面上的投影面积（包括飞边桥部）（mm^2）；

ρ——锻件材料的密度（kN/mm^3）。

变形力 P_t 计算公式如下。

$$P_t=p_a\times A_t$$

式中：p_a——平均压力（MPa），由图 1.7 中查出。

由图 1.7 可知，简单形状精锻件的平均压力 p_a 计算公式如下。

$$p_a=14+\frac{618}{h_a}$$

复杂形状精锻件的平均压力 p_a 计算公式如下。

$$p_a=37+\frac{781}{h_a}$$

(2) 德恩（Dean）公式。当变形金属沿整个飞边桥部产生滑动（$R_s<R_c$）时，变形力 P_t 计算公式如下。

$$P_t=\pi\times R_t^2\times\sigma_s\times\left\{\left[e^{\frac{2\times\mu\times b}{h_飞}}\times\left(\frac{2\times\mu\times R_c}{h_飞}+1\right)-\frac{2\times\mu\times R_t}{h_飞}-1\right]+\left(\frac{R_c}{R_t}\right)^2\times\left(e^{\frac{2\times\mu\times b}{S}}+\frac{2\times\sqrt{3}}{9\times h_飞}\times R_c\right)\right\}$$

当金属在飞边桥部既有滑动又有黏附区（$R_c<R_s<R_t$）时，变形力 P_t 计算公式如下。

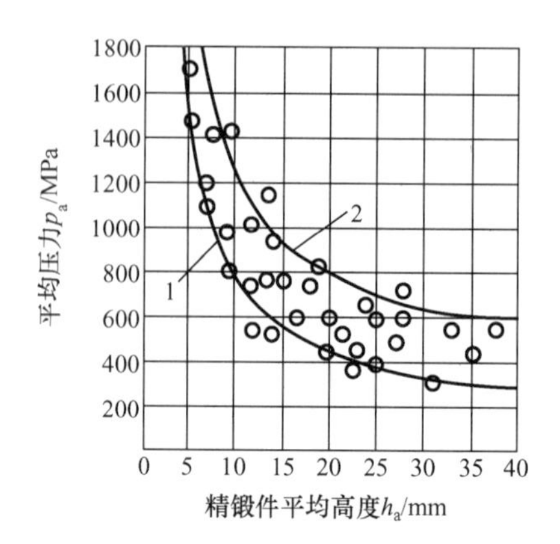

1—用于形状简单的精锻件；2—用于形状复杂的精锻件。

图 1.7　平均压力与锻件平均高度的关系曲线

$$P_t=\pi\times R_t^2\times\sigma_s\times\left\{\left(\frac{h_飞}{\sqrt{2}\times\mu\times R_t}\right)^2\times\left[\left(\frac{2\times\mu\times R_s}{h_飞}+1\right)\times e^{\frac{2\times\mu\times b}{h_飞}}-\frac{2\times\mu\times R_t}{h_飞}-1\right]+\left(\frac{R_s}{R_t}\right)^2\times\left(\frac{1}{\sqrt{3}\times\mu}+\frac{2\times\sqrt{3}}{9\times h_飞}\times R_s\right)\right\}$$

$$R_s=R_t-\left(\frac{h_飞}{2\times\mu}\right)\times\ln\frac{1}{\sqrt{3}\times\mu}$$

式中：R_t——从精锻件中心至飞边桥部外缘的半径（mm）；

R_c——从精锻件中心至飞边桥部内缘的半径（mm）；

R_s——黏附区的半径（mm）；

σ_s——锻件材料的屈服强度（MPa）。

（3）托特（Tot）公式。轴对称锻件的变形力 P_t 计算公式如下。

$$P_t=\pi\times R_c^2\times(\sigma_{f1}\times C_{f1}+\sigma_{fg}\times C_{fg})$$

其中

$$C_{f1}=\left(1+\frac{b}{2\times R_c}\right)\times\left(1+\frac{b}{h_飞}\right)$$

$$C_{fg}=0.28\times\left(1+\frac{b}{R_c}\right)+\left(1.54+0.288\times\frac{h_飞}{R_c}\right)\times\ln\left(0.25+\frac{R_c}{2h_飞}\right)$$

式中：σ_{f1}——飞边桥部的屈服强度（MPa）；

σ_{fg}——锻件本体的屈服强度（MPa）。

对于长轴类锻件，其变形力 P_t 计算公式如下。

$$P_t=W\times\ln(\sigma_{f1}\times C_{f1}+\sigma_{fg}\times C_{fg})$$

其中

$$C_{f1}=\left(1+\frac{b}{W}\right)\times\left(1+\frac{b}{h_飞}\right)$$

$$C_{fg}=\left(2+\frac{2\times b}{W}\right)\times\left[0.28+\ln\left(0.25+0.25\times\frac{W}{h_飞}\right)\right]$$

式中：W——锻件重量（不包括飞边）（kN）。

（4）列别利斯基（Ребелъскцй）公式。轴对称锻件的变形力 P_t 计算公式如下。

$$P_t=6.284\times(1-0.0254\times D_t)\times\left(1.1+\frac{0.787}{D_t}\right)^2\times\sigma_s\times D_t^2$$

长轴锻件的变形力 P_t 计算公式如下。

$$P_t = 8.0 \times (1 - 0.0287 \times \sqrt{A_t}) \times (1.1 + 0.696\sqrt{A_t})^2 \times \left(1 + 0.1 \times \sqrt{\frac{l_t}{A_t}}\right) \times \sigma_s \times A_t$$

式中：D_t——包括飞边桥部的锻件直径（mm）；

A_t——包括飞边桥部的锻件投影面积（mm^2）；

σ_s——屈服强度（MPa）。

（5）摩擦压力机上精密热模锻时变形力计算。在摩擦压力机上精密热模锻时变形力P_t计算公式如下。

$$P_t = 10 \times \sigma_a \times A$$

式中：σ_a——锻造温度下的屈服强度（MPa），由表1-2查出；

A——锻件水平投影面积（包括飞边桥部）（mm^2）。

表1-2 锻造温度下的屈服强度 σ_a 单位：MPa

钢号	σ_a	钢号	σ_a
20钢、30钢	55	30CrMnSi	65
45钢、50钢	55	Cr9Si2	70～80
20Cr、15CrV	60	20Cr13	70～80
40Cr、45CrMo	65	合金工具钢	90～100

2. 精密热模锻的变形功

制定精密热模锻成形工艺或选用锻造成形设备时，有时需要计算变形功。例如，在螺旋压力机上模锻时，若打击能量过大，则容易损坏锻造成形设备和模具；若打击能量过小，则打击次数增加，生产效率降低。

精密热模锻的变形功E计算公式如下。

$$E = C_2 \times V \times \bar{\varepsilon}_a \times \bar{\sigma}_a$$

其中，

$$\bar{\varepsilon}_a = \ln\left(\frac{h_0 \times A_t}{V}\right)$$

式中：E——精密热模锻的变形功（kJ）；

$\bar{\varepsilon}_a$——平均应变；

h_0——坯料高度（mm）；

C_2——与精锻件复杂程度有关的系数，见表1-3；

A_t——精锻件在分模面上的投影面积（包括飞边桥部）（mm^2）；

V——精锻件的体积（mm^3）；

$\bar{\sigma}_a$——在平均锻造温度t_a和平均应变$\bar{\varepsilon}_a$下金属的平均流动应力（MPa）；若金属的变形抗力只与应变有关，则应取平均应变$\bar{\varepsilon}_a$下的值。

表1-3 与精锻件复杂程度有关的系数 C_2

变形方式	有无飞边	C_2
简单形状锻件的精密热模锻	无	2.0～2.5
	有	3.0
复杂形状锻件（高筋）的精密热模锻	有	4.0

1.1.5 精密热模锻用润滑剂及润滑方式

润滑在精密热模锻成形过程中有着极为重要的作用。润滑可以减小金属在模膛中的流动阻力，提高金属充满模膛的能力，便于从模膛中取出锻件。合理地选择润滑剂，可以有效地提高产品质量、模具寿命、生产效率，减少变形力和变形功的消耗等。

在精密热模锻成形过程中，在一定的温度和高压下成形给润滑增加了困难。精密热模锻的润滑剂应满足如下要求。

(1) 对摩擦表面有较好的活性和足够的黏度，能够在摩擦表面形成足够厚的、牢固的润滑层，而且在塑性变形的高压作用下不会被挤出。

(2) 具有良好的润滑性，能有效减少变形金属与模膛表面的摩擦。

(3) 具有良好的绝热性和热稳定性。

(4) 保证锻件的表面粗糙度较低，并保证锻件顺利脱模。

(5) 残渣积聚较少，容易从模具和锻件上去除。

(6) 对锻件和模膛表面无腐蚀、氧化及其他有害化学反应。

(7) 对人体无害。

(8) 具有化学稳定性，便于存放和机械化喷涂。

(9) 经济，易获得。

1.2 冷锻成形

1.2.1 概述

冷锻成形是一种少无切削加工的工艺方法，在生产领域得到了广泛应用。冷锻是指在冷态条件下的精密锻造成形加工，即在室温条件下利用锻造设备上的模具将金属坯料锻造成具有一定形状及使用性能的冷锻件的塑性成形方法。

与热模锻、粉末冶金、铸造及机械切削加工相比，冷锻成形具有如下优点：①冷锻件的精度高，力学性能好；②节省原材料；③生产效率高，易实现自动化；④能耗较低；⑤生产成本较低；⑥对环境无污染。冷锻成形越来越多地用于生产软质金属、低碳钢、低合金钢锻件。

对冷锻成形有如下要求。

(1) 冷锻成形设备的吨位较大。冷锻成形时的变形力大。在冷挤压成形时，单位挤压力可以达到坯料强度极限的4～6倍甚至更高。

(2) 对模具材料的要求高。在冷锻成形过程中，单位冷锻力常接近甚至超过模具材料的抗压强度。在冷挤压成形时，单位挤压力为2500～3000MPa；在冷压印或冷精压时，单位成形力高达3500MPa。

(3) 模具制造工艺复杂。冷锻成形不仅对模具材料的要求很高，而且需要设计、制造两层或三层预应力组合凹模。

(4) 对原材料的要求高。冷锻成形时，坯料在冷态下产生很大的变形量；坯料高度可能减小至原来的几十分之一，坯料截面面积可能减小至原来的几十分之一到几分之一。为了避免在冷锻成形过程中多次对坯料进行中间软化退火，必须选用组织致密、杂质少的材料。

（5）往往要对坯料进行软化退火和表面润滑处理。

1.2.2 冷锻成形的基本工序

冷锻成形包括冷镦锻、冷型锻、冷压印、冷挤压和冷模锻等基本工序。

1. 冷镦锻

冷镦锻是利用冷锻成形设备，通过冷锻模具对金属坯料施加轴向压力，使其轴向压缩、截面面积增大的冷锻成形方法，如图1.8所示。

冷镦锻的特点是坯料截面面积增大。

根据坯料变形部位和模具工作部分形状的不同，冷镦锻可分为冷整体镦锻［图1.8（a）和图1.8（b）］、冷顶镦（或冷镦头）［图1.8（c）和图1.8（d）］、中间锻粗［图1.8（e）和图1.8（f）］。

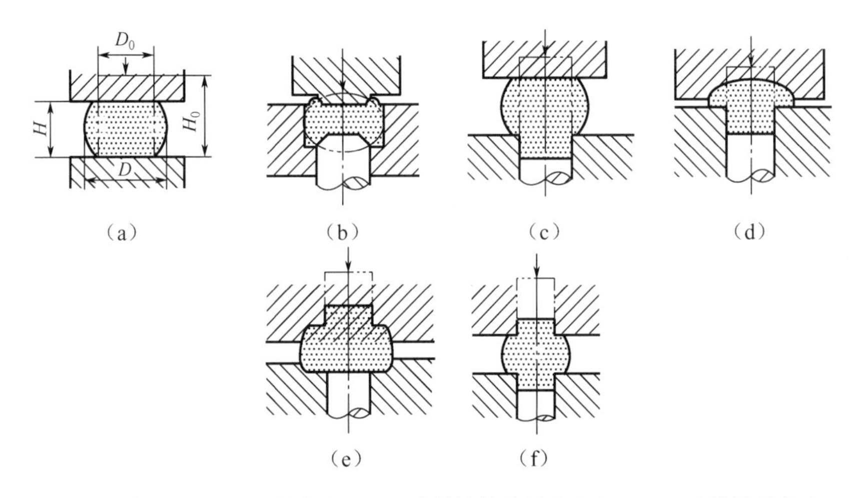

D_0—坯料直径；H_0—坯料高度；D—冷镦锻件的最大直径；H—冷镦锻件高度。

图1.8 冷镦锻

（1）冷整体镦锻。

冷整体镦锻是使整个坯料由轴向压缩转为横向扩展的冷镦锻工序。冷整体镦锻的变形特点与镦粗的变形特点相同。

（2）冷顶镦。

冷顶镦是在坯料一端的头部产生轴向压缩、横向扩展的冷镦锻工序［图1.9（a）］。冷顶镦的变形特点与镦粗的变形特点相同。设计冷顶镦模具工作部分时，应注意如下几点。

① 冷顶镦用凹模要能夹持坯料不变形部分，凹模口部边缘应有圆角。

② 冷顶镦外凸曲面形镦头件时，凸模工作部分要有相应的内凹曲面形状。

③ 当对冷顶镦件头部外曲面的端面表面粗糙度要求不高时，在凸模内凹中心处设计出气孔［图1.9（b）］；当对端面形状精度要求较高时，不允许在凸模面上设计出气孔，可用预成形或机加工方法加工出符合要求的圆弧端面后顶镦。

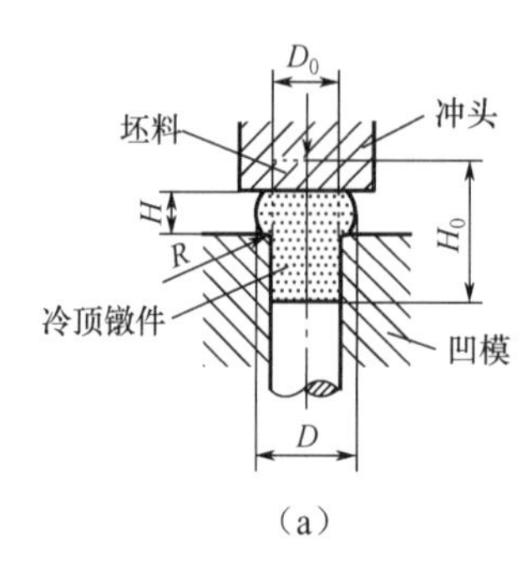

(a)

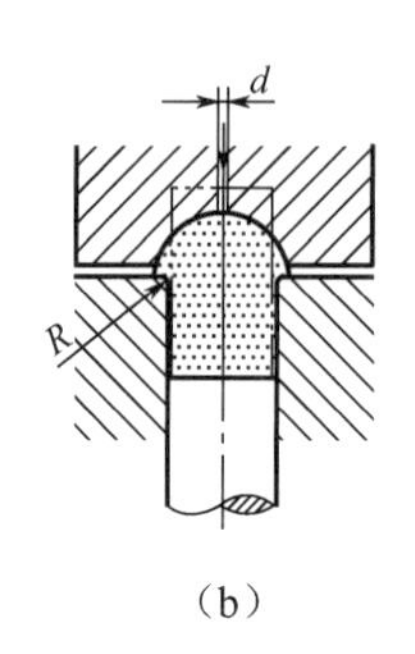

(b)

D_0—坯料直径；H_0—坯料高度；D—冷顶镦件头部的最大直径；H—冷顶镦件头部高度；
R—冷顶镦件头部与杆部的圆角；d—出气孔直径。

图 1.9　冷顶镦

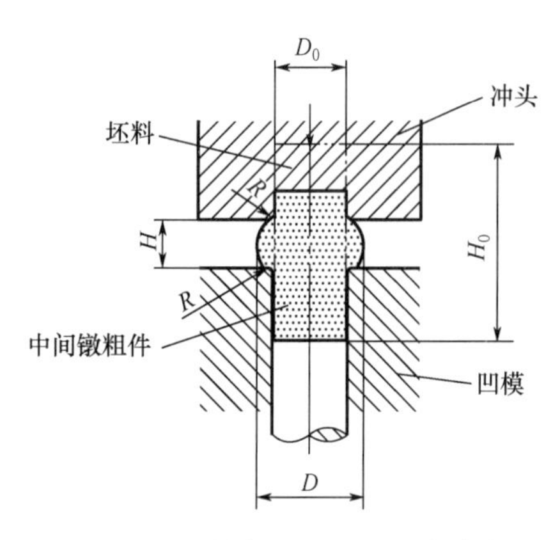

D_0—坯料直径；H_0—坯料高度；
D—中间镦粗件中间镦粗部位的最大直径；
H—中间镦粗件中间镦粗部位的高度；
R—中间镦粗件中间镦粗部位与杆部的圆角。

图 1.10　中间镦粗

④ 对头部形状复杂（如螺栓六角头等）的工件冷顶镦时，应按多次顶镦逐步成形的工艺方案进行模具设计。

(3) 中间镦粗。

中间镦粗是使坯料中间部位产生轴向压缩、横向扩展的冷镦锻工序，如图 1.10 所示。中间镦粗的变形特点与镦粗的变形特点基本相同。中间镦粗的模具工作部分设计要点如下。

① 凹模的设计原则与冷顶镦相同。

② 凸模工作部分要有内孔，且孔口边缘要有圆角。

③ 中间镦粗对中部形状精度要求较高的工件时，应采用半封闭式冷镦锻。

④ 中间镦粗中部形状复杂的工件时，应按逐步成形多次冷镦锻的工艺方案进行模具设计。

2. 冷型锻

冷型锻是利用冷锻成形设备，通过模具对金属坯料施加压力，使其产生横向压缩变形的冷锻成形方法，如图 1.11 所示。冷型锻的特点是坯料截面变扁。

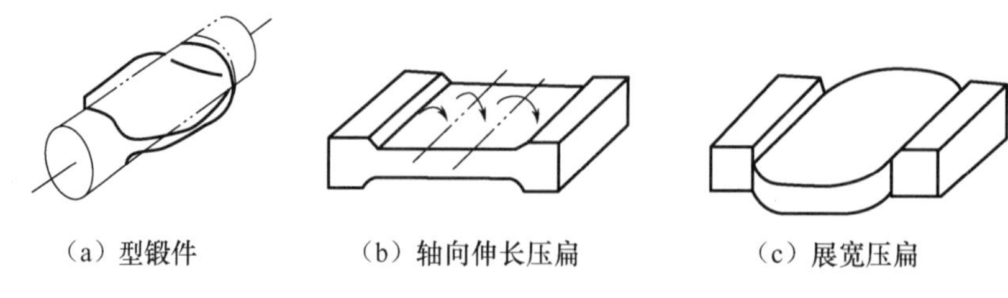

(a) 型锻件　　(b) 轴向伸长压扁　　(c) 展宽压扁

图 1.11　冷型锻

根据坯料变形部位的不同，冷型锻可分为端部拔长和中间压扁两种基本工序。端部拔长是使坯料的一端沿横向压缩、轴向伸长的冷型锻工序。中间压扁是使坯料中间部位沿横向压缩而变扁的冷型锻工序。中间压扁有如下两种成形方式。

(1) 轴向伸长压扁[图1.11(b)]。中间压扁时，阻碍坯料在宽度方向扩展，迫使其沿轴向扩展。

(2) 展宽压扁[图1.11(c)]。中间压扁时，变形区内轴向变形阻力大于宽度方向变形阻力，坯料沿宽度方向扩展相对容易，而且变形区轴向切应力增大，不变形区对变形区剪切阻力的作用减弱。

3. 冷压印

冷压印是利用冷锻成形设备，通过模具对金属坯料施加压力，使其产生轴向压缩、横向不明显扩展的冷锻成形方法，如图1.12所示。冷压印的特点是压缩量、横向变形量及总体变形量不大，但压力很大。

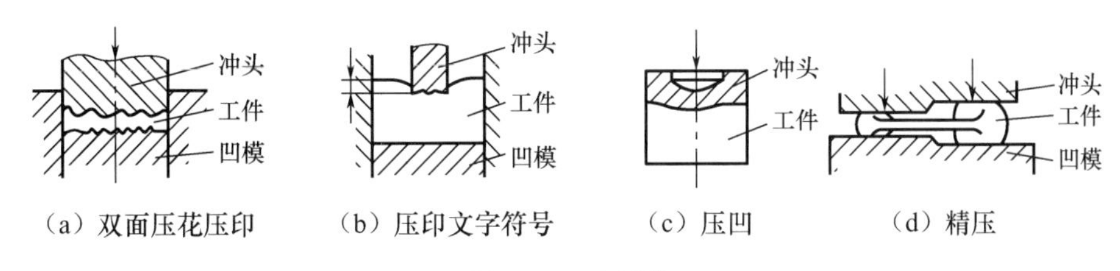

(a) 双面压花压印 (b) 压印文字符号 (c) 压凹 (d) 精压

图1.12 冷压印

依据坯料形状及模具结构特点的不同，冷压印可分为压花压印、压凹和精压三种基本工序。

(1) 压花压印。在平板形坯料的上、下表面成形深度小且清晰的凸凹花纹、图案或文字符号的压印工序称为压花压印。图1.12(a)所示为双面压花压印，如硬币；图1.12(b)所示为压印文字符号，其压印的文字符号深度比坯料厚度(高度)小，一般不需要凹模。

(2) 压凹。在坯料端面成形有一定深度的凹坑的压印工序称为压凹，如图1.12(c)所示；压凹压出的凹坑深度比压花压印的深度大一些，但坯料的横向变形量及总变形量不大。压凹不仅可以成形带有凹坑的冷锻零件，还可以为挤压和平面精压等工序制坯。

(3) 精压。为了提高半成品的尺寸精度及形状精度进行的轻微压缩变形的压印工序称为精压，如图1.12(d)所示。精压分为立体精压和平面精压，其中平面精压应用较多。虽然精压的变形量很小，但由于其压缩面积大，因此所需变形力很大。

4. 冷挤压

冷挤压的原理是在冷态下将金属坯料放入模具型腔，在强大的压力和一定的速度作用下迫使金属从型腔中挤出，从而获得所需形状、尺寸及具有一定力学性能的冷挤压件，如图1.13所示。根据金属挤出方向与加压方向的关系，冷挤压可分为正挤压、反挤压、复合挤压、径向挤压和减径挤压等。

(1) 正挤压。在成形过程中，金属的挤出方向与加压方向相同的挤压成形方法称为正挤压，如图1.13(a)和图1.13(b)所示。正挤压件的截面形状既可以是圆形又可以是非圆形。

(2) 反挤压。在成形过程中，金属的挤出方向与加压方向相反的挤压成形方法称为反挤压，如图1.13(c)所示。反挤压适用于制造截面呈圆形、矩形、“山”形、多层圆形、多格盒形的空心件。

(3) 复合挤压。在成形过程中，一部分金属的挤出方向与加压方向相同，另一部分金属的挤出方向与加压方向相反的挤压成形方法称为复合挤压，如图 1.13 (d) 所示。复合挤压是正挤压和反挤压的综合，适用于制造截面呈圆形、方形、六角形、齿形等的杯-杯类挤压件、杯-杆类挤压件和杆-杆类挤压件，也可以是等截面的不对称挤压件。

(4) 径向挤压。在成形过程中，金属的流动方向与凸模轴线方向垂直的挤压成形方法称为径向挤压，如图 1.13 (e) 所示。径向挤压适用于制造径向有凸起的工件。

(5) 减径挤压。在成形过程中，坯料截面仅轻度缩减的正挤压成形方法称为减径挤压，如图 1.13 (f) 所示。由于减径挤压的挤压力小于坯料的屈服力，坯料不会产生镦粗，其模具可以是开式的，因此减径挤压也称开式挤压或无约束正挤压。减径挤压主要用于制造直径相差不大的阶梯轴类挤压件及作为深孔薄壁杯形件的修整工序。它特别适合加工长轴类件，是加工带有多台阶轴的有效方法；也适合加工沟槽浅的花键轴和三角形齿花键轴。

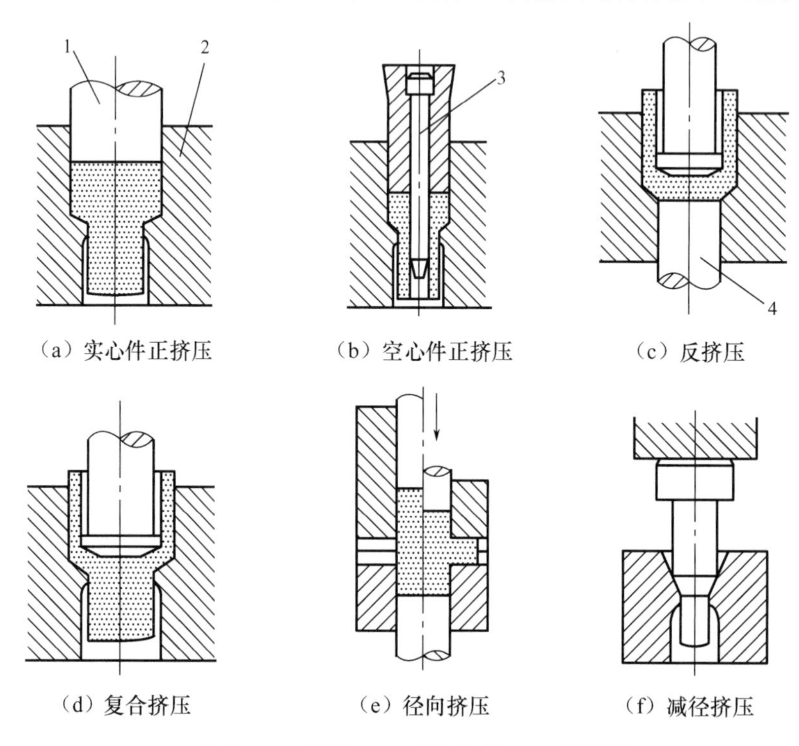

1—冲头；2—凹模；3—冲头心轴；4—顶料杆。

图 1.13 冷挤压

5. 冷模锻

冷模锻是利用冷锻成形设备通过带有型槽的凸模和凹模，对金属坯料施加压力并使之充满模具型腔的冷锻成形方法，如图 1.14 所示。根据金属坯料流动方式的不同，冷模锻可分为开式冷模锻、半闭式冷模锻和闭式冷模锻三种。

(1) 开式冷模锻。开式冷模锻时，受轴向压缩的坯料在侧面敞开模具内做比较自由的横向变形，如图 1.14 (a) 所示。

(2) 半闭式冷模锻。半闭式冷模锻指的是带有飞边槽的冷模锻，如图 1.14 (b) 所

示。半闭式冷模锻模具工作部分的设计要点如下：①型腔形状、尺寸及圆角取决于冷锻件图要求；②飞边槽由桥部与仓部组成；③应设计拔模斜度，以便取出工件。半闭式冷模锻件有飞边，需安排切边工序。

(3) 闭式冷模锻。将金属坯料完全限制在模具型腔内进行冷锻成形的工序称为闭式冷模锻，如图 1.14 (c) 所示。闭式冷模锻的变形分为镦粗、充满型腔和挤出端部毛刺三个阶段。闭式冷模锻的变形力很大。

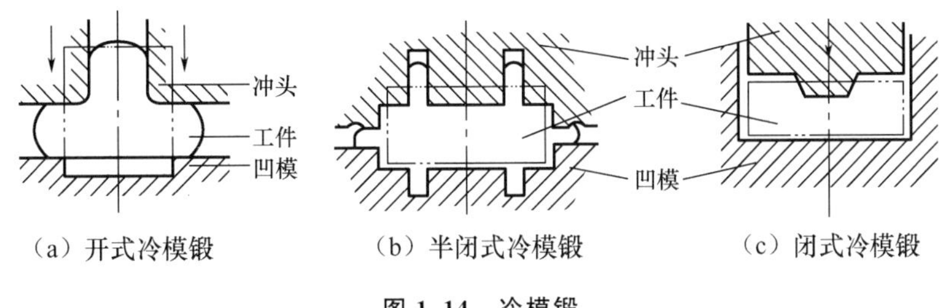

(a) 开式冷模锻　(b) 半闭式冷模锻　(c) 闭式冷模锻

图 1.14　冷模锻

1.2.3　冷锻成形工艺过程的设计

1. 冷锻件的设计原则

冷锻件和冷锻成形工艺过程的设计原则是工艺合理、经济合算。冷锻件设计是冷锻成形工艺设计的基础。

冷锻件图是根据产品零件图、考虑冷锻成形工艺和机械加工的工艺要求及经济原则设计的。设计冷锻件图时，必须遵循下列基本原则。

(1) 冷锻件形状易冷锻成形，使模具受力均匀。

(2) 冷锻件尺寸及精度要求在冷锻成形可能范围内。

(3) 用机械切削加工等方法更适合实现形状要求和尺寸要求的零件，不应强求用冷锻成形方法，否则经济不合算。

2. 冷锻件的结构工艺性

(1) 对称性 (图 1.15)。冷锻件最好是轴对称旋转体，其次是对称非旋转体。当冷锻件为非对称体时，模具受侧向力，易损坏。

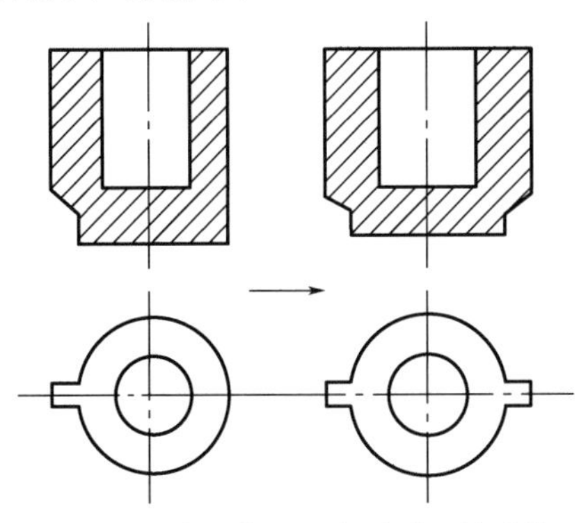

(a) 非对称形状　(b) 改进后的形状

图 1.15　零件结构的对称性

(2) 截面面积差。将冷锻件不同截面特别是相邻截面上的截面面积差设计得越小越有利。对于截面面积差较大的冷锻件，可以采用改变成形方法、增加变形工序来减小截面面积，如图 1.16 所示。

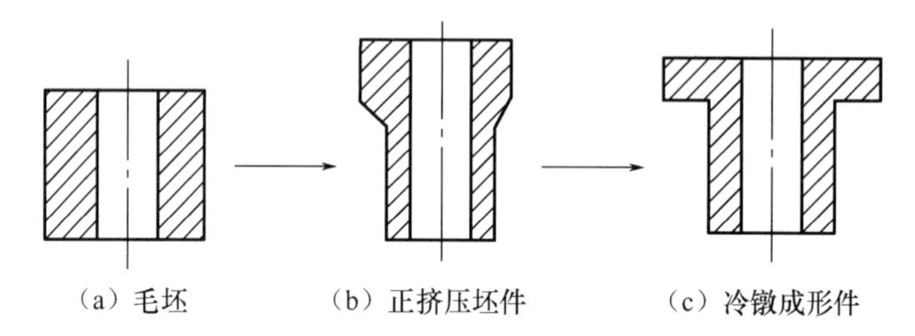

(a) 毛坯　(b) 正挤压坯件　(c) 冷镦成形件

图 1.16　减小截面面积差的设计

(3) 截面过渡及圆角过渡。当冷锻件截面有差别时，通常设计从一个截面缓慢地过渡到另一个截面；为了避免急剧变化，可用锥形面或中间台阶逐步过渡（图 1.17），且过渡处要有足够大的圆弧过渡。

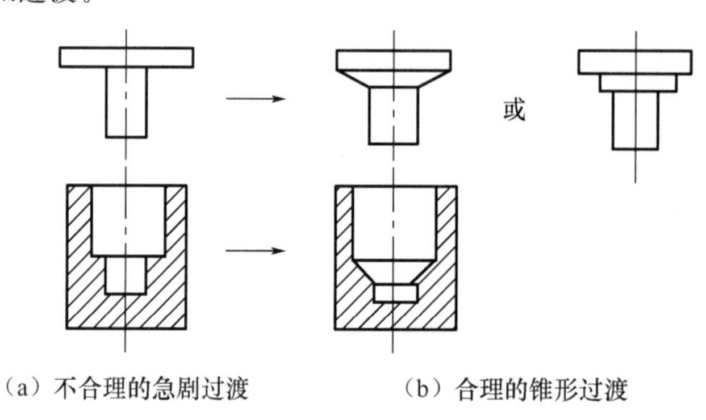

(a) 不合理的急剧过渡　(b) 合理的锥形过渡

图 1.17　截面的合理过渡

(4) 截面形状。

① 锥形问题。因锥形件冷锻会产生一个有害的水平分力，故应先冷挤压成圆筒形，再单独镦粗成形外部锥体或切削加工出内锥体，如图 1.18 所示。

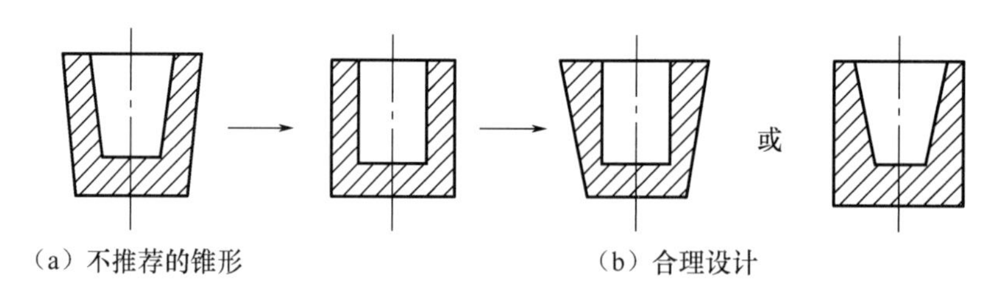

(a) 不推荐的锥形　(b) 合理设计

图 1.18　锥形件的冷锻

② 阶梯形。图 1.19 所示的实心阶梯形冷锻件适合采用正挤压或减径挤压，但尺寸相差很小的阶梯形件采用冷锻成形不经济；图 1.20 所示的空心阶梯形冷锻件阶梯之间的尺寸相差很小，最好将其冷锻成形为大阶梯形件或简单空心件，然后切削出来。

③ 避免细小深孔。冷锻直径很小的孔或槽很难且不经济，应尽量避免。对图 1.21 所

示的零件，其深孔 1、侧孔 2、沟槽 3 及螺纹 4 均不宜采用冷锻成形，而需要采用机械切削加工方法。

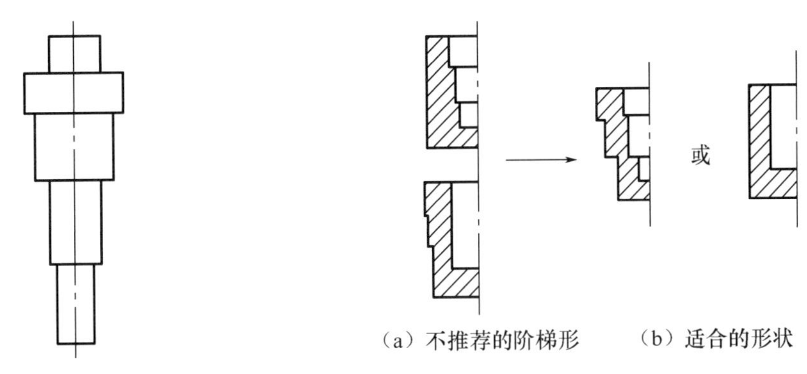

（a）不推荐的阶梯形　（b）适合的形状

图 1.19　实心阶梯形冷锻件　　图 1.20　空心阶梯形冷锻件

3. 冷锻成形工艺方案的制定

对于任一种冷锻件，从不同的角度和设计观点出发会有多个冷锻成形工艺方案。制定冷锻成形工艺方案时，既要考虑技术上的可行性和合理性，又要注重经济效益。应该制定两个或两个以上冷锻成形工艺方案，然后进行技术经济分析，以得到合理的工艺方案。

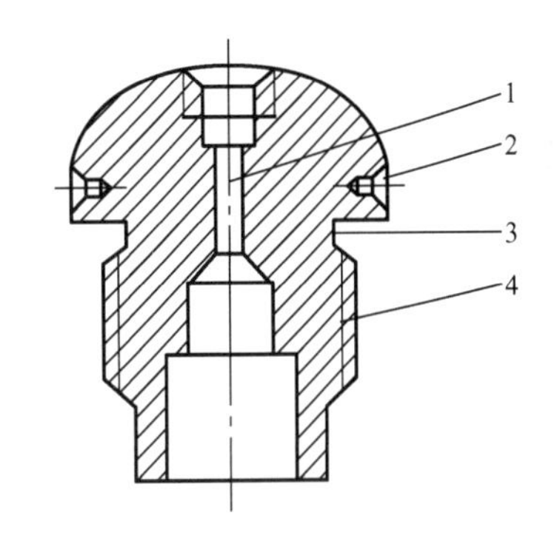

1—深孔；2—侧孔；3—沟槽；4—螺纹。

图 1.21　不宜冷锻成形的部位

（1）制定冷锻件图。可根据零件图制定冷锻件图，以 1∶1 比例绘制。

制定冷锻件图的内容如下。

① 确定冷锻成形和进一步加工的工艺基准。

② 对于不需要机械切削加工的部位，不加机械加工余量，按零件图的技术要求直接给出公差；而对于需要进行机械切削加工的部位，应考虑机械加工余量，并按冷锻成形可以达到的尺寸精度给出公差。

③ 确定冷锻成形后多余材料的去除方式。

④ 按照零件图的技术要求及冷锻成形可能达到的尺寸精度，确定冷锻件的表面粗糙度和形位公差。

（2）制定冷锻成形工艺方案的技术经济指标。冷锻成形工艺方案在技术经济上的可行性和合理性常采用下述指标衡量。

① 冷锻件的尺寸。冷锻件的尺寸越大，冷锻成形设备越大，采用冷锻成形加工越困难。

② 冷锻件的形状。冷锻件的形状越复杂、变形程度越大，冷锻成形的工序越多。

③ 冷锻件的精度。对冷锻件的尺寸精度和表面粗糙度有一定限制，可增加修整工序提高。

④ 冷锻件的材料。冷锻件的材料影响冷锻成形的难度和许用变形程度。

⑤ 冷锻件的批量。当冷锻件的批量大时，可以降低总成本。

⑥ 冷锻件的费用。冷锻件的制造成本一般包含材料费、备料费、工具及模具制造费、

冷锻成形加工费及后续工序加工费等，这是一项综合指标，往往决定了工艺方案的可行性和合理性。

对上述指标进行全面分析、平衡后，可以选择一个最佳冷锻成形工艺方案。最佳冷锻成形工艺方案的标志是采用尽可能少的冷锻成形工序和中间退火次数，以最低的材料消耗、最高的模具寿命和生产效率冷锻成形出符合技术要求的冷锻件。

冷锻成形包含下料工序、预成形工序、辅助工序、冷锻工序及后续加工工序等，设计冷锻成形工序是制定冷锻成形工艺方案的核心工作。

4. 不同冷锻成形工序的一次成形范围

不同冷锻成形工序的一次成形范围是指在当前技术条件下，一次成形所允许的加工界限。它是根据不超出许用变形程度、一定的模具使用寿命及良好的锻件质量等原则确定的。

（1）正挤压件的一次成形范围。图 1.22 所示为正挤压件的典型形状。

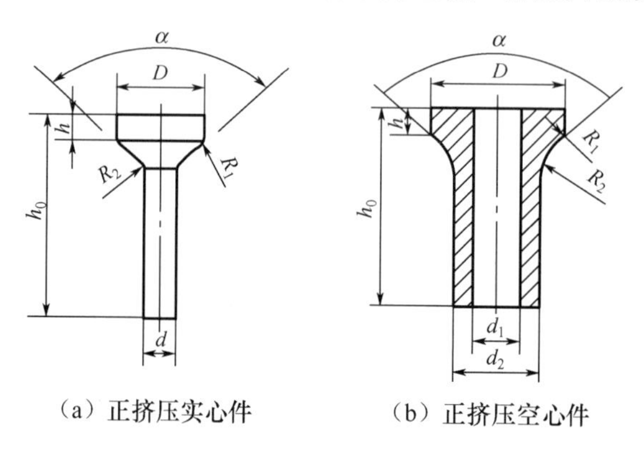

（a）正挤压实心件　　（b）正挤压空心件

图 1.22　正挤压件的典型形状

正挤压时，若坯料的高度（h_0）与直径（D）之比 h_0/D（高径比）过大，则会增大摩擦阻力，从而增大挤压力。因此，正挤压时，坯料的高径比应控制为 $h_0/D<5.0$。

正挤压时，若正挤压实心件的杆部直径 d 过小，则其变形程度会超出许用变形程度。对于黑色金属实心件的正挤压，其一次成形的杆部直径 d 应控制为 $0.5D \leqslant d < 0.85D$。

正挤压时，余料厚度 h 过小，单位挤压力急剧增大；而且正挤压实心件还会出现缩孔缺陷。正挤压实心件的余料厚度 h 不宜小于挤出部分直径的 50%；正挤压空心件的余料厚度 h 不宜小于挤出部分的壁厚。

凹模锥角 α 是影响正挤压件质量与单位挤压力的主要因素，其值往往取决于零件的技术要求。正挤压时，若凹模锥角 $\alpha=180°$，则为了减小单位挤压力和提高表面质量，要适当地修改零件结构或增加一道镦粗工序。

在生产中，应根据冷挤压件的材料和变形量选择凹模锥角 α。对于黑色金属，其凹模锥角 $\alpha=90°\sim120°$，变形程度小时取大值；对于有色金属，其凹模锥角 $\alpha=160°\sim180°$。当变形程度大时，凹模锥角 $\alpha=180°$，会出现死角区、缩孔和表面裂纹缺陷，严重时会出现死区剥落现象。

（2）反挤压件的一次成形范围。图 1.23 所示为反挤压杯形件的典型形状。

反挤压时，为了保证反挤压凸模在挤压成形过程中不失去稳定性，其孔深 h 应受凸

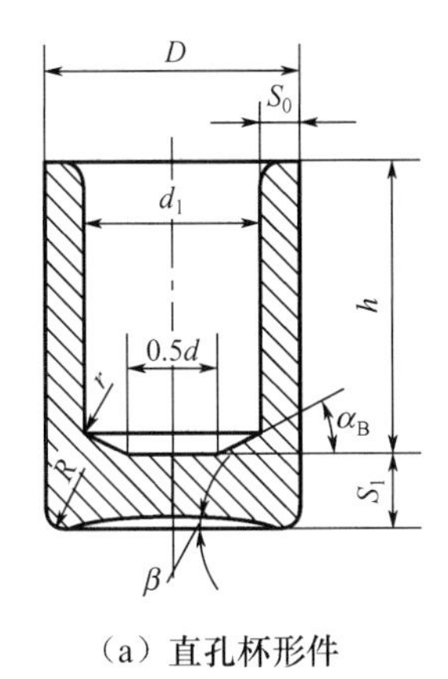

(a) 直孔杯形件

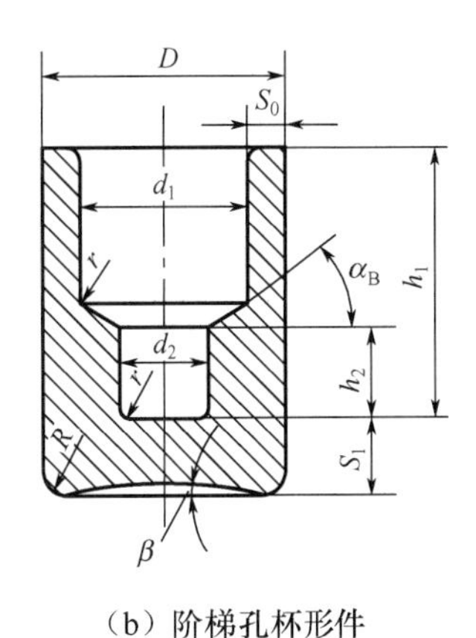

(b) 阶梯孔杯形件

图 1.23　反挤压杯形件的典型形状

模长径比的限制。对于不同材料的杯形件，允许的相对孔深 h/d_1 如下：对于有色金属及其合金，其杯形件的相对孔深 $h/d_1=3.0\sim6.0$；对于黑色金属，其杯形件的相对孔深 $h/d_1=2.0\sim3.0$。

反挤压时，反挤压杯形件的杯壁厚度 S_0 越小，反挤压的变形程度越大。因此，反挤压件的杯壁厚度 S_0 受材料许用变形程度的限制。

反挤压时，若反挤压杯形件的底厚 S_1 过小，则除引起挤压力的急剧上升外，还可能在底部转角处产生缩孔缺陷。因此，一般应使 $S_1\geqslant S_0$，在特殊情况允许 $S_1<S_0$，但至少保证 $S_1\geqslant0.8S_0$。

反挤压时，为了保证不超出模具的许用单位压力，根据反挤压单位压力与变形程度的关系，内孔径 d_1 的一次成形范围应受最小许用变形程度和最大许用变形程度的限制。反挤压黑色金属时，变形程度应控制在 $25\%\leqslant\varepsilon_A\leqslant75\%$，经换算后，其内孔径 d_1 的一次成形范围为 $0.5D\leqslant d_1\leqslant0.86D$。

反挤压阶梯孔杯形件时，凸模工作带加长，成形压力增大，凸模使用寿命缩短。因此，一般应使阶梯孔杯形件的小孔长径比 $h_2/d_2\leqslant1.0$，在特殊情况下允许 $h_2/d_2>1.0$，但至少保证 $h_2/d_2<1.2$。

采用平底凸模反挤压时，挤压力较大。一般反挤压黑色金属时，凸模顶角 $\alpha_B=7°\sim27°$；反挤压铝、铜等有色金属时，凸模顶角 $\alpha_B=3°\sim25°$。采用锥形凸模反挤压时，凸模顶角 α_B 仍取上述数值。反挤压的孔底也可为半球形孔底，它只适用于变形程度较小的场合。若变形程度 $\varepsilon_A>60\%$，则单位挤压力急剧上升。

(3) 复合挤压件的一次成形范围。图 1.24 所示为复合挤压件的典型形状。

由于复合挤压力不会超过单纯正挤压或单纯反挤压的挤压力，因此复合挤压件的一次成形范围应比单纯正挤压或单纯反挤压大。在实际生产中，复合挤压件的一次成形范围可参照单纯正挤压和单纯反挤压的一次成形范围确定。例如，杯-杯类复合挤压件按单个反挤压杯形件的一次成形范围确定一次成形范围；杯-杆类复合挤压件的正挤压成形杆径 d_2 大的一次成形范围可以大一些，因为此时实际挤压变形程度比许用变形程度小。

对于黑色金属，一般取 $d_2/D\geqslant0.4$，其他尺寸仍按与单个正挤压件相同的一次成形范围确定。

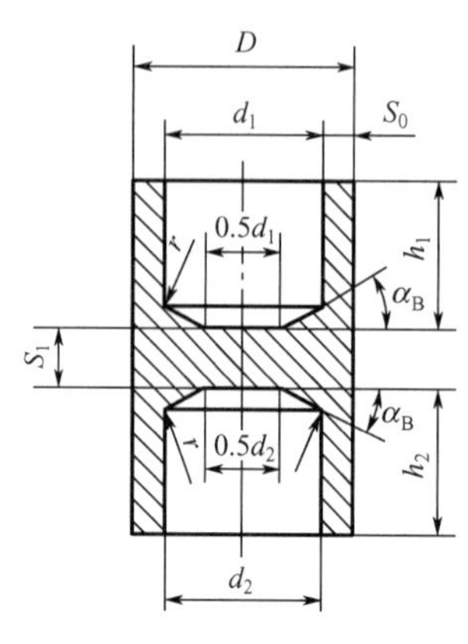

（a）杯-杯类复合挤压件

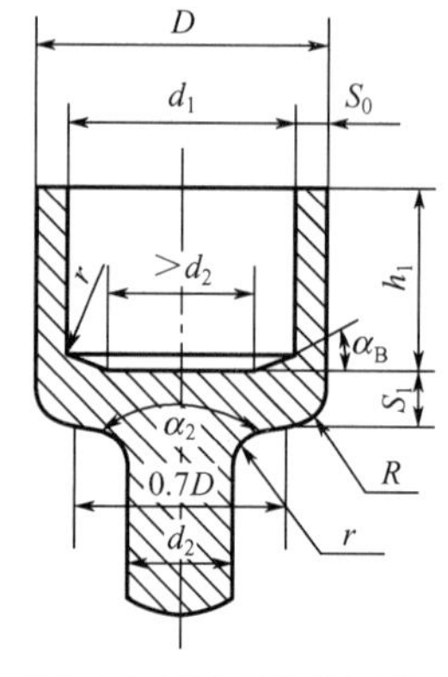

（b）杯-杆类复合挤压件

图 1.24　复合挤压件的典型形状

（4）减径挤压的一次成形范围。图 1.25 所示为减径挤压件的典型形状。

减径挤压是一种在开式模具内变形且变形程度较小的变态正挤压。由于坯料在进入变形区前不能有任何塑性变形，因此减径挤压件的一次成形范围应综合考虑坯料材料的变形抗力、挤压件的变形程度、模具的许用单位压力以及不产生内部裂纹等因素，从而确定主要尺寸参数。碳钢零件减径挤压的一次成形范围：当凹模锥角 $\alpha=25^\circ\sim30^\circ$时，若采用的坯料经退火处理，则取 $d_1/d_0\geqslant0.85$；若采用经冷拉拔加工的坯料，则取 $d_1/d_0\geqslant0.82$。

（5）镦挤复合成形工艺的一次成形范围。镦挤复合成形工艺在多台阶冷锻件中应用较广，多台阶零件可分为长轴类多台阶冷锻件和扁平类多台阶冷锻件两种。

1）长轴类多台阶冷锻件的镦挤复合成形。长轴类多台阶冷锻件有两个以上台阶，设计工艺时，考虑一次行程中完成多台阶的镦挤成形，势必要选定合理的坯料直径 d_0，如图 1.26 所示。

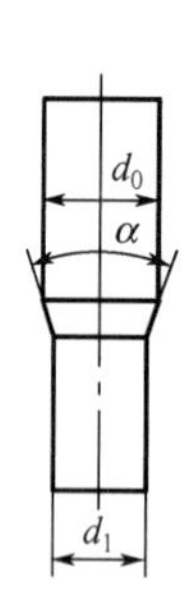

d_0—坯料直径；d_1—自由减径直径；

α—凹模锥角。

图 1.25　减径挤压件的典型形状

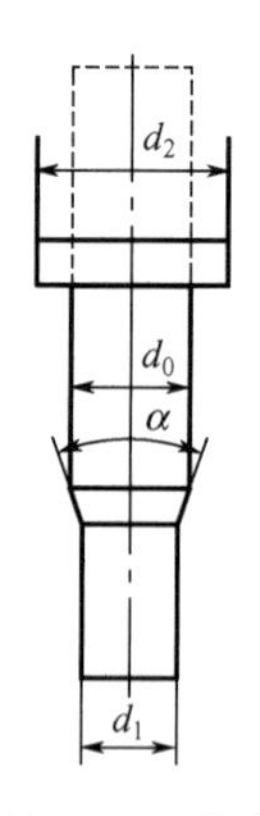

d_0—坯料直径；d_1—自由减径直径；

d_2—镦粗头部直径；α—凹模锥角。

图 1.26　长轴类多台阶冷锻件的镦挤复合成形工艺

坯料直径 d_0 与自由减径直径 d_1 和镦粗头部直径 d_2 要满足如下条件：由坯料直径 d_0 自由减径至 d_1 时，应控制变形程度 $\varepsilon_A=25\%\sim30\%$，凹模锥角 $\alpha=25^\circ\sim30^\circ$；由坯料直径

d_0 镦粗至 d_2 时，必须符合镦粗变形规则。此工艺的变形特点是先进行自由减径再进行头部镦粗。

2）扁平类多台阶冷锻件的镦挤复合成形。扁平类多台阶冷锻件的镦挤复合成形工艺如图 1.27 所示。

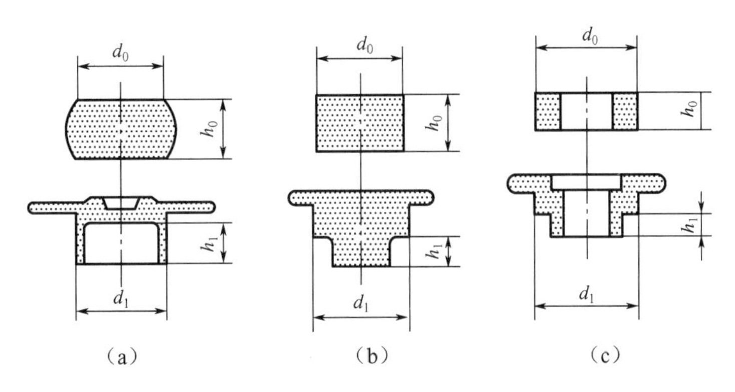

图 1.27　扁平类多台阶冷锻件的镦挤复合成形工艺

图 1.27（a）所示的零件毛坯一般由棒料切断后镦粗获得。设计时应注意 h_1，当挤压部分变形程度较大时，$h_1=(0.3\sim0.5)d_0$。因为金属在变形过程中产生轴向流动与径向流动，轴向流动的变形抗力较大，大部分金属径向流动，所以取毛坯直径 $d_0\approx d_1$。

图 1.27（b）所示的零件毛坯 $d_0=d_1$，由正挤压与头部镦粗复合成形，h_1 取决于正挤压的变形程度。

图 1.27（c）所示的零件除受镦粗及正挤压外，还受反挤压。h_1 受正挤压变形程度的影响，与图 1.27（b）相似，不同之处在于反挤大孔加速了金属径向流动，h_1 在较大的正挤压变形程度下减小。

在镦挤复合成形工艺的金属流动过程中，应尽可能减少已镦粗头部金属向正挤压方向流动。这样不会因为头部尺寸增大而增大正挤压的变形程度，造成正挤压困难。若在镦挤复合成形工艺中存在反挤压，则反向流动金属不要过多地参与镦粗，尽量减少金属经轴向流动后参与径向流动，以确保挤压件的质量。

（6）镦挤联合工艺设计。正挤压件头部的凸缘尺寸较大或反挤压后杯形件底部有较大凸缘时，因冷挤压的单位压力很大，故不能采用最大尺寸作为毛坯外径，而应分成两道或两道以上成形工序（挤压后采用镦头方法）以获取所需工件。

如图 1.28 所示，若采用外径 $\phi35$ 的环形毛坯一次挤压，则正挤压的变形程度 $\varepsilon_A=93\%$，单位挤压力高达 3500MPa，模具承受不了此负荷。为了降低单位挤压力，需要降低变形程度，把一次成形改为多次成形。对外径 $\phi26$ 的环形毛坯进行正挤压并镦头，以达到产品要求。

（7）镦粗工艺。图 1.29 所示为镦粗方式的加工界限，在此范围内可以一次或两次镦粗成圆柱体或鼓形头部。

图 1.30 所示为粗腰类锻件局部镦挤的一次成形范围（在上、下固定的凹模间隙内，将材料镦出凸缘的加工界限）。图中的实线包围区域为一次成形范围，阴影部分为引起纵向弯曲或表面裂纹的区域。当模具间隙 Z 与毛坯直径 d_0 之比 $Z/d_0=0.7\sim0.8$，凸模行程 l_0

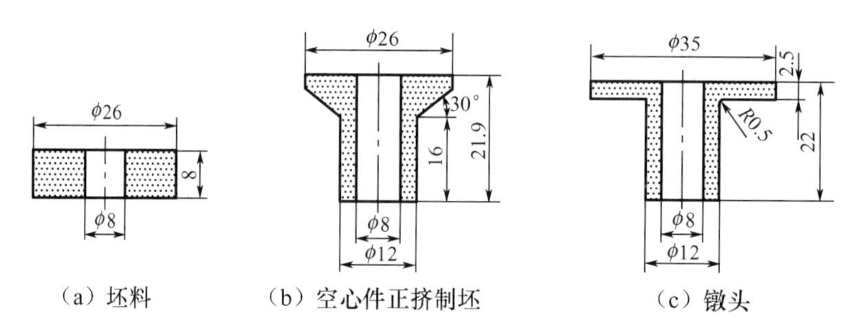

图 1.28 低碳钢（10 钢）钢套镦挤复合成形工艺

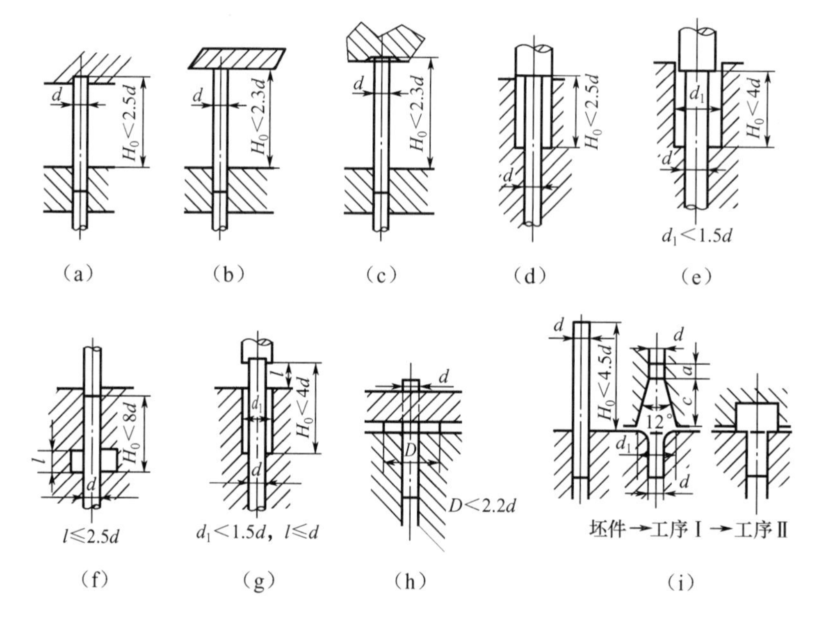

图 1.29 镦粗方式的加工界限

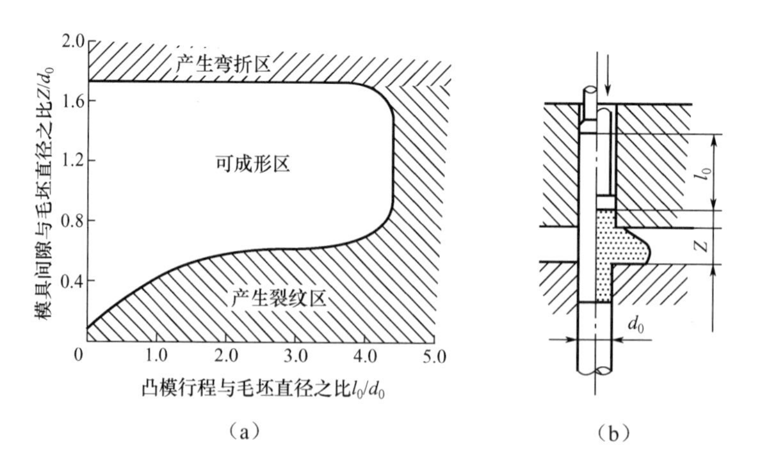

d_0—毛坯直径；Z—模具间隙；l_0—凸模行程。

图 1.30 粗腰类锻件局部镦挤的一次成形范围

与毛坯直径 d_0 之比 $l_0/d_0=4.25$ 时，不产生表面裂纹和纵向弯曲，可以镦出凸缘（材料为 10 钢并经退火和磷皂化处理，$d_0=12.7$mm，$Z=12.7$mm，凸模工作速度 212mm/min）。

5. 中间工序的设计要点

中间工序是得到中间预制坯的工序。中间工序主要用于分配坯料体积变形量，为冷锻件做形状和尺寸方面的准备。它对冷锻工艺的成功和冷锻件的质量与尺寸精度都有极其重要的影响。

（1）中间预制坯的形状和尺寸的确定。确定中间预制坯的形状和尺寸最主要的是符合金属变形的规律和零件冷锻变形的具体要求。

① 中间预制坯的形状、尺寸设计应该最大限度地满足冷锻成形工艺和冷锻件的质量要求。比如，冷挤压带有凸缘的深孔杯形件时，如果中间预制坯是平底的，那么冷挤压时，在孔底转角附近会出现收缩缺陷，如图 1.31（a）所示。如果将中间预制坯的底部设计成阶梯形，使其小端尺寸与冷挤压件的杯体一致，则冷挤压件的形状较理想，如图 1.31（b）所示。又如镦挤锥齿轮时，因顶部不易成形饱满，故中间预制坯的锥角应比冷挤压件的锥角小，以 7°～12°为宜。

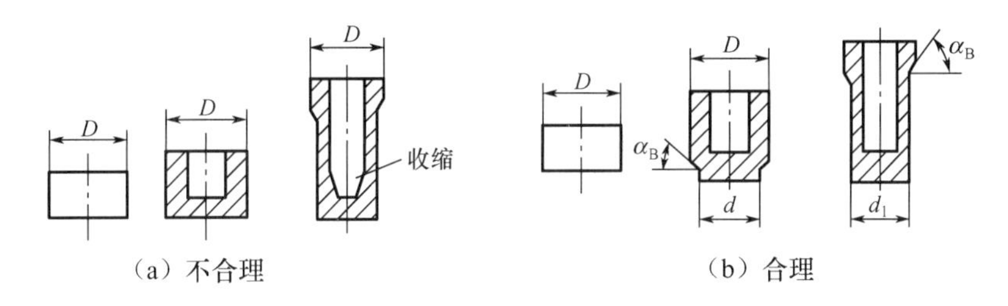

图 1.31　中间预制坯形状对冷锻件的影响

② 选择中间预制坯形状时，一般有外台阶的冷锻件用锥形过渡能改善变形条件。

③ 确定中间预制坯的形状与尺寸时，应该考虑冷锻件局部成形工艺及材料储备。例如，反挤压底部中间圆柱高于四周圆柱的零件时，应在中间工序先挤压出来中间圆柱的高度，如图 1.32 所示。

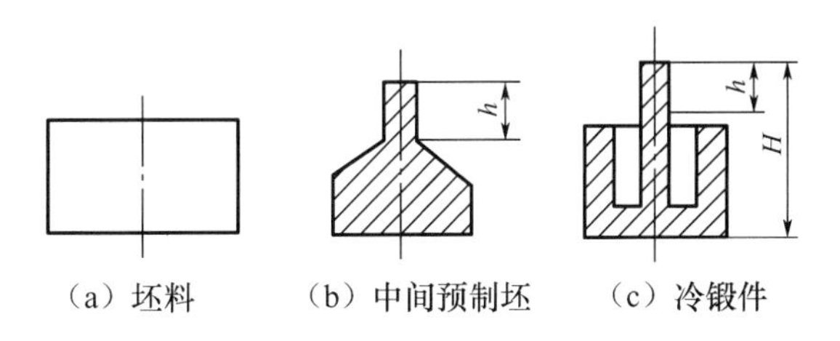

图 1.32　考虑冷锻件局部形状的中间预制坯设计

④ 采用多道工序挤压锥形件时，中间预制坯形状不应与冷锻件的锥体形状一致，且一般前者锥形角大些，如图 1.33 所示。将中间预制坯放入凹模后，其与模壁及型腔下部存在一定间隙（称为工艺悬空），使得在成形过程中成形力减小，且提高了成形件锥体部分的表面质量。

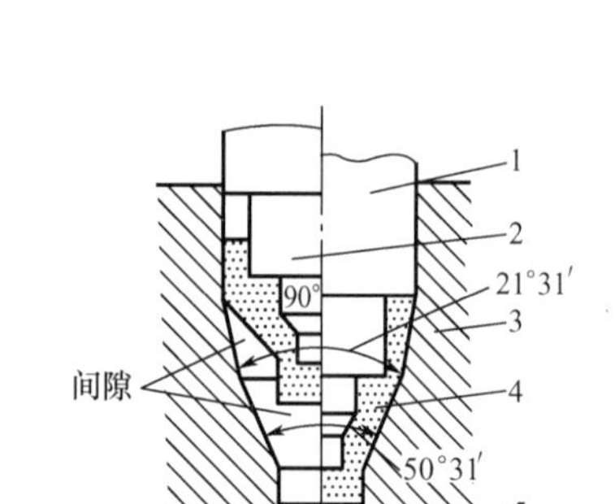

1—冲头；2—冲头心轴；3—凹模；4—锥形冷锻件；5—顶料杆。

图 1.33 锥形冷锻件的中间预制坯形状

（2）各道工序间的尺寸配合。在多道工序挤压成形过程中，确定各道工序间的尺寸配合关系很重要。各道工序配合良好可以保证冷锻件的尺寸精度及质量要求。

径向尺寸配合原则是使坯料或中间预制坯自由放入下一道工序的型腔。确定各道工序尺寸时，应从冷锻件开始反过来推算。如图 1.34 所示的冷挤压件，其外径为 D，中间预制坯上的相应尺寸应减小间隙值 Z_2，坯料外径又要比中间预制坯的外径小间隙值 Z_1（中间预制坯的外径为 $D-Z_2$，坯料的外径为 $D-Z_2-Z_1$，间隙值 Z_2 和 Z_1 视挤压件的精度要求而定，通常为 0.05～0.1mm）。如果冷挤压件的内孔径为 d_2，则中间预制坯相应的孔径为 d_2+Z_3。由于各道工序的变形性质与质量要求不同，因此配合间隙不同。一般规律从坯料到冷锻件，间隙逐渐减小。

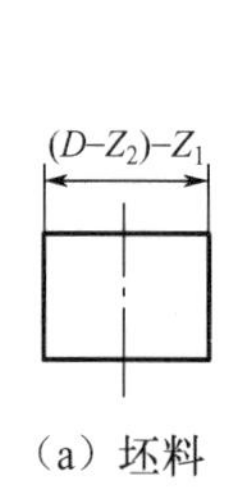

（a）坯料

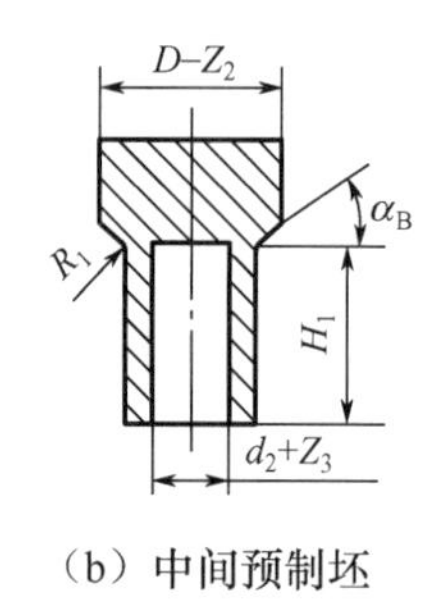

（b）中间预制坯

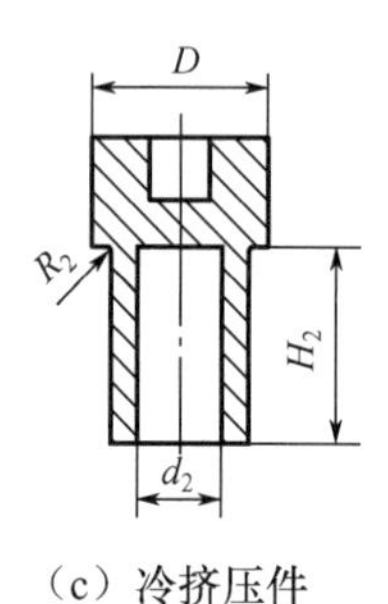

（c）冷挤压件

图 1.34 冷挤压工序间的尺寸配合关系

确定轴向尺寸的配合关系时，应考虑在冷挤压时将部分金属挤入凹模型腔，使轴向尺寸增大 ΔH。因此，中间预制坯的轴向尺寸 H_1 应略小于冷挤压件相应处的尺寸 H_2，即 $H_2-H_1=\Delta H$。ΔH 取决于零件的形状、尺寸、变形特点、材料性能及变形程度。

为了防止金属滞留，应将中间预制坯的过渡部分设计成锥形。为了避免金属堆积和折叠，中间预制坯的圆角半径应与冷锻件相应处的圆角半径协调，即 $R_1 \geqslant R_2$。

1.2.4 冷锻变形力的计算

冷锻变形力是冷锻变形所需作用力。它是设计模具、选择成形设备的依据，也可衡量冷锻变形的难易程度。冷锻变形力受变形材料及状态、变形程度、速度、润滑条件及模具结构等因素的影响。

1. 单位接触面上的平均压力

在冷锻成形过程中，单位接触面积上的平均压力非常大，这是必须注意的一个问题。

（1）冷镦锻。冷镦锻成形时，如果润滑充分，金属能够在模具表面自由滑动，则单位接触面上的平均压力 p 等于变形抗力 $\bar{\sigma}$。

$$p=\bar{\sigma}$$

在图1.8（a）中，如果取模具表面的摩擦系数为 μ（当润滑情况好时，$\mu=0.05$；当润滑情况不好时，$\mu=0.10\sim0.15$），则 μ 值小时有如下关系式。

$$p\approx\bar{\sigma}\times\left(1+\frac{\mu}{3}\times\frac{D}{H}\right)$$

式中：D——冷镦锻件的直径（mm）；

H——冷镦锻件的厚度（mm）。

D/H 称为扁平度。

也就是说，摩擦系数越大或扁平度越大（冷镦锻件的形状越扁平），单位接触面积的平均压力 p 越大于变形抗力 $\bar{\sigma}$。当 $\mu=0.05$、$D/H=20$ 时，$p=2.1\bar{\sigma}$。

现将上式改写为

$$p=C\times\bar{\sigma}$$

式中：C——约束系数，作为变形抗力倍数的尺度。

图1.35所示为冷镦锻盘类锻件时的约束系数。

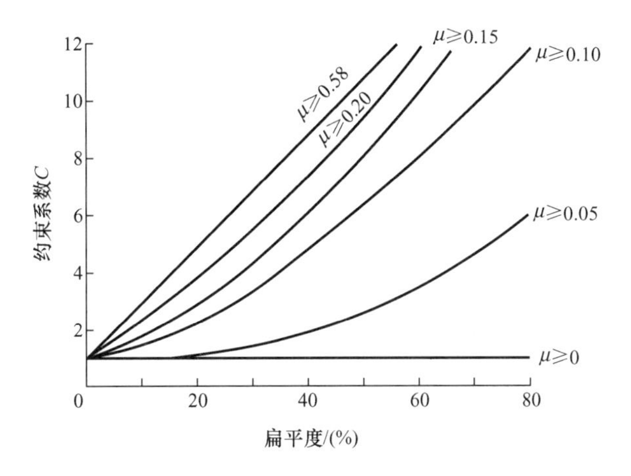

图1.35 冷镦锻盘类锻件时的约束系数

若金属能够自由变形（$\mu=0$ 的镦锻），则其约束系数 $C=1$。由于摩擦使金属变形受到约束，因此 C 值更大。

（2）半闭式冷模锻。图1.36所示为圆柱体坯料（高度 $l=$ 直径 d）在半闭式模具中冷模锻时出现飞边之前的约束系数。由于金属在横向的移动受到阻碍，因此飞边厚度 t 与直径 d 之比越小，C 值越急剧增大；在出现飞边且在飞边处摩擦大的情况下，飞边越扁平，C 值越大。

（3）冷挤压。在冷挤压成形时，当坯料长度比直径大时产生稳定变形，此时 C 值取决于截面缩减率 ε_F、凹模角度或凸模角度 α 及摩擦系数 μ。

图1.37所示为实心件正挤压和筒形件反挤压时的约束系数（稳定挤压，$\mu=0.05$）。在冷挤压成形时，材料除在挤压出口外均受到模具的约束。所以，当 ε_F 增大时，C 值理应增大；当 $\varepsilon_F\approx100\%$时，$C$ 值无限大。

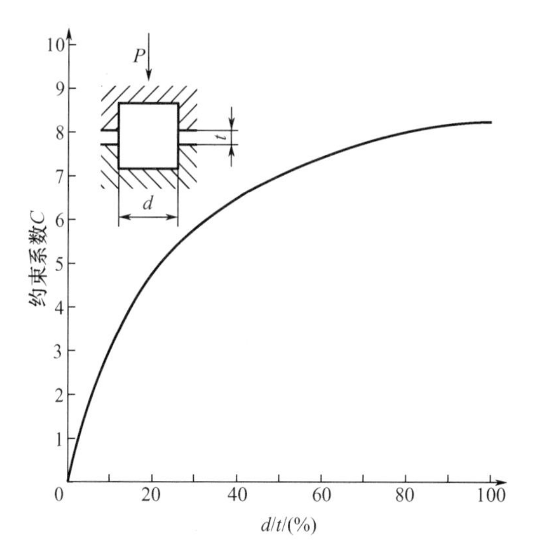

图 1.36　圆柱体坯料（高度 l=直径 d）在半闭式模具中冷模锻时出现飞边之前的约束系数

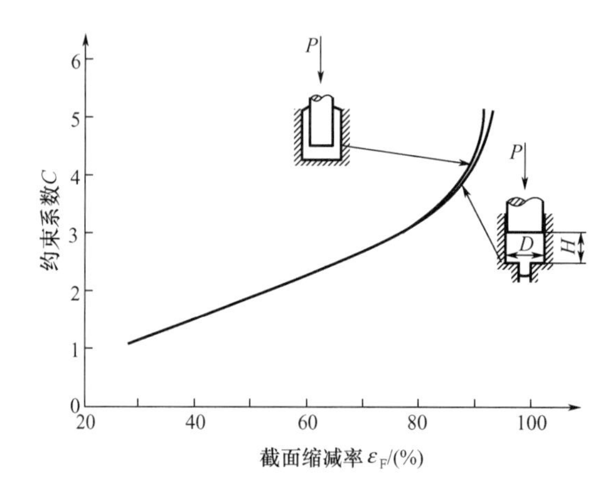

图 1.37　实心件正挤压和筒形件反挤压时的约束系数（稳定挤压，μ=0.05）

利用约束系数计算单位接触面积的平均压力

$$p=C\times\bar{\sigma}_m$$

式中：$\bar{\sigma}_m$——平均变形抗力（MPa）。

对棒料正挤压成形时，p 为作用在凸模单位接触面积的平均压力。

对筒形件反挤压成形时，凸模单位接触面积的平均压力

$$p'=\frac{C}{\frac{\varepsilon_F}{100}}\times\bar{\sigma}_m$$

图 1.38 所示为筒形件反挤压成形时凸模平均压力的约束系数（稳定挤压、μ=0.05）。由图 1.38 可知，当截面缩减率 $\varepsilon_F\approx50\%$时，$\frac{100\times C}{\varepsilon_F}$值最小。

即使是反挤压［图 1.39（a）］，从材料流动的角度看，也是凸模锥角 α 越小越好。但在这种情况下，凸模尖端的润滑剂会立即流掉，摩擦力增大，C 值增大。因此，筒形件反挤压成形时的凸模锥角 $\alpha\geqslant75°$。

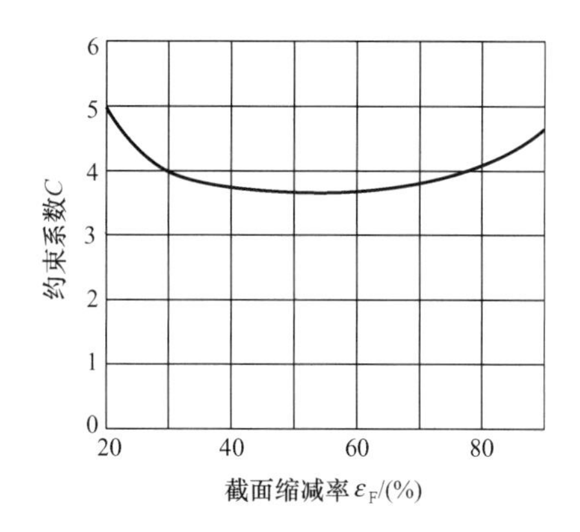

图 1.38 筒形件反挤压成形时凸模平均压力的约束系数（稳定挤压、μ=0.05）

如果正挤压的模具锥角 α ［图 1.39（b）］减小，材料的流动就变得平滑，多余剪切变形减小，C 值减小。如果 α 非常小，材料在凹模内流动的面积就会增大，作用在模具面积上的摩擦力增大，材料流动变得困难，C 值增大。当润滑良好时：$\varepsilon_F=20\%$，$\alpha\approx20°$；$\varepsilon_F=50\%$，$\alpha\approx45°$；$\varepsilon_F=75\%$，$\alpha\approx60°$，此时 C 值最小。

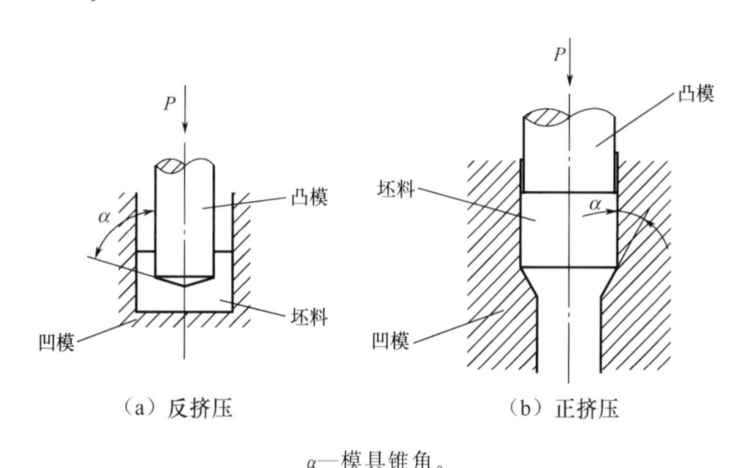

α—模具锥角。

图 1.39 冷挤压成形的模具锥角

复合挤压成形对材料的约束比正挤压成形和反挤压成形少。如图 1.40 所示，两个方向出口面积相等的复合挤压与一个方向为闭口的复合挤压相比，C 值最多减小约 40%。

（4）开式冷模锻。对于图 1.14（a）所示的开式冷模锻，可以将它视为冷镦锻成形，在计算单位接触面上的平均压力时可选用图 1.35 所示的约束系数 C。

（5）闭式冷模锻。在闭式冷模锻成形［图 1.41（b）］过程中，要使材料完全充满模具的尖角，约束系数必然很高，比较危险。即使把模具尖角充满到一定程度，约束系数也可能达到 3.0～5.0。模具的凹、凸深度越大或者模具的角部越尖，约束系数越高。在图 1.41 中，模具的截面形状为正方形、十字形或齿轮形，若将圆形坯料放入与圆形截然不同的模具，要使材料充满模具，则需要使用完全封闭的模具，因此约束系数很高。所以，除特别软的材料外，要制造这种截面形状的工件，需要先利用开式冷模锻或半闭式冷模锻加工，再利用冲裁等其他工序制成所需零件外形，如图 1.41（c）所示。

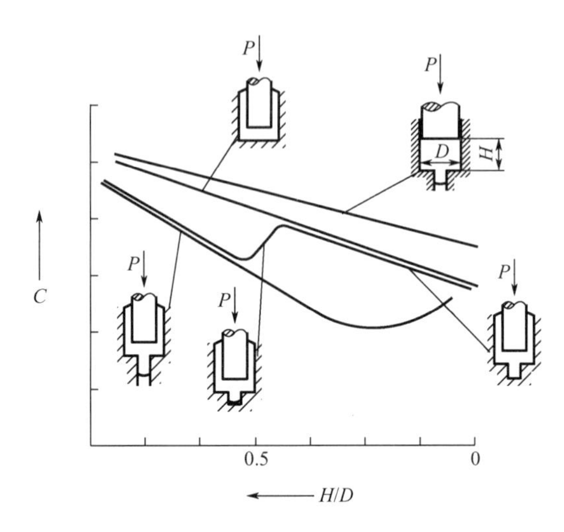

图 1.40　正挤压、反挤压、复合挤压中约束系数的变化

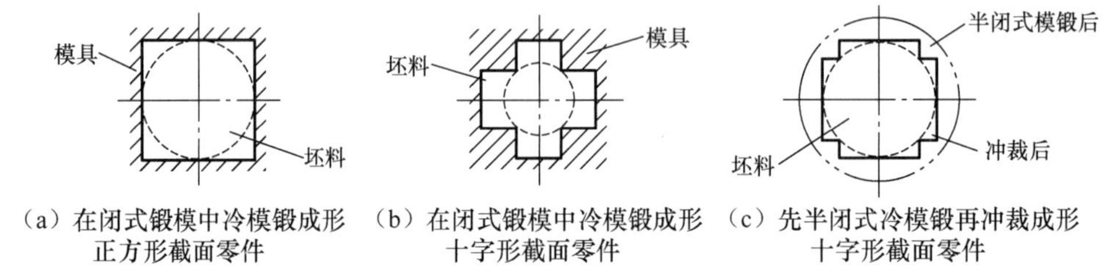

（a）在闭式锻模中冷模锻成形正方形截面零件　（b）在闭式锻模中冷模锻成形十字形截面零件　（c）先半闭式冷模锻再冲裁成形十字形截面零件

图 1.41　非圆形截面零件的锻造成形方法

（6）冷压印。对于图 1.42 所示的冷压印成形，如果压入深度 H 小于模具宽度（或直径）D 的一半，则其约束系数为 2.5～3.0；如果压入深度 H 更大，则其约束系数可能达到约 5.0。

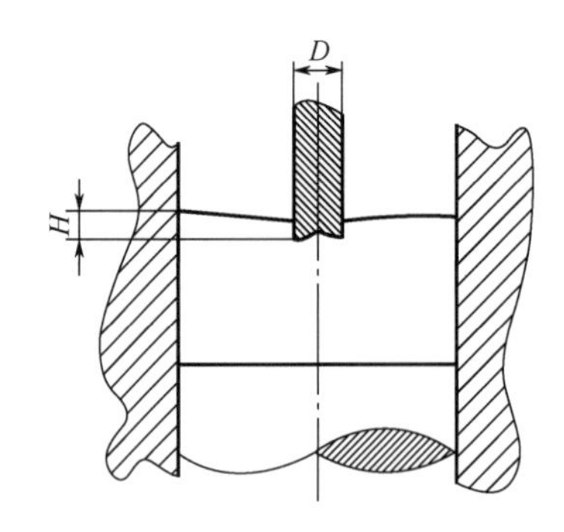

H—压入深度；D—模具宽度（或直径）。

图 1.42　冷压印成形

单位接触面上的平均压力 p 不能超过模具材料的硬度。如果模具钢的硬度为 60HRC，则 p＝1800～2000MPa；如果高速钢的硬度为 63HRC，则 p＝2000～2000MPa。凸模越长，平均压力越小。

2. 冷锻变形力和变形功

冷锻变形力 P 可用下式计算。

$$P=p\times F=C\times\bar{\sigma}_m\times F$$

式中：F——从受力方向上看材料与模具的最大接触面积（mm^2）（图 1.43）；

$\bar{\sigma}_m$——平均变形抗力（MPa）。

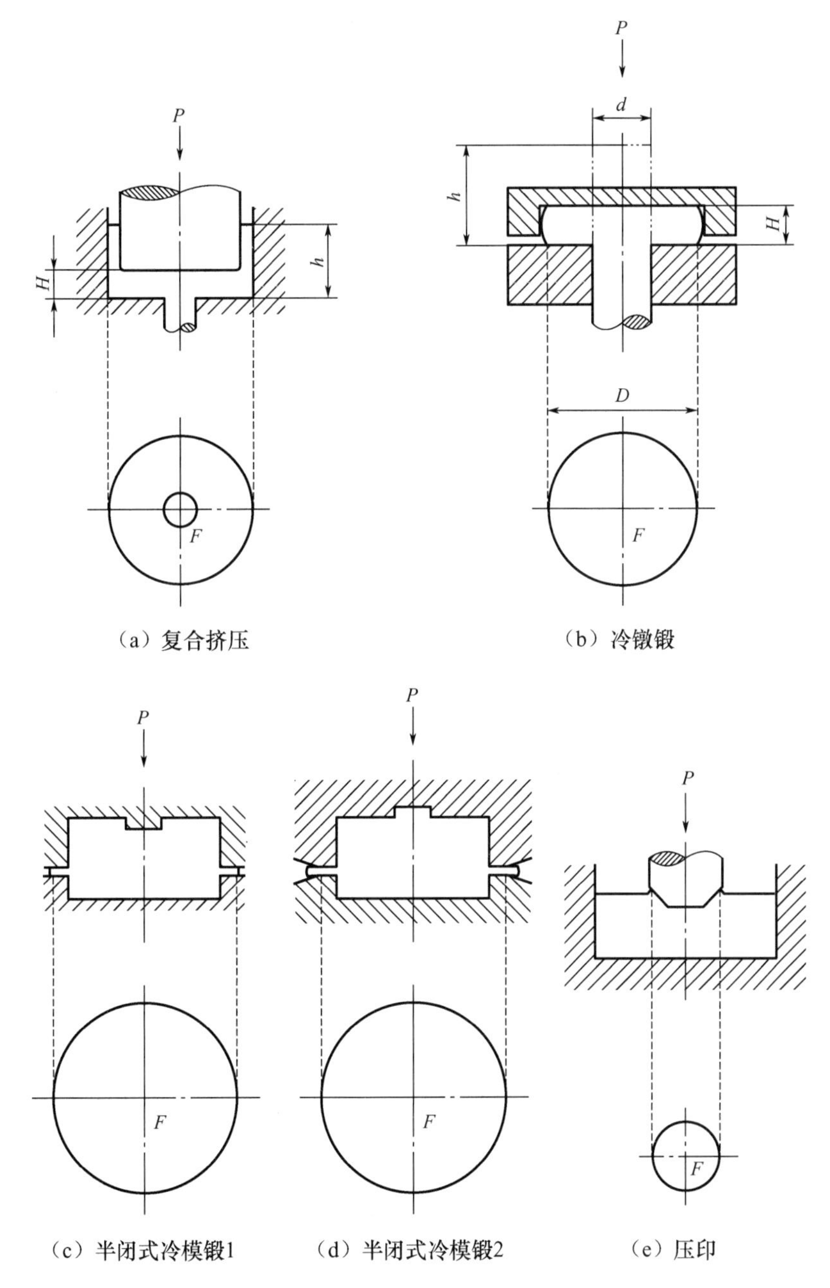

P—变形力；d—坯料直径；h—坯料高度；H—压缩高度；D—压缩直径；F—接触面积。

图 1.43 计算冷锻变形力时的接触面积

在图 1.43（c）中，材料中心部分有一个孔且不包含在接触面积内。图 1.43（e）中的飞边斜面部分也不算在接触面积内。因此，除挤压成形外，在一般冷锻成形加工中接触面积是变化的。在这种情况下，接触面积可以根据体积不变法则计算。

以冷镦锻成形［图 1.43（b）］为例，设坯料直径为 d，坯料高度为 h。当将此坯料压缩至高度为 H、直径为 D 的锻件时，可根据体积不变法则求得接触面积 F 的值。

$$\frac{\pi}{4}\times d^2\times h=\frac{\pi}{4}\times D^2\times H$$

如果忽略材料侧面的鼓胀，则接触面积 F 可由下式求得。

$$F=\frac{\pi}{4}\times D^2=\frac{\pi}{4}\times d^2\times h\div H$$

在冷镦锻成形过程中，高度 H 逐渐减小而直径 D 逐渐增大，其扁平度 D/H 可由下式求得。

$$\frac{D}{H}=\frac{d}{H}\sqrt{\frac{h}{H}}$$

由图 1.35 可知，在冷镦锻成形过程中有摩擦时，约束系数 C 随着压缩高度 H 的减小而增大。

实际上，在冷镦锻成形过程中，接触面积 F 越大，坯料表面的润滑薄膜越容易被切断，摩擦系数 μ 越大。此时，平均变形抗力 $\bar{\sigma}_m$ 因加工硬化而逐渐增大，其结果是冷镦锻变形力 P 随坯料高度 h 的减小而急剧增大，如图 1.44 所示，最终变形力就是最大变形力 P_m。

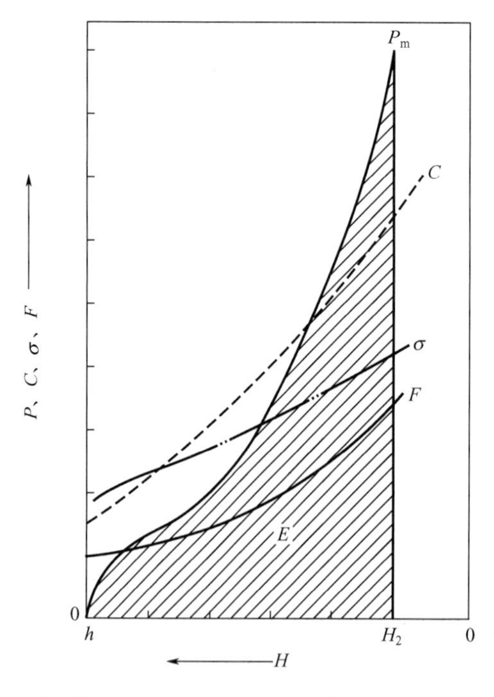

F—接触面积；C—约束系数；σ—变形抗力；E—变形功。

图 1.44 冷镦锻成形时变形力 P 的变化情况

在冷挤压成形过程中，接触面积 F 不增大，而且在稳定变形中，无论是约束系数还是平均变形抗力 $\bar{\sigma}_m$ 都是基本不变的；当冷挤压成形即将结束时，虽然约束系数有所减小，但因为平均变形抗力 $\bar{\sigma}_m$ 不增大，所以冷挤压变形力 P 与压缩高度 H 的关系如图 1.45 所示，最大变形力 P_m一般出现在冷挤压成形的初始阶段。

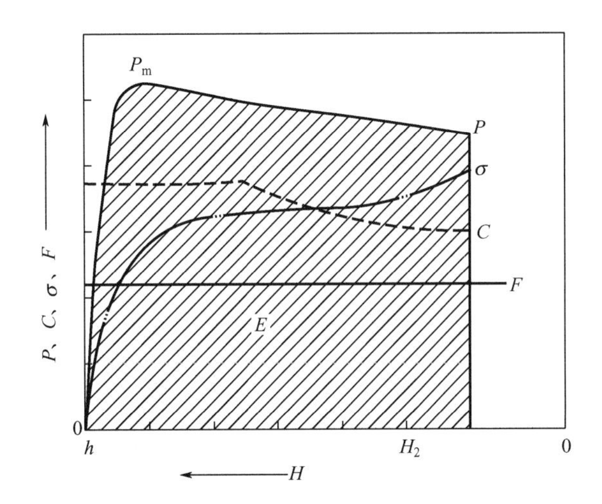

F—接触面积；C—约束系数；σ—变形抗力；E—变形功。

图 1.45 冷挤压变形力 P 的变化情况

在半闭式冷模锻和开式冷模锻成形过程中，变形力 P 的变化情况与图 1.44 相同。

在闭式冷模锻成形过程中，当材料大体上充满模具型腔时，变形力基本呈直线增大，必须注意防止挤压过度；特别是使用高刚性的曲轴压力机或肘杆式压力机进行冷锻成形加工时，如果坯料体积比预计体积大得多，模具或压力机就会损坏。

选用冷锻成形设备时，必须使最大变形力在成形设备的额定吨位以下。此外，使用机械压力机时，如果加工能量过大，则因飞轮的能量不足而造成机械压力机停车或运转得非常缓慢。

冷锻成形的变形功 E 可根据图 1.43 和图 1.44 所示的变形力 P 与压缩高度 H 的曲线包围面积（斜线部分）计算。如果变形力 P=1000kN，压缩高度 H=30mm=0.03m，则锻造成形的变形功 $E=P\times H=1000\times 0.03=30$(kJ)。

冷锻成形模具可以保证冷锻变形的顺利进行和冷锻件质量的稳定性。冷锻成形模具可分为下料模、型锻模、模锻模、顶镦模、正挤模、反挤模、复合挤压模、镦挤模、压印模和缩径模等，其中下料模、型锻模及模锻模基本与热锻模相同或相似；缩径模与正挤模基本相同。因此，具有冷锻变形特点的模具主要有顶镦模、正挤模、反挤模、复合挤压模、镦挤模和压印模。

1.3 多向模锻成形

多向模锻成形技术作为一种锻造成形工艺，能加工出采用常规锻造成形工艺无法或较难生产的形状复杂的锻件，改变了传统锻件敷料大、加工余量大、公差范围大的情况。因此，多向模锻成形技术是一种高效、经济、适用、精密的模锻成形工艺，利于实现锻件精化、提高产品质量和劳动生产率等。

1.3.1 多向模锻的工作原理

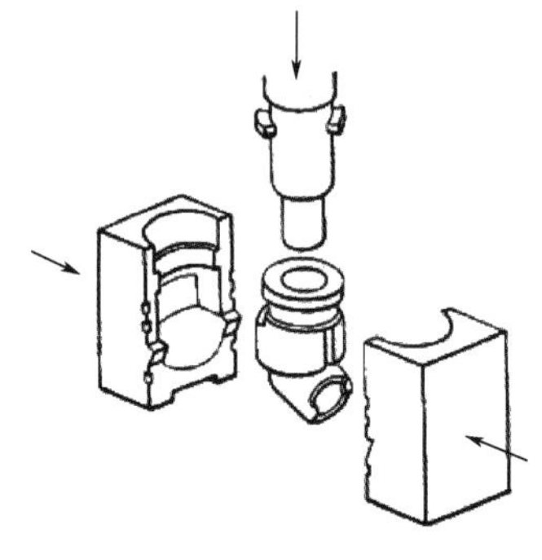

图 1.46 多向模锻

多向模锻（也称多柱塞模锻）是在多向模锻液压机上，利用可分凹模和一个（或多个）冲头，对一次加热的坯料进行多向流动成形，以获得无飞边、无模锻斜度（或模锻斜度很小）的多分支或有内腔的形状复杂的锻件的锻造成形工艺，如图 1.46 所示。

多向模锻的工作原理如下：多向分模的凹模闭合后，冲头对坯料进行挤压；在凹模闭合过程中，坯料可以产生预变形，也可以仅起夹持作用而不变形；冲头数因零件形状而定；在坯料变形过程中，既有部分金属平行于冲头运动方向流动，又有部分金属垂直于冲头运动方向流动或与冲头运动方向成一定角度运动，从而生产出外形多分支、内腔多空型的无飞边锻件。

1.3.2 多向模锻的分模类型

多向模锻有垂直分模、水平分模及垂直与水平联合分模三种分模类型，如图 1.47 所示。

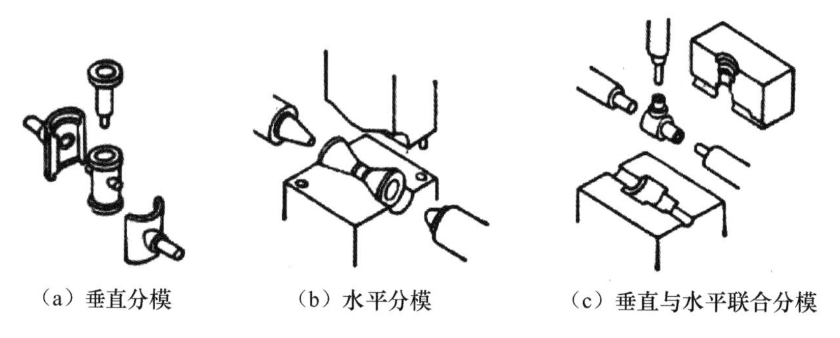

（a）垂直分模　（b）水平分模　（c）垂直与水平联合分模

图 1.47 多向模锻的分模类型

图 1.48 所示为三种分模类型的多向模锻成形过程。

（1）垂直分模多向模锻［图 1.48（a）］：首先左、右两个凹模闭合并放入坯料；然后上冲头下降穿孔，同时使金属充满模具型腔成形锻件。

（2）水平分模多向模锻［图 1.48（b）］：首先将坯料放入下模，上模随即下降与下模闭合；然后左、右两个水平冲头穿盲孔，并使锻件成形。

（3）垂直与水平联合分模多向模锻［图 1.48（c）］：首先将坯料放入下模型腔，上模随即下降与下模闭合，在闭合过程中毛坯产生一定的变形；然后两个水平冲头挤孔，在挤压终止时停止运动，并作为锻件左、右内腔的芯棒；最后上穿孔冲头向下穿孔进行终锻，使金属充满模具型腔，获得最终形状。

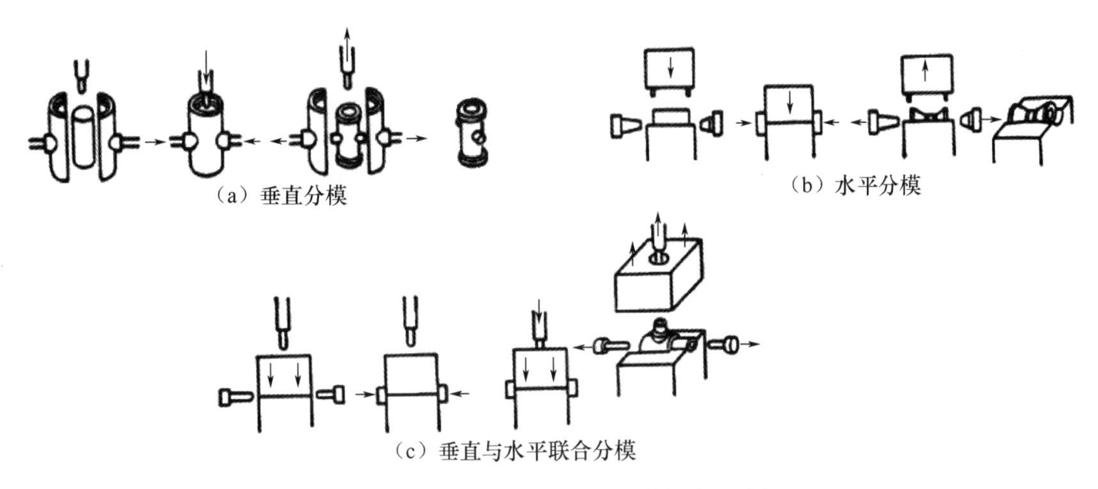

图 1.48　三种分模类型的多向模锻成形过程

1.3.3　多向模锻时金属的应力状态

由于多向模锻在多方向给坯料施加压力，因此其变形过程与金属流动都比锤上模锻复杂。

在封闭式锻模中进行挤压和模锻的应力状态是三向压缩，如图 1.49 所示。在多向模锻成形过程中，受三向压应力的作用，可以防止和减少模锻过程中出现二次附加拉应力，使破坏晶粒间机械联结的晶间滑动很难产生，而仅产生晶内滑动，从而使金属的塑性显著提高、变形抗力增大。从金属塑性成形原理可知，压应力越多、数值越大，材料的塑性越强。可见，多向模锻工艺可提高金属的塑性，以达到比较理想的变形程度。一般认为多向模锻的变形程度可超过 75%，对加工高强度、低塑性的金属材料非常有利。

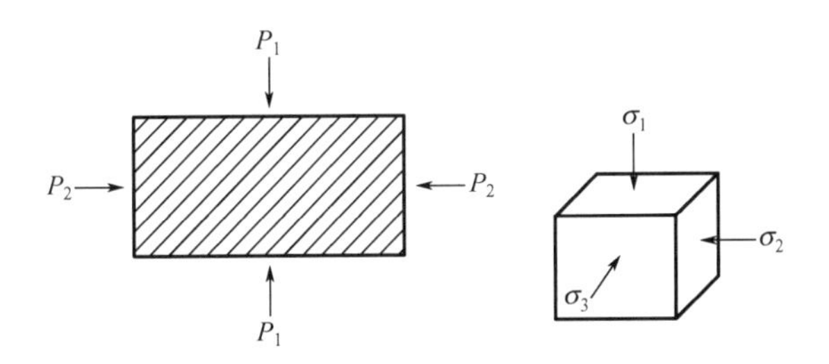

图 1.49　多向模锻时金属的应力状态

1.3.4　多向模锻的优缺点

多向模锻成形技术实际上是一种以挤压为主的挤、锻复合成形工艺。

1. 多向模锻的优点

(1) 材料利用率高。与普通模锻相比，多向模锻可以锻出形状更复杂、尺寸更精确的无飞边、无模锻斜度的中空锻件（图 1.50），使锻件最大限度地接近成品零件的形状和尺寸，从而显著提高材料利用率。

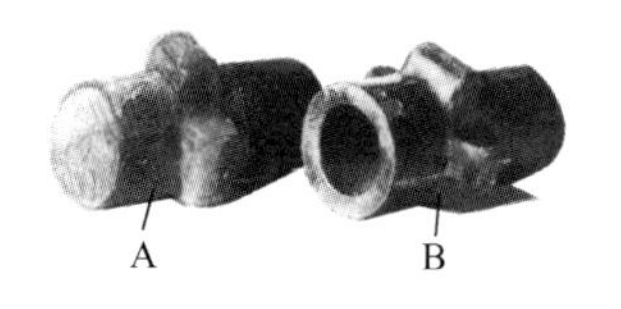

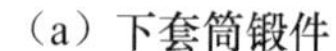
（a）下套筒锻件

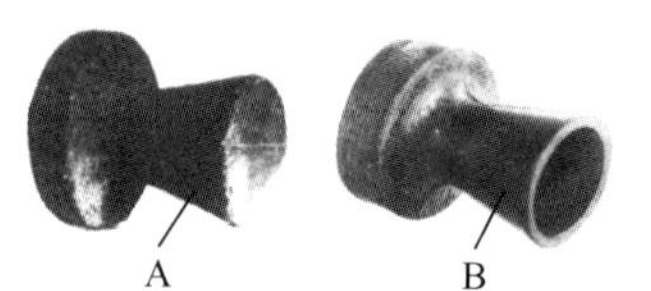

（b）喷管锻件

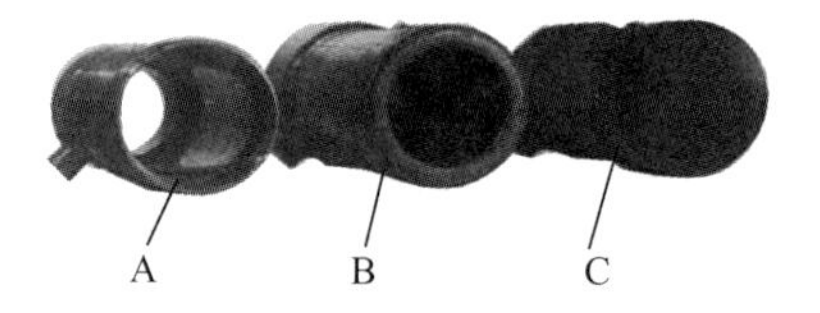

（c）小外筒锻件

A—普通模锻件；B—多向模锻锻件。

图 1.50　多向模锻件与普通模锻件的比较

（2）提高锻件的力学性能。由于多向模锻件的金属流线连续且沿零件轮廓分布，因而多向模锻件的力学性能远高于普通模锻件。与普通模锻件相比，多向模锻件的强度可提高至少 30%，延伸率也有所提高。

（3）生产效率高。多向模锻成形技术可以使锻件精度提高到理想程度，高精度的多向模锻件不仅能减少后续的机械加工余量和机械加工工时，还能提高生产效率，从而降低制造成本。

（4）易实现机械化和自动化。多向模锻成形工艺往往是在一次加热过程中就能完成锻造成形工序，不仅可减少金属的氧化烧损量，还有利于实现机械化、自动化操作，同时降低工人的劳动强度。

2. 多向模锻的缺点

（1）需要配备适合多向模锻工艺特点的专用多向模锻压力机，因为锻件成形需要比一般模锻方法高的压力，所以需要大吨位的多向锻造成形设备。

（2）送进模具中的坯料只允许有极薄的一层氧化皮，要使多向锻造取得良好的效果，必须对坯料进行感应电加热或气体保护无氧化加热，电力消耗大。

（3）对坯料尺寸要求严格，需要采用精密下料方法。

1.3.5　多向模锻的应用范围

多向模锻成形技术实际上是一种以挤压为主的挤、锻复合成形工艺，由于它能显著提高金属的塑性、力学性能与许用变形程度，因此不仅适合常规金属材料（如常规钢材和有色合金）的锻造成形，还适合高合金钢和镍铬合金等难变形金属材料的锻造成形。

多向模锻成形技术在航空航天、石油、汽车、拖拉机与原子能工业中获得了比较广泛的应用，如中空的架体、活塞、轴类、筒形件、大型阀体、管接头以及其他受力机械零件都可采用多向模锻进行锻造成形；飞机起落架、导弹喷管、航空发动机机匣、螺旋桨壳、盘轴组合件及高压阀体、高压容器、筒形件、接管头等都已采用多向模锻成形工艺生产。多向模锻成形件实物如图 1.51 所示。

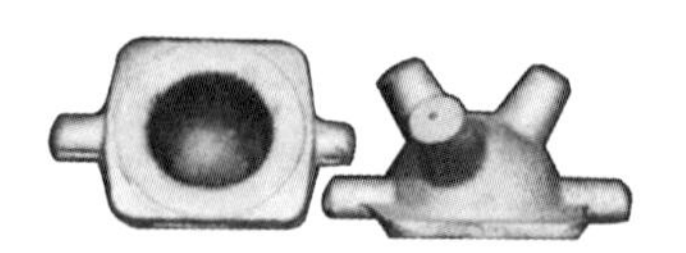
（a）球形接头锻件

（b）球阀阀体锻件

图 1.51　多向模锻成形件实物

1.3.6 多向模锻的成形力

1. 多向模锻成形的金属流动特点

(1) 主要变形过程。在图 1.52 中，金属的变形过程是镦粗和挤压的综合成形过程，其变形可分为坯料与模具接触镦粗和正挤压变形两个阶段，它是多向模锻中常见的一种变形方式。

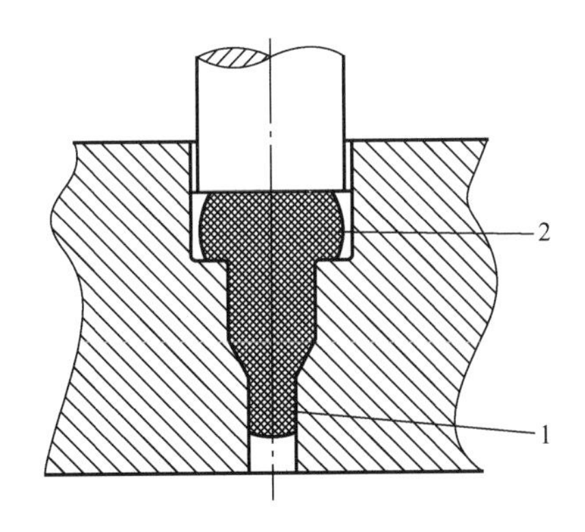

1—挤压部分；2—镦粗部分。

图 1.52 挤压与镦粗的综合变形

在多向模锻成形过程中，多向模锻件的形状不同，其变形方式可能以模锻（镦粗）为主，也可能以挤压变形为主。

对于中空的多向模锻件，其变形过程常以挤压变形为主。

图 1.53 (a) 所示的金属流动与冲头作用力的方向相反，虽然上、下两端凸肩采用模锻成形，但金属的主要流动是反挤压变形过程。

图 1.53 (b) 所示的多向模锻件在水平方向两个冲头的相对作用下，金属分两部分反向流动，金属的流动方向都与冲头作用力方向相反，是反挤压过程；不同的是，它在闭式模膛中完成双向反挤压变形。

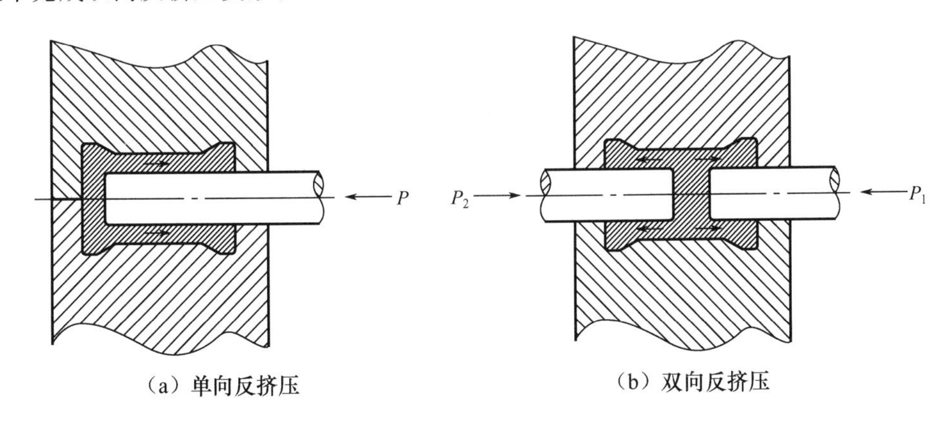

(a) 单向反挤压　　(b) 双向反挤压

图 1.53 多向模锻中反挤压成形时的金属流动

(2) 金属流动时温度的不均匀性。对于长筒形多向模锻件，在多向模锻的挤压成形终了阶段，一般沿锻件的长度方向会出现温度不均匀现象，其中间部分的温度接近初锻温度（保持约 1100℃），而两端部分的温度急剧下降（约为 700℃），这种现象称为金属流动时温度的不均匀性。其产生与多向模锻的变形过程有着密切关系。

（3）金属的塑性和变形抗力显著提高。金属的塑性因外力作用状态的不同而表现出不同的效果，即同一牌号的金属材料在不同受力条件下的变形程度不同。

金属发生塑性变形是由金属的屈服强度 σ_s 与主应力之间的特定关系决定的，其数学表示式为

$$2\times\sigma_s^2=(\sigma_1-\sigma_2)^2+(\sigma_2-\sigma_3)^2+(\sigma_1-\sigma_3)^2$$

式中：　σ_s——金属的屈服强度；

σ_1，σ_2，σ_3——三个方向的主应力。

由上式可知，金属材料的屈服强度 σ_s 与为达到塑性变形所需的应力相关。当上式等号右边的三项之和等于 $2\sigma_s^2$ 时，金属材料进入塑性状态。对于受三向压应力作用的金属，其塑性比受拉应力状态的金属塑性高得多。

三向压应力状态为提高金属塑性提供了良好条件，但需要对变形施加更大的作用力，即多向模锻的设备要具有较大的压力，也就需要相应地增大设备吨位。

（4）变形程度大。多向模锻成形过程是闭式模锻成形过程，其变形方式往往以挤压变形为主，金属因在三向压应力状态下成形而有很大的变形程度。在一次加热过程中，多向模锻成形时的变形程度可达到75%以上，但是多向模锻成形复杂的凸肩类锻件时需要较大的压力。当多向模锻液压机的吨位不够（设备提供的变形压力不足）时，一次加热不能完成多向模锻成形过程，必须进行二次加热，需要增加预锻成形工序。

由以上分析可知，多向模锻件的金属流动特点必然使锻件的性能提高、组织细化。因为再结晶后的晶粒度与变形程度、变形温度密切相关，变形程度越大，晶粒越细；变形温度越低，晶粒越细。多向模锻提高了金属的变形程度，故可以获得细的晶粒组织，使锻件的力学性能提高。

2. 多向模锻成形力的计算

在多向模锻成形过程中，需要计算垂直工作缸的夹持力以保证上、下凹模闭合所需的压力以及计算水平工作缸的挤压力，或者计算水平工作缸的夹持力与垂直工作缸的挤压力。

多向模锻的成形力主要用于克服金属自身的变形抗力、金属流动时与模具型腔之间的摩擦力、金属填满模具型腔的抗力、多模块分离抗力等。

为了克服这些力，在多向模锻成形过程中，必须施加夹紧模块的夹持力、锻件成形所需的挤压力、辅助冲头的作用力及卸料作用力。若挤压力与夹持力不够，则不能得到合格的多向模锻件。

（1）锻造成形过程中挤压力的变化曲线。在以挤压成形方式为主的多向模锻成形过程中，挤压力与冲头行程的关系曲线如图 1.54 所示。

由图 1.54 可知，挤压变形分为以下三个阶段。

① 充满模膛阶段。在充满膜膛阶段，挤压力直线上升。当冲头与坯料开始接触时，对坯料逐渐加压、镦粗并使金属充满部分模具型腔，然后开始挤压并达到最大挤压力。坯料在这个阶段由弹性变形状态转变为塑性变形状态。

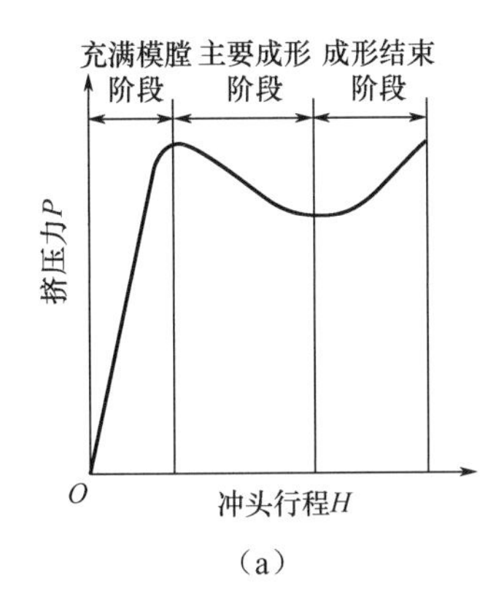

(a)

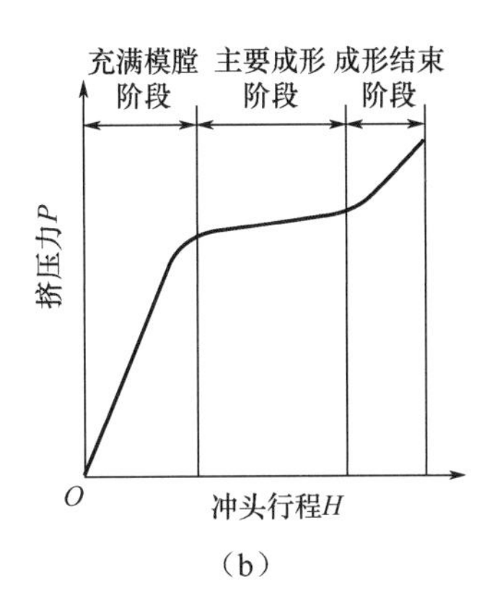

(b)

图 1.54 多向模锻成形过程中挤压力与冲头行程的关系曲线

② 主要成形阶段。在主要成形阶段，挤压力可能上升，也可能下降。

③ 成形结束阶段。在成形结束阶段，挤压力急剧上升。对于具有圆台及凸耳的多向模锻成形件，其变形抗力很大。在正常生产条件下，一般不允许这种压力急剧增大的现象存在，可以设计中间预锻工序。

(2) 挤压力的计算。挤压力是指多向模锻成形过程中的变形力（冲头作用力），其值与锻件形状、材料、模具形状、变形程度、润滑剂、加热温度等有关。

可采用如下经验公式计算挤压力 P。

$$P=10\times\alpha\times\left(2+0.1\times\frac{F\times\sqrt{F}}{V}\right)\times\sigma\times F$$

式中：P——挤压力（kN）；

α——经验系数，一般取 $\alpha=3.0\sim5.0$，闭式模锻成形时取 $\alpha=5.0$；

F——锻件在挤压方向的投影面积（mm^2）；

V——锻件体积（mm^3）；

σ——终锻温度下金属的屈服强度（MPa）。

(3) 夹持力的计算。在多向模锻成形过程中，夹紧模块的夹持力使上、下凹模块紧紧贴合。如果夹持力不够，金属就会沿分模面流出，从而产生不同程度的毛刺。因此，在多向模锻成形工艺中，必须具有足够的夹持力。

设计多向模锻成形设备时，一般把垂直工作缸设计为多级式压力缸。垂直工作缸的夹持力是确定多向模锻成形设备的依据。

夹紧模块的夹持力 P_1 的经验计算公式为（挤压成形且 $d/h<6.0$）

$$P_1=K_1\times F_1$$

$$K_1=\sigma_s\times\left[2+\left(1+\frac{D^2}{d^2}\right)\times\ln\frac{\frac{D^2}{d^2}}{\frac{D^2}{d^2}-1}\right]$$

式中：P_1——夹紧模块的夹持力（kN）；

K_1——水平冲头的单位面积挤压力（MPa）；

F_1——锻件在夹紧方向的投影面积（mm^2）；

σ_s——屈服强度（MPa）（对于含碳量＞0.25％的低合金结构钢，$90kN/mm^2<\sigma_s<150kN/mm^2$）；

D——挤压成形孔外径（mm）；

d——挤压成形孔内径（mm）。

1.3.7　预锻成形工序的设计

一般多向模锻件都可以一次模锻成形。但若多向模锻件的变形程度超过金属的许用变形程度、多向模锻液压机的水平工作缸有较大的不同步、变形体内有明显的温度不均匀等，则需要二次或多次模锻成形，此时要设计预锻成形工序。

在多向模锻成形过程中，当变形体内金属有明显的温度不均匀现象时，低温部分的金属流动困难，难以充满模具型腔，成形力急剧增大；而高温部分的金属容易流动，容易充满模具型腔，但是在冲头回程过程中，如果卸料力超过该部分金属的强度极限，就可能拉断锻件。

最简单的预锻成形工序就是根据多向模锻件图的形状特征对坯料进行镦粗成形或压扁成形，得到预锻坯件。

采用预锻坯件进行多向模锻成形时，由于在垂直方向加压夹持时预锻坯料在模具型腔中产生局部变形，因此预锻坯料与模具表面的摩擦力增大。此时，即使水平冲头不同步也不会移动预锻坯料，而只是先到的水平冲头先产生变形，后到的水平冲头后产生变形，且卸料力较均匀。

1.4　等温模锻成形

1.4.1　等温模锻成形的原理及特点

等温模锻是一种能实现少无切屑及精密成形的工艺，因变形速率低、工件长时间与环境温度保持隔离状态而使温度变化量最小。等温模锻与常规模锻的本质区别是能将成形温度控制在与毛坯加热温度大致相同的范围内，使坯料工作在温度基本不变的情况下。

在等温模锻成形过程中，为了保持恒温条件，工装、模具需与坯料同温加热。

等温模锻成形的工艺原理如图1.55所示。

在航空航天等领域，铝合金、镁合金、钛合金及高温合金等金属材料常用于等温模锻成形。在常规锻造条件下，这些金属材料的成形温度范围较小，尤其是具有高筋、薄腹、长耳子和薄壁零件时，坯料热量散失严重，模具温度降低快，变形抗力迅速增大，材料塑性显著降低，易造成锻件和模具开裂，需提高成形设备吨位。另外，某些铝合金、高温合金等材料对成形温度敏感，当温度较低时，成形后呈不完全再结晶组织，在固溶处理后易形成粗晶或晶粒不均匀，致使成形构件性能难以满足要求。

归纳起来，等温模锻成形的特点如下。

（1）可减小金属的变形抗力，提高材料塑性，金属的流动性及充填性好。

（2）形状复杂、投影面积大、高筋薄腹类锻件可一次性整体成形。

（3）提高成形过程中金属变形的均匀性，可获得力学性能良好的锻件。

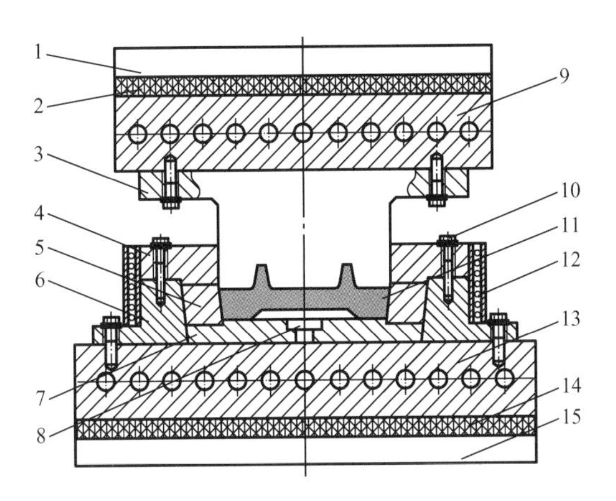

1—上水冷板；2—上隔热板；3—上模；4—压板；5—凹模镶块；6—凹模套；
7—下模；8—模芯轴；9—上加热垫板；10—螺杆；11—锻件；12—加热圈；
13—下加热垫板；14—下隔热板；15—下水冷板。

图 1.55　等温模锻成形的工艺原理

(4) 工装、模具的使用寿命较高。

因此，等温模锻生产的锻件具有加工余量小、精度高、表面质量好、机械性能优异及尺寸稳定等优点。

图 1.56 所示为等温模锻成形的铝合金筒形机匣模锻件实物。图 1.57 所示为等温模锻成形的钛合金整体叶盘模锻件实物。

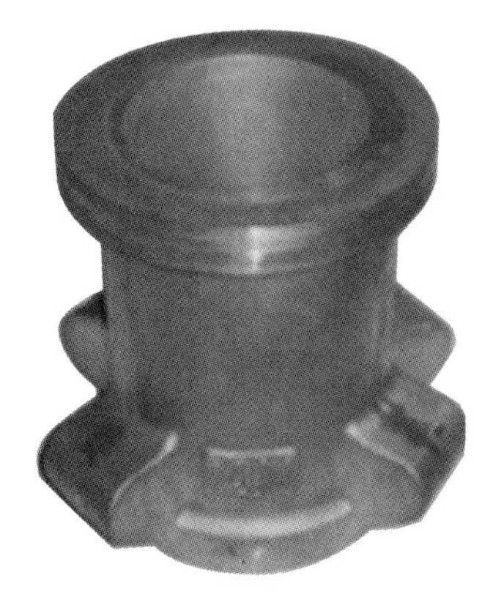

图 1.56　等温模锻成形的铝合金筒形机匣锻件实物

图 1.57　等温模锻成形的钛合金整体叶盘锻件实物

1.4.2　等温模锻成形工艺设计

1. 确定工艺参数

制定等温模锻成形工艺时，应以合金流动应力低、氧化少、塑性好为原则，并兼顾模具使用寿命。等温成形过程主要受成形温度和成形速率等条件影响，通常采用等温压缩实验来确定等温模锻成形工艺的工艺参数。

2. 计算变形力

等温模锻的变形力受坯料组织性能、工艺条件（如温度、速度、润滑方式等）、零件复杂程度等因素的综合影响，难以精确计算。通常采用如下公式估算变形力。

$$P=\frac{p\times F}{1000}$$

式中：P——变形力（kN）；

p——单位变形力（MPa）；

F——锻件总投影面积（mm^2）。

单位变形力为材料流动应力的2～4倍，一般闭式模锻和薄腹件成形时取较大值，开式模锻时取较小值。

3. 等温模锻成形对设备的要求

针对等温模锻成形的特点，在结构和材料方面对等温模锻成形设备有如下特殊要求。

（1）成形速度应可调节。在成形过程中，速度应能在一定范围内调节。没有专用设备时，也可采用工作速度较低的液压机。

（2）具有保压功能。设备的工作滑块能在额定压力下至少保压30min。

（3）具有顶出机构。保证顶出行程与顶出力满足实际要求。

（4）具有控温系统。工作部分（坯料和模具）的加热温度可控。

（5）对特殊材料进行等温模锻时，需有真空或惰性气体保护室。

4. 等温模锻成形对模具材料的要求

等温模锻成形模具应在成形温度下具有一定强度，其主要衡量指标是在成形温度下模具材料的屈服强度与变形金属的屈服极限之比（比压）。由于复杂构件等温模锻成形时产生的比压一般不超过变形合金屈服极限的两倍，因此，若比压大于3.0，则即使成形件的几何形状相对复杂也能保证模具的使用寿命。此外，模具材料还需在高温条件下稳定工作且不易被氧化。

铝合金、镁合金等温模锻时，常用模具材料为5CrMnMo、5CrNiMo、H13；钛合金等温模锻时，国内常用铸造镍基合金K403作为模具材料，其化学成分见表1-4；高温合金和钛铝合金等材料成形时需要更高的温度，一般用钼合金作为模具材料。

表1-4　K403合金的化学成分（%）

Cr	C	Ti	Co	W	Mo	Al	Ce	Fe	Zr
10.0～12.0	0.11～0.18	2.3～2.9	4.5～6.0	4.8～5.5	3.8～4.5	5.3～5.9	0.01	≤2.0	0.03～0.08

B	Si	Mn	S	P	As	Sn	Sb	Ni
0.012～0.022	≤0.50	≤0.50	≤0.01	≤0.02	≤0.005	≤0.002	≤0.001	余

5. 等温模锻成形对锻件中筋的要求

通常，普通模锻件筋的最大高宽比为6∶1，一般精密模锻件筋的最大高宽比为15∶1；而等温模锻件筋的最大高宽比可达到23∶1（其中筋的最小宽度可达2.5mm，腹板厚度可达1.5～2.0mm）。

1.5 粉末锻造成形

1.5.1 粉末锻造成形的原理及特点

粉末锻造是对烧结好的坯料进行加热后成形为零件的一种工艺，它是传统粉末冶金与精密锻造结合的技术，兼具二者优点。常用的粉末锻造方法有粉末热锻和粉末冷锻，其中粉末热锻又分为粉末锻造、烧结锻造和锻造烧结。

粉末锻造成形的基本工艺流程如图1.58所示。

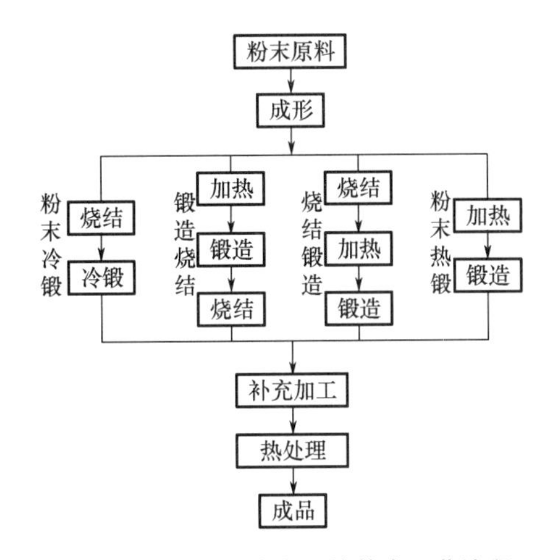

图1.58 粉末锻造成形的基本工艺流程

粉末锻造成形技术能克服普通粉末冶金件密度低的缺点，获得较均匀的细晶组织，并显著提高构件的强度及韧性，使粉末锻件的物性指标接近甚至达到普通锻件水平；同时，它能保持普通粉末冶金技术的少无切屑特点，通过合理设计预成形坯和实行少、无飞边锻造而具有成形精确、材料利用率高、锻造能量低、模具使用寿命长和成本低等特点。因此，粉末锻造为制造高密度、高强度、高韧性粉末冶金零件开辟了广阔的前景，成为现代粉末冶金技术的重要发展方向，可获得相对密度大于0.98的粉末锻件。

粉末锻造成形的优点如下。

(1) 成形性能好，材料利用率高，不留任何加工余量及敷料。

(2) 成形制品的力学性能明显优于普通粉末冶金件。

(3) 锻件尺寸精度高，表面粗糙度较低。

(4) 模具单位压力仅为普通模锻的1/4～1/3甚至更低，模具使用寿命提高10～20倍。

(5) 生产效率高，节省加工工序。

(6) 显著改善劳动条件（降噪及减少热辐射）。

虽然粉末锻造有诸多优点，但也存在缺点，如零件尺寸形状受到一定限制、粉末价格较高、零件韧性较差等。

1.5.2 预成形坯设计

首先应从锻件密度、质量、形状及尺寸出发进行预成形坯的设计，其基本原则是利于锻件致密和充满模具型腔；充填模具型膛时，应尽可能使预成形坯有较大的横向塑性流动，因为塑性变形利于锻件致密和提高性能。但由于过大的塑性变形量易导致在锻件表面或心部产生裂纹，因此塑性变形量不能大于预成形坯的塑性变形极限。另外，还需要考虑预成形坯充满模具型腔时，各部分尽可能在三向压应力状态下成形，避免或减少拉应力状态。

1. 预成形坯的密度选择

密度是预成形坯的基本参数。首先根据预成形坯密度及锻件质量，求得预成形坯的体积；然后根据预成形坯的高径比，分别确定预成形坯的高度及径向尺寸。

粉末锻件的最终密度主要是由锻造变形决定的，一般与预成形坯的密度关系不大。选择预成形坯的密度时，主要考虑预成形坯要有足够的强度，以在生产过程中不被损坏、形状完整为基准。为此，一般冷压制后的预成形坯密度约为理论密度的80%。铁基制品的密度为6.2～6.6g/cm^3。为了获得无飞边的粉末锻件，预成形坯质量公差必须控制在±0.5%范围内。

2. 预成形坯的设计

在实际生产中，预成形坯形状的选择极为重要，大致可分为近似形状和简单形状两类。

(1) 近似形状。

预成形坯与终锻件形状相似，利于锻造时采用镦粗方式成形，且因塑性变形量小而避免产生裂纹，适合制造连杆和直齿轮类零件。

(2) 简单形状。

预成形坯形状较简单，与锻件形状差别较大。这是锻件形状的一种简化，锻造经简化的预成形坯时，不仅在高度方向采用镦粗方式成形或挤压方式成形，还通过较大的塑性流动来充满模具型腔。

对于形状较复杂锻件的预成形坯，可以对其不同部位并根据性能要求分别设计，以保证致密成形而不产生裂纹。

3. 预成形坯的压制

预成形坯压制的原理是通过模具对粉末施加压力，使粉末颗粒在室温下聚集成一定形状、尺寸、密度和强度的粉末坯体，这种坯体称为压坯或生坯。粉末压制方式有单向压制、双向压制和浮动压制三种。粉末压制包括粉末预处理及混粉、称粉、装粉、压制、脱模等过程，与传统粉末冶金工艺相同。

4. 预成形坯的烧结

粉末锻造主要分为预成形坯烧结后热锻和不烧结直接热锻，对于预合金粉末预成形坯，可以直接加热到锻造温度进行锻造，得到与烧结锻造相同性能的锻件；对于采用混合元素粉末原料和不含碳的部分预合金粉末制成的混碳预成形坯，一般采取烧结锻造。

烧结的目的是合金化或使成分更均匀，提高预成形坯的密度和塑性，还可进一步降低锻件的含氧量。烧结时，主要控制烧结温度、时间和烧结气氛等参数。

1.6 液态模锻成形

1.6.1 液态模锻成形的原理及特点

液态模锻成形是一种介于铸造与模锻之间的金属成型工艺。其原理是将一定量的液态合金直接注入涂有润滑剂的模具型腔，然后施加机械载荷，使其凝固并产生一定的塑性变形，从而获得高质量锻件。液态模锻成形的工艺流程如图 1.59 所示。

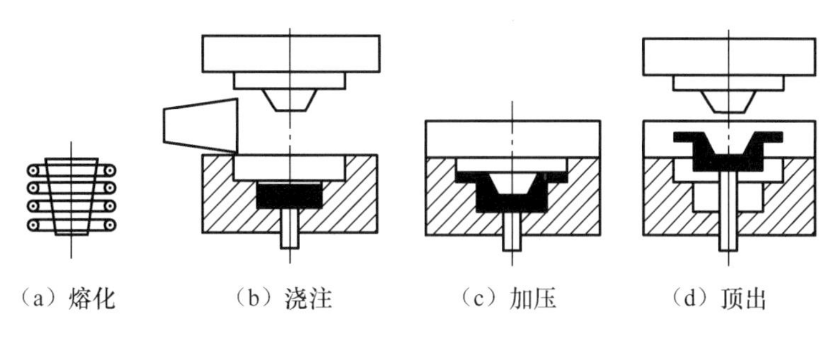

（a）熔化　（b）浇注　（c）加压　（d）顶出

图 1.59　液态模锻成形的工艺流程

1. 液态模锻的主要特点

（1）材料范围较大。液态模锻不仅适用于普通铸造合金，还适用于高性能的变形合金，它是复合材料较理想的成形方法。

（2）材料利用率高（高于 95%）、成形工序少、成本低。

（3）材料的力学性能好。液态模锻成形时，液态金属在充足的压力下凝固结晶，组织致密、晶粒细小。

（4）成品率高、精度高、质量好。制件在模具内的收缩量小，且受三向压应力的作用，不易形成气孔及疏松等缺陷。

（5）模具结构简单、费用低，所需成形设备吨位小，投资少。

（6）液态模锻还适用于非轴对称、壁厚不均匀、形状复杂等零件的加工成形。与普通模锻相比，液态模锻的金属充模性能好，能够一次成形较复杂的零件。

2. 液态模锻工艺分类

（1）液态挤压模锻。液态挤压模锻是既省力又能生产高质量构件的工艺。其原理是将准固态的液态金属注入挤压模定径区成形，其制品质量不低于固态金属挤压件。

（2）固液态（半固态）模锻。固液态（半固态）模锻的原理是把金属坯料加热到似熔非熔状态，并以固态形式将其从加热炉转移到模具型腔内。它具有变形抗力小、省去了复杂的熔炼过程等特点，但工艺要求较高。

(3) 液态金属与固态构件组合(如双金属构件)模锻。液态金属与固态构件组合模锻的原理是将液态金属与高强度或具有其他优良性能的长、短纤维(如矿纤维、陶瓷纤维等)浸润复合模锻或挤压,形成一种新性能材质的锻件或挤压构件。

1.6.2 不同材料的液态模锻

1. 铝合金的液态模锻

铝合金液态模锻的应用较广,如柴油机活塞、汽车零件、摩托车零件。液态模锻用于活塞生产的原因是亚共晶、共晶、过共晶的 Al－Si 合金材质,其液态模锻件的综合性能超过普通模锻件。另外,液态模锻时,可直接埋入耐磨环及冷却通道,显著提高活塞使用寿命。在其他铝合金及其复合材料的液态模锻方面,国内外都有较多应用。

2. 铜合金的液态模锻

铜锌系黄铜的液态模锻可细化组织。对铅黄铜而言,液态模锻不仅能细化质点,其组织与锻造组织相似,无显微空洞与疏松,且液态模锻件组织中的 α 基体各向同性,易细化。锡青铜和铅青铜液态模锻均可获得细小等轴晶组织,可提高合金性能。铅锡青铜的耐磨性也得到提高。铅青铜及其他无铅青铜在压力下结晶,将 $(\alpha+\beta)$ 共晶组织变为很细的 $\alpha+(\alpha+\gamma)$ 共晶相,即成为新的共晶组织(γ 是固熔体,硬且脆)。在压力作用下,共晶体右移利于提高合金的塑性。从整体来看,在压力下结晶可以大幅度提高合金的力学性能。

3. 铸铁和钢的液态模锻

铸铁液态模锻时,在压力下结晶,可抑制石墨化,出现白口组织。在压力下结晶会使共晶铸铁、过共晶铸铁获得亚共晶组织或共晶组织,同时促使石墨细化,并变成蠕虫状、球状析出,具有类似于球化剂的作用。铸铁在压力下结晶而生成的渗碳体,在进行石墨化退火时,析出速度明显提高,并生成石墨化程度高的石墨相。

铸铁在压力下结晶可细化组织,明显提高力学性能。在压力下,铁-碳平衡图发生变化,液相线和固相线温度升高,δ 相区缩小,$Fe-Fe_3C$ 共析点向低温和含碳量降低方向移动,γ 相区扩大,α 相区缩小。因此,在压力下结晶可细化结晶组织,提高成分的均匀性,使金属夹杂细化且分布均匀。

4. 镁合金的液态模锻

镁合金液态模锻时应特别注意:熔炼中的氧化问题;采取适当措施,加速施压成形,提高冷却速率,防止镁合金在液态模锻过程中由成形周期较长导致晶粒生长过大而造成零件性能恶化;防止在脱模过程中零件报废等。

5. 复合材料的液态模锻

金属与金属、金属与非金属液态模锻复合材料得到了广泛应用。日本 RAT 金属工业利用液态模锻铝基陶瓷纤维材料生产活塞,其性能优异、应用广,获得了很高的市场评价。

1.7 局部加载成形

1.7.1 局部加载成形的原理及特点

在金属塑性加工中，大多工序都是以局部加载方式实现的，即使是模锻工序也会经历从局部加载到金属充满模具型腔再整体加载方式的过渡。

与整体加载相比，局部加载成形时需合理控制不同施载工具的作用顺序、加载量及相互协调性。局部加载成形的原理如图 1.60 所示。

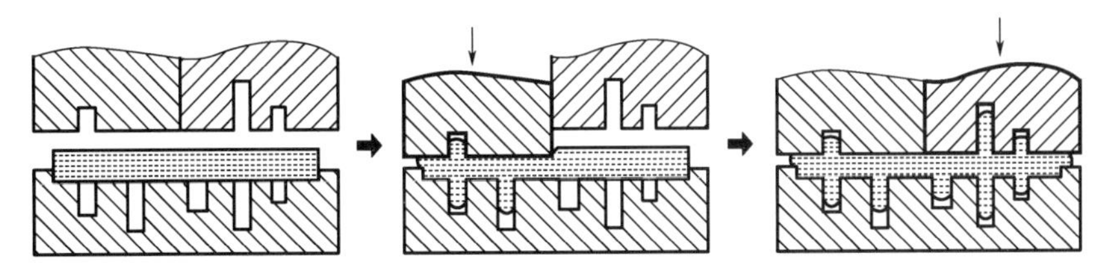

图 1.60 局部加载成形的原理

局部加载成形直接影响金属发生塑性变形及充满模具型腔的难易程度、成形后制品的性能、设备选择等。

由于加载方式不同，因此局部加载成形的变形规律及受力特征与整体加载有显著差异。

(1) 在直接受力区沿加载方向的正应力，随着离开加载工具距离的增大和该处受力面积的增大，其绝对值逐渐减小。

(2) 大塑性变形区主要集中在加载工具附近的某范围，沿加载方向正应变的绝对值分布趋势随离开加载工具的距离和受力面积的增大而减小。

(3) 沿加载方向的静水压力 σ_{m} 的绝对值随离加载工具的距离和该处受力面积的增大而减小（在直接受力区）。

(4) 直接受力区的变形方式是带外端的镦粗，在高度方向尺寸减小，金属径向或横向流入间接受力区。

1.7.2 局部加载成形的成形缺陷

局部加载成形是一个受多因素影响的复杂、不均匀变形过程，易出现充不满、错移、流线折叠、变形不均匀等缺陷。局部加载分区（尺寸、位置）的合理性不仅影响未加载区材料错移、成形载荷、材料变形均匀性及过渡区成形质量，还关系到设备偏载和模具偏载等问题。根据局部加载成形模具对工件的作用情况，工件大致可分为加载区、过渡区和约束区，且不同加载区之间可转换。

图 1.61 所示为局部加载成形的实验步骤。

局部加载成形初期如图 1.62 (a) 所示，整体变形呈明显不对称性。由于带圆角压板有较大侧推力，在水平方向坯料无约束，因此受压变形坯料水平侧移；同时，因两次侧移产生了中间自由区，故坯料上侧形成中部凸起；且侧移影响充填，带动第一次充填的材料

（a）原始状态　（b）第一次加载　（c）第二次加载　（d）加载结束

图 1.61　局部加载成形的实验步骤

发生拔出缺陷。再次压下导致前一次压下部位侧移。在第三次压下过程中发生再充填而形成二次充填，产生折叠缺陷［图 1.62（b）］。

通过上述实验，得出局部加载成形具有如下特点。

（1）可大幅度降低成形载荷。

（2）各部位金属变形流动的差异较大，一般呈显著的非对称分布。

（3）相邻加载步间在充填过程中易产生折叠缺陷，且单步压下量越大，后续加载时产生折叠的可能性越大。

（4）为了使构件充填良好，常需在未加载部位施加适当的约束（水平或垂直方向）。

（5）采用带圆角压板可避免产生尖锐的过渡区域，但可能加剧水平侧移。

（6）在局部加载过程中，需要适当的压平校正过程以避免表面折叠。

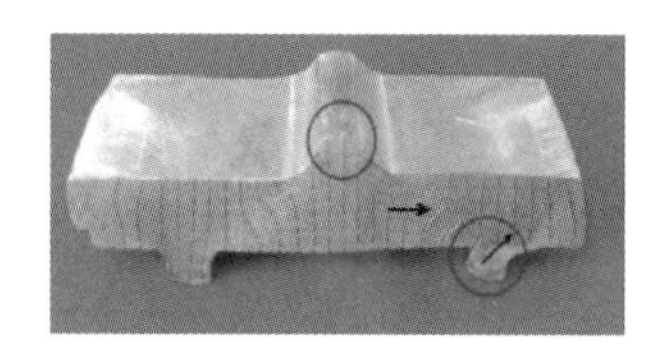
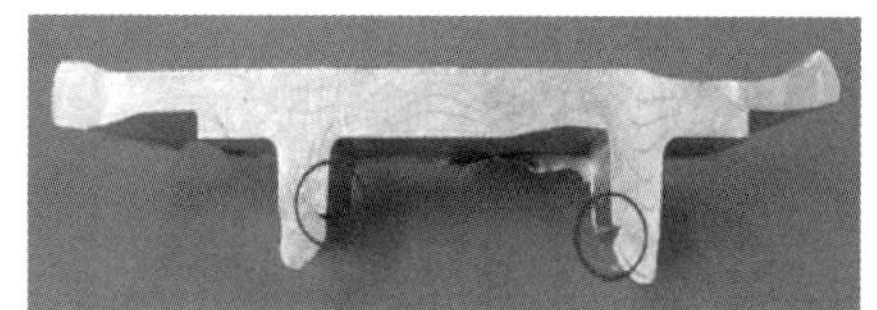

（a）成形初期　（b）成形末期

图 1.62　局部加载成形的成形缺陷特征

图 1.63 所示为局部加载成形的铝合金口盖锻件实物。

图 1.63　局部加载成形的铝合金口盖锻件实物

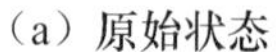

第2章 渐开线外齿轮的近净锻造成形

2.1 某行星齿轮的冷挤压成形工艺与模具

图2.1所示为某重型汽车轮边减速器行星齿轮零件简图。该行星齿轮的材料为20CrMo。表2-1所示为行星齿轮渐开线外齿的齿形参数。

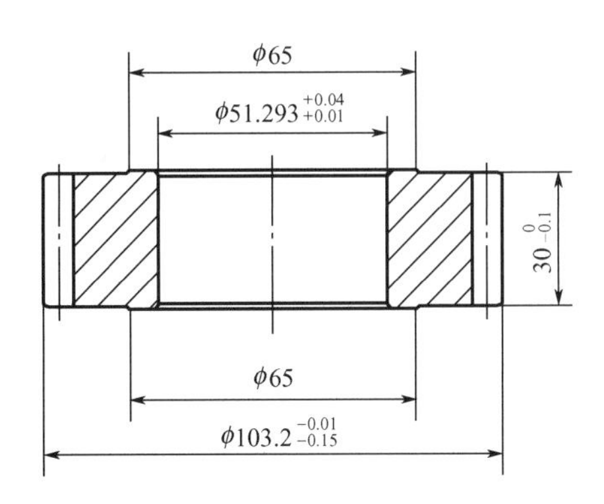

图2.1　某重型汽车轮边减速器行星齿轮零件简图

表2-1　行星齿轮渐开线外齿的齿形参数

参数	符号	数值
模数/mm	m	3.0
齿数	Z	32
压力角/°	α	20

续表

参数	符号	数值
变位系数	x	+0.2
齿顶圆直径/mm	D_a	103.05～103.19
齿根圆直径/mm	D_f	89.399
齿顶高系数	h_a^*	1.0
顶隙系数	c^*	0.3
精度等级	6 级	
跨齿数	k	4
公法线长度/mm	W_k	32.649～32.686

对于具有渐开线外齿形的壳体类零件，可采用厚壁管状坯料经粗车制坯+正挤压成形+锯切切断的冷挤压成形方法生产。图 2.2 所示为冷挤压成形的行星齿轮切断件图。表 2-2 所示为冷挤压成形的行星齿轮齿形参数。

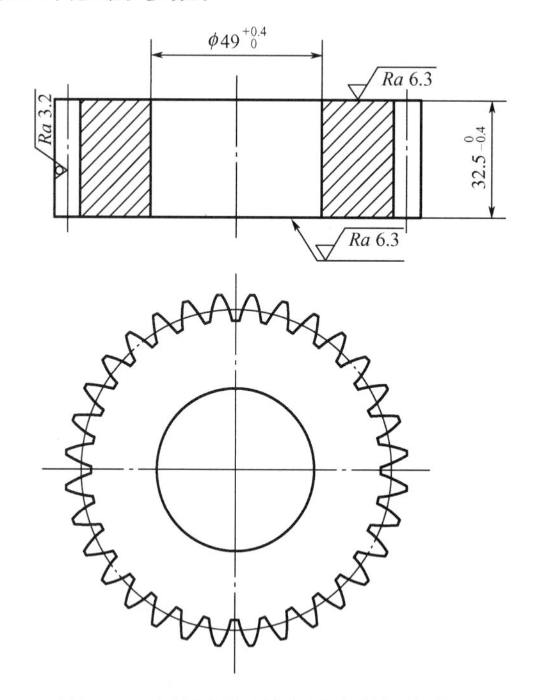

图 2.2 冷挤压成形的行星齿轮切断件图

表 2-2 冷挤压成形的行星齿轮齿形参数

参数	符号	数值
模数/mm	m	3.0
齿数	Z	32

续表

参数	符号	数值
压力角/°	α	20
变位系数	x	+0.32
齿顶圆直径/mm	D_a	104.7～105.0
齿根圆直径/mm	D_f	89.3～89.4
齿顶高系数	h_a^*	1.0
顶隙系数	c^*	0.3
精度等级	6级	
跨齿数	k	4
公法线长度/mm	W_k	32.9~33.0

由表2-2可知，冷挤压成形的行星齿轮的公法线长度比行星齿轮零件的公法线长度大，说明其齿形是留有磨齿加工余量的。

2.1.1 冷挤压成形工艺流程

1. 坯件的制备

先在带锯床上将外径 ϕ105mm、壁厚为30mm的20CrMo厚壁无缝钢管锯切成下料件，如图2.3所示；再在车床上对下料件车削加工内孔和外圆，制成图2.4所示的粗车坯件。

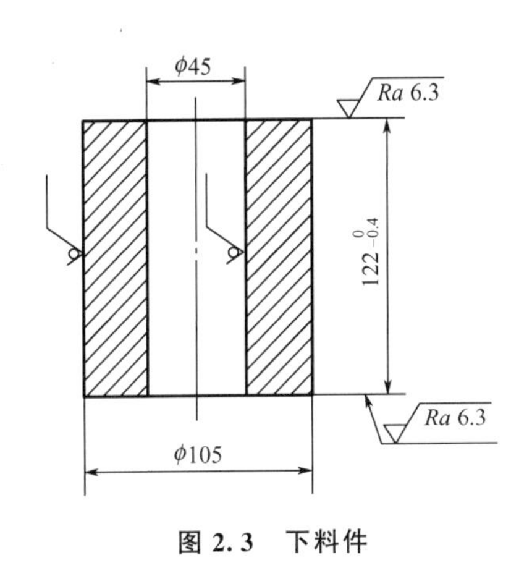

图2.3 下料件

φ49 +0.3 0
Ra 3.2
Ra 3.2
φ104.5 0 -0.2

图2.4 粗车坯件

2. 粗车坯件的软化退火处理

在大型井式光亮退火炉内对图2.4所示的粗车坯件进行软化退火处理，其规范如下：加热温度为860℃±20℃，保温时间为360～480min，炉冷；将软化退火后的坯件硬度控制在120～140HB。

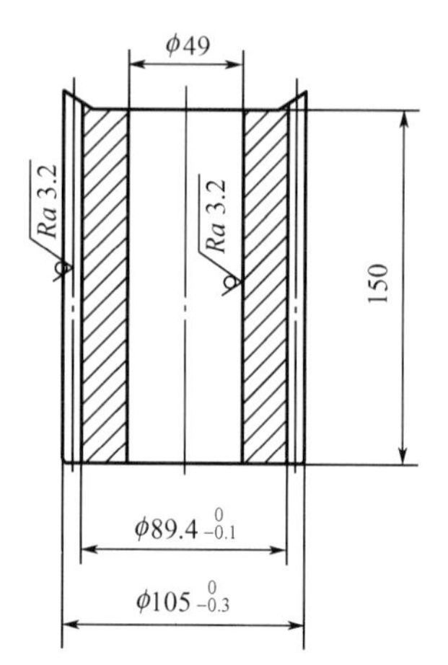

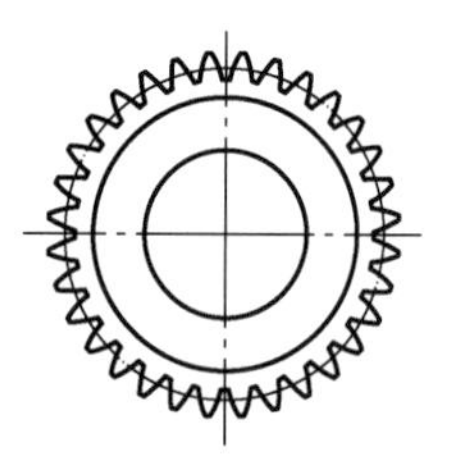

图 2.5　冷挤压件

3. 坯件的磷化处理

在磷化生产线上对软化退火处理后的坯件进行磷化处理，使坯件表面覆盖一层致密的多孔磷酸盐膜层。

4. 润滑处理

以 MoS_2 和少许机油为润滑剂，将磷化处理后的坯件倒入盛有润滑剂的振荡容器；振荡容器振荡 5～8min 后，MoS_2 进入坯件表面的多孔磷酸盐膜层，使坯件表面在随后的冷挤压成形过程中起到良好的润滑作用。

5. 正挤压成形

将润滑处理后的坯件放入正挤压成形模具的凹模型腔，随着冲头的向下运动，正挤压出图 2.5 所示的冷挤压件。

6. 冷挤压件的锯切加工

在带锯床上将图 2.5 所示的冷挤压件锯切成图 2.2 所示的切断件，可将该冷挤压件锯切成四件图 2.2 所示的切断件。

图 2.6 所示为行星齿轮的冷挤压件实物（采用实心坯料冷挤压而成）。

图 2.6　行星齿轮的冷挤压件实物（采用实心坯料冷挤压而成）

2.1.2　冷挤压模具结构

由图 2.1 可知，该行星齿轮零件是具有渐开线外齿形的筒类件，冷挤压成形的主要目的是挤压成形渐开线外齿形，其冷挤压成形力不大。

图 2.7 所示为行星齿轮冷挤压模具的结构。

行星齿轮冷挤压模具具有如下特点。

（1）采用预应力组合凹模模具结构，如图 2.8 所示。该预应力组合凹模由凹模上芯、凹模上套、凹模下芯、凹模下套组成，采用圆锥面冷压配的方式将过盈配合的凹模上芯和凹模上套压配组装在一起、将过盈配合的凹模下芯和凹模下套压配组装在一起。

（2）采用凹模上芯的内孔、冲头的外圆之间的间隙配合进行导向。

（3）采用贯通式正挤压成形。高效、连续生产行星齿轮冷挤压件，其贯通式正挤压成形过程如下：将润滑处理后的坯件放入预应力组合凹模，打开锻压成形设备的压制开关，

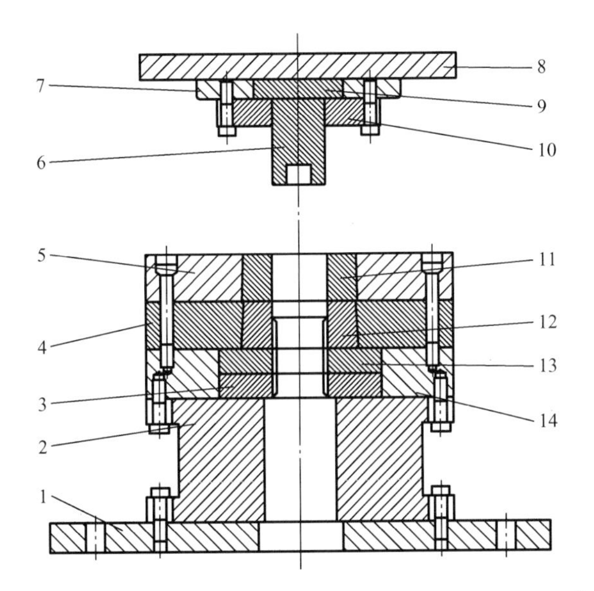

1—下模板；2—下垫板；3—凹模衬垫；4—凹模下套；5—凹模上套；
6—冲头；7—上模垫圈；8—上模板；9—上模承载垫；
10—冲头外套；11—凹模上芯；12—凹模下芯；
13—凹模承载垫；14—下模座。

图 2.7 行星齿轮冷挤压模具的结构

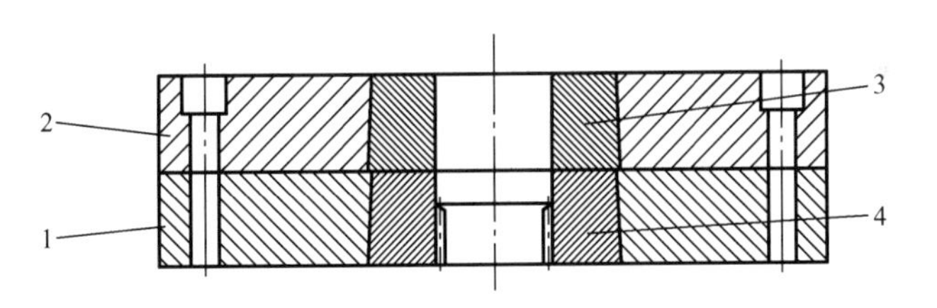

1—凹模下套；2—凹模上套；3—凹模上芯；4—凹模下芯。

图 2.8 预应力组合凹模

使冲头向下进给进入预应力组合凹模；随着冲头向下进给，润滑处理后的坯件在预应力组合凹模的渐开线齿形部分受到挤压而产生塑性变形，在坯件的外圆部分形成渐开线外齿形；当90%的坯件高度进入预应力组合凹模的渐开线齿形部分时，冲头不再向下进给，而是向上运动，回到起始位置；将另一个润滑处理后的坯件放入预应力组合凹模，冲头向下进给；当冲头向下进给到一定位置时，冷挤压成形的行星齿轮冷挤压件脱离预应力组合凹模，直接掉落在卸料接收装置中。

(4) 无需顶杆等卸料装置。正挤压完成后，行星齿轮冷挤压件自动脱离预应力组合凹模，直接掉落在卸料接收装置中，无需顶杆等卸料机构即可自动卸料。

图 2.9 所示为冷挤压模具中关键模具零件的零件图。

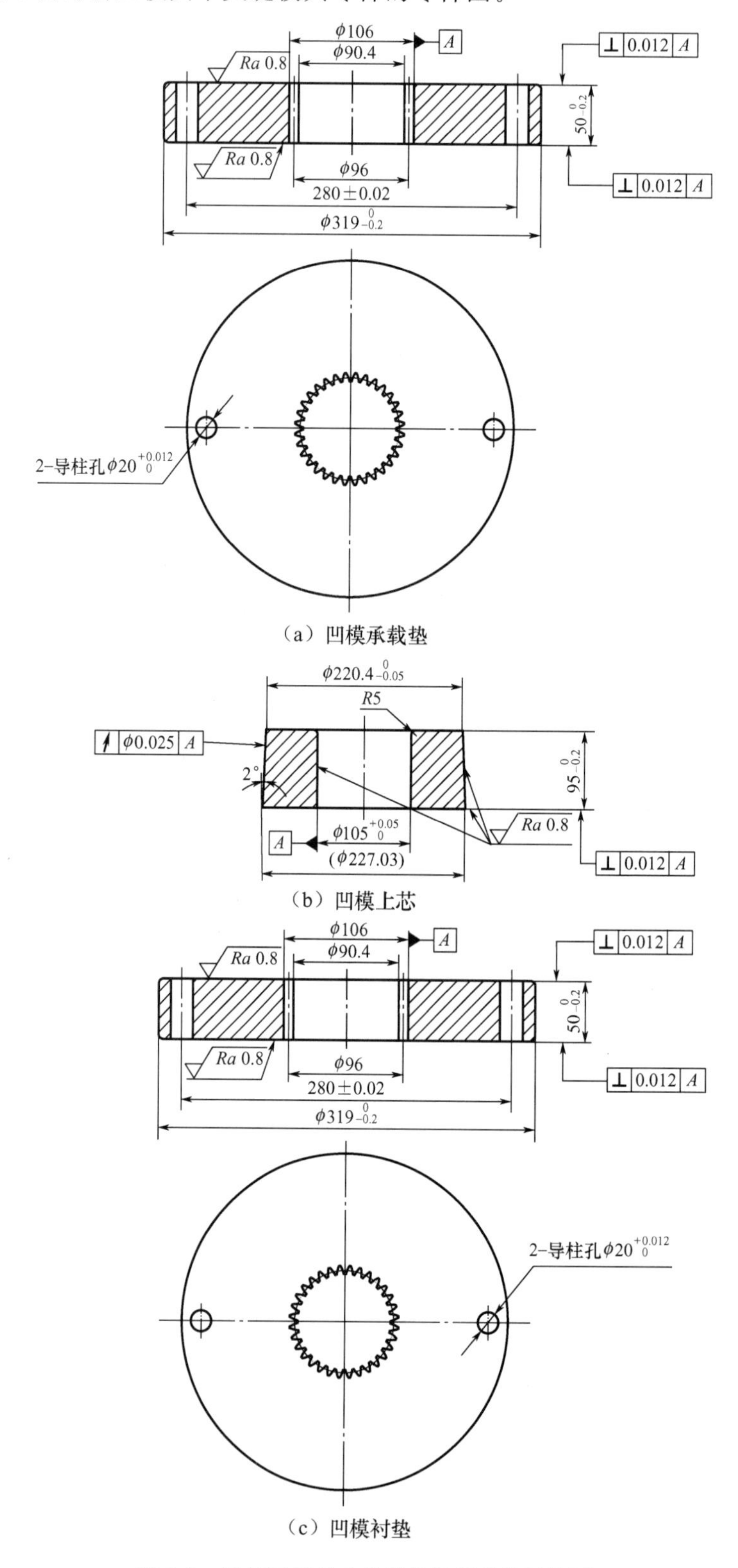

图 2.9　冷挤压模具中关键模具零件的零件图

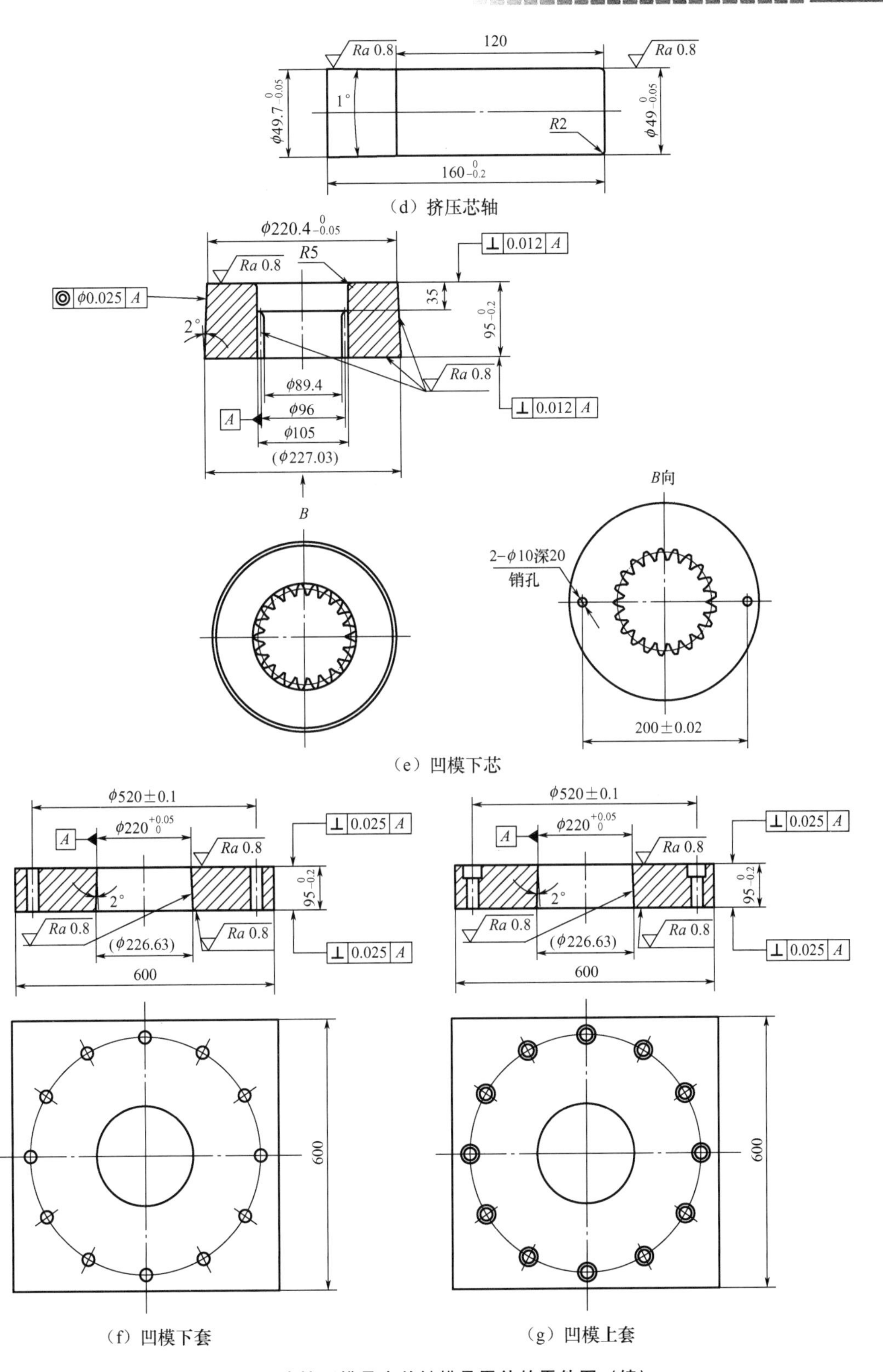

图 2.9 冷挤压模具中关键模具零件的零件图（续）

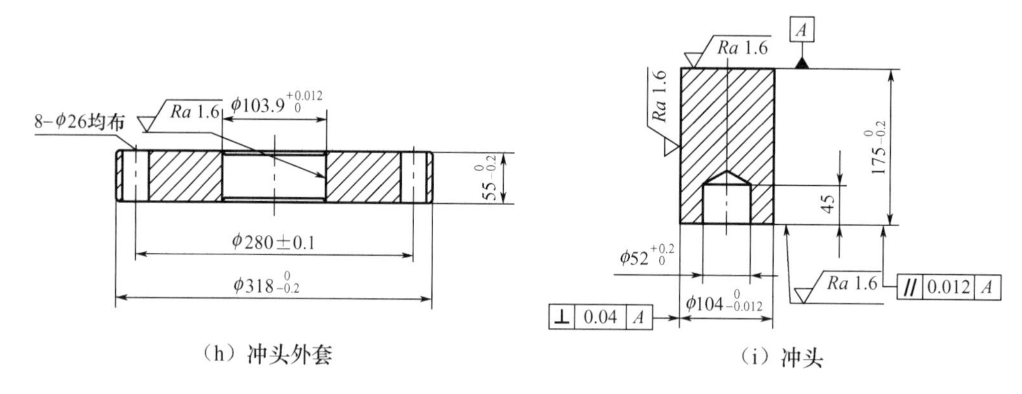

（h）冲头外套　　　　（i）冲头

图 2.9　冷挤压模具中关键模具零件的零件图（续）

表 2－3 所示为冷挤压模具中关键模具零件的材料牌号及热处理硬度。

表 2－3　冷挤压模具中关键模具零件的材料牌号及热处理硬度

模具零件	材料牌号	热处理硬度/HRC
凹模上套	40Cr	28～32
凹模下套	40Cr	28～32
凹模上芯	Cr12MoV	54～58
凹模下芯	LD	56～60
挤压芯轴	Cr12MoV	54～58
凹模衬垫	45	38～42
凹模承载垫	H13	48～52
冲头外套	45	28～32
冲头	H13	48～52

2.2　摩托车发动机盘形齿圈的冷挤压成形工艺与模具

图 2.10 所示为某摩托车发动机盘形齿圈零件简图。该齿圈的材料为 20CrMo。表 2－4 所示为盘形齿圈渐开线外齿的齿形参数。

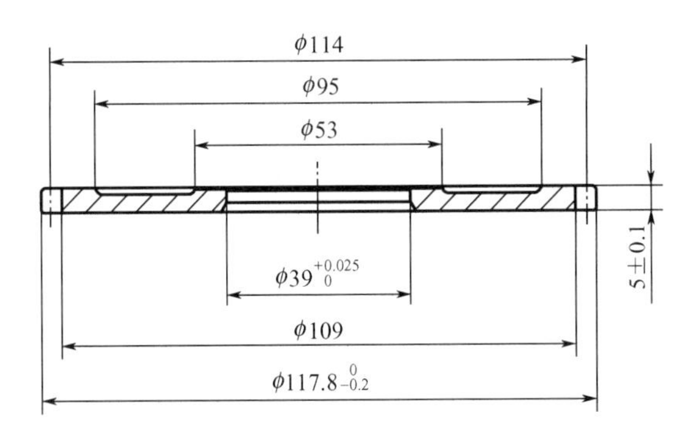

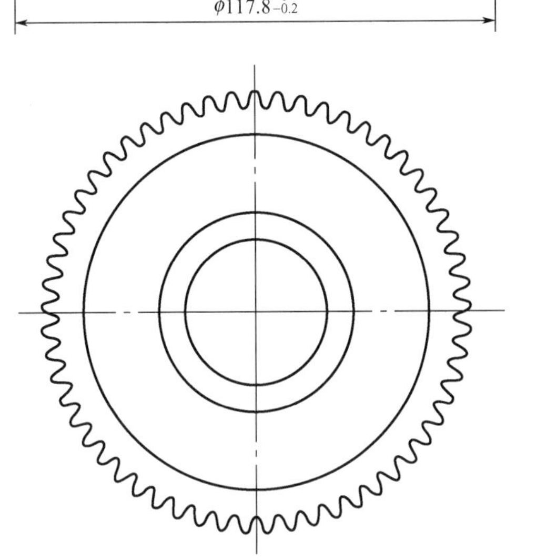

图 2.10　某摩托车发动机盘形齿圈零件简图

表 2-4　盘形齿圈渐开线外齿的齿形参数

参数	符号	数值
模数/mm	m	2.0
齿数	Z	57
压力角/°	α	20
分度圆直径/mm	D	114
精度等级	8级	
跨齿数	k	7
公法线长度/mm	W_k	39.88～39.92

对于具有渐开线外齿形的薄片类零件，可采用圆柱体坯料经正挤压成形渐开线外齿形＋锯切加工的冷挤压成形方法生产。

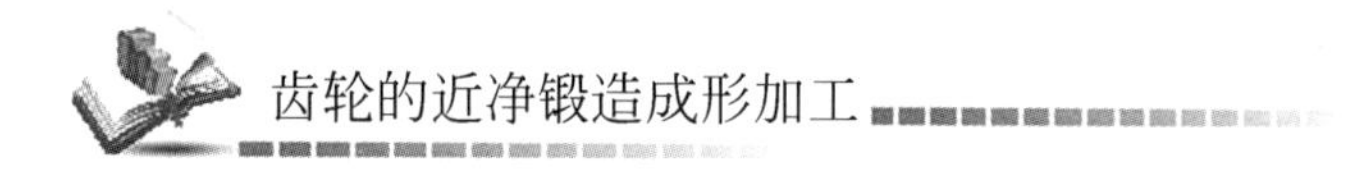

图 2.11 所示为冷挤压成形的盘形齿圈切断件。

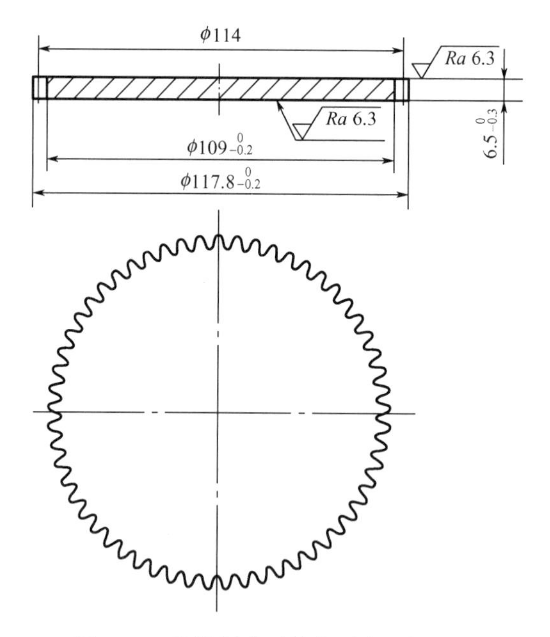

图 2.11　冷挤压成形的盘形齿圈切断件

2.2.1　冷挤压成形工艺流程

1. 坯件的制备

先在带锯床上将直径 φ120mm 的 20CrMo 圆棒料锯切成长度为 100mm 的下料件，如图 2.12 所示；再在车床上对下料件车削加工外圆，制成图 2.13 所示的粗车坯件。

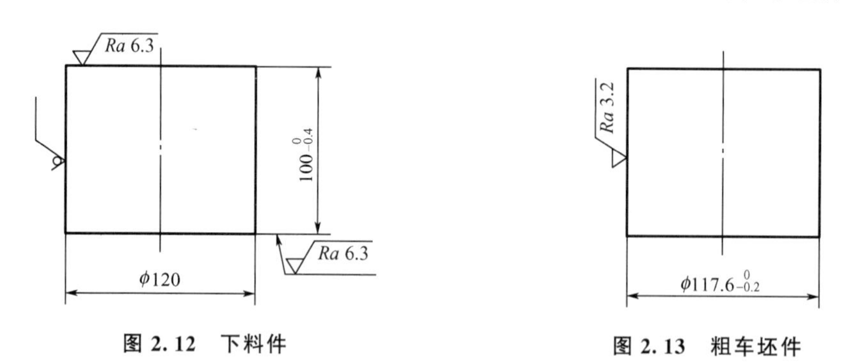

图 2.12　下料件　　**图 2.13　粗车坯件**

2. 粗车坯件的软件退火处理

在大型井式光亮退火炉内对图 2.13 所示的粗车坯件进行软化退火处理，其规范如下：加热温度为 860℃±20℃，保温时间为 480～600min，炉冷；将软化退火后的坯件硬度控制在 120～140HB。

3. 坯件的磷化处理

在磷化生产线上对软化退火处理后的坯件进行磷化处理，使坯料表面覆盖一层致密的多孔磷酸盐膜层。

4. 润滑处理

以 MoS_2 和少许机油为润滑剂，将磷化处理后的坯件倒入盛有润滑剂的振荡容器；振荡容器振荡 5～8min 后，MoS_2 进入坯件表面的多孔磷酸盐膜层，使坯件表面在随后的冷挤压成形过程中起到良好的润滑作用。

5. 正挤压成形

将润滑处理后的坯件放入正挤压成形模具的凹模型腔，随着冲头的向下进给，正挤压出图 2.14 所示的盘形齿圈冷挤压件。

图 2.15 所示为由盘形齿圈冷挤压件经后续钻孔、锯切加工而成的盘形齿圈切断件实物。

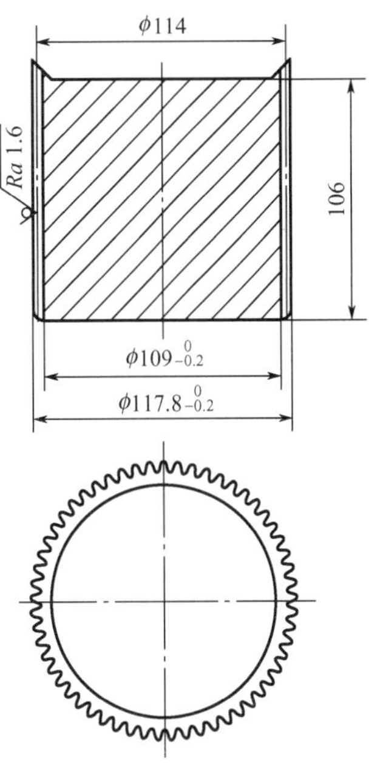

图 2.14　盘形齿圈冷挤压件

2.2.2　冷挤压模具结构

图 2.16 所示为盘形齿圈冷挤压成形模具的结构。该模具为贯通式正挤压成形模具，没有顶出机构。

图 2.15　由盘形齿圈冷挤压件经后续钻孔、锯切加工而成的盘形齿圈切断件实物

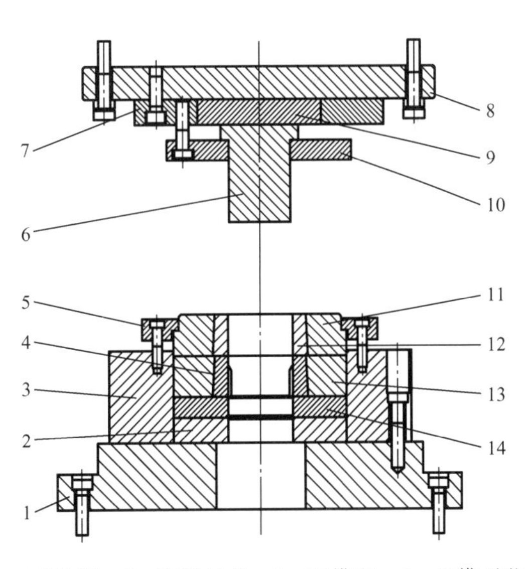

1—下模板；2—下模衬垫；3—下模座；4—凹模下芯；5—凹模压板；6—冲头；7—上模承载垫圈；8—上模板；9—上模承载垫；10—冲头固定板；11—凹模上套；12—凹模上芯；13—凹模下套；14—下模承载垫。

图 2.16　盘形齿圈冷挤压成形模具的结构

图 2.17 所示为盘形齿圈冷挤压成形模具中关键模具零件的零件图。

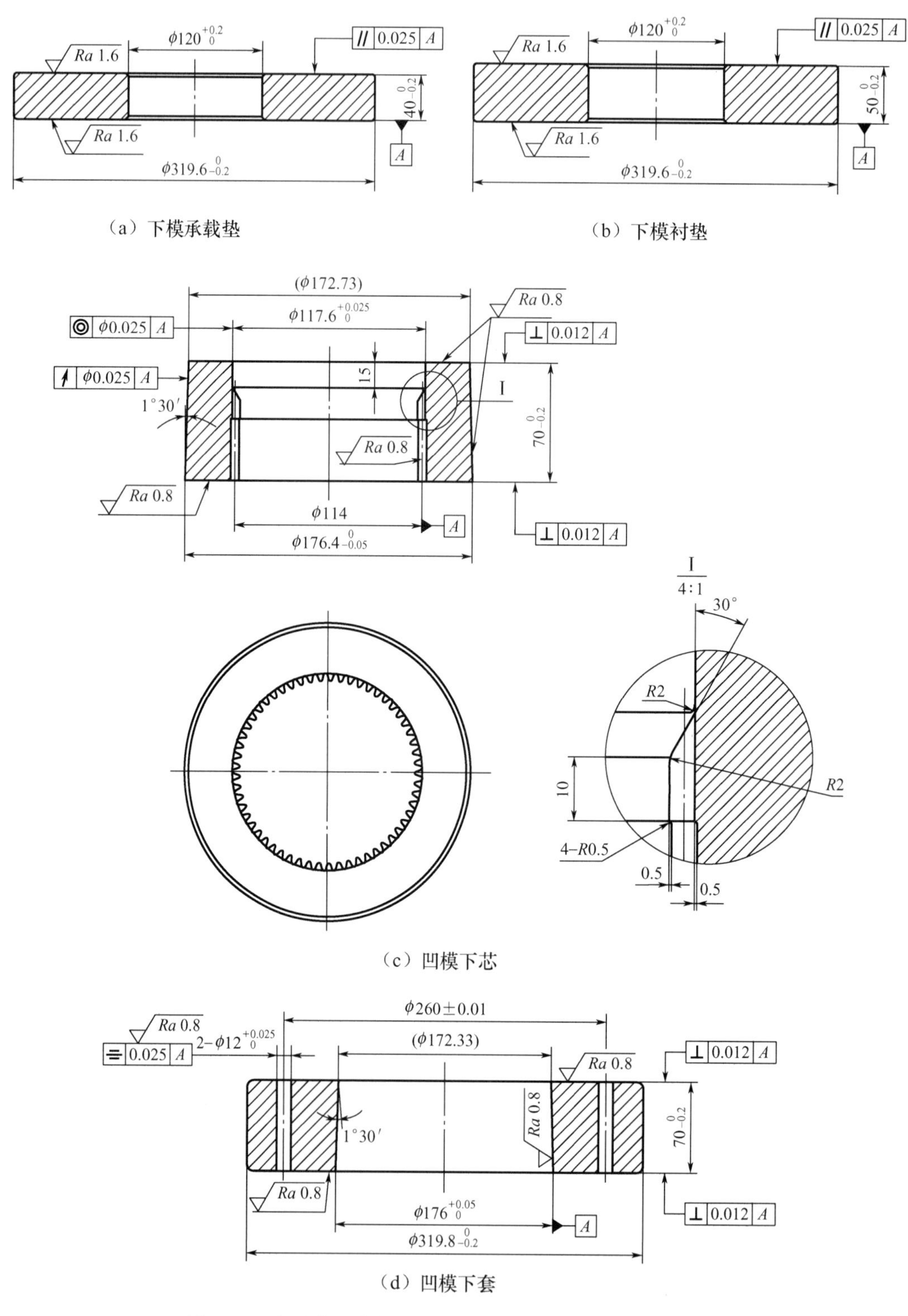

图 2.17　盘形齿圈冷挤压成形模具中关键模具零件的零件图

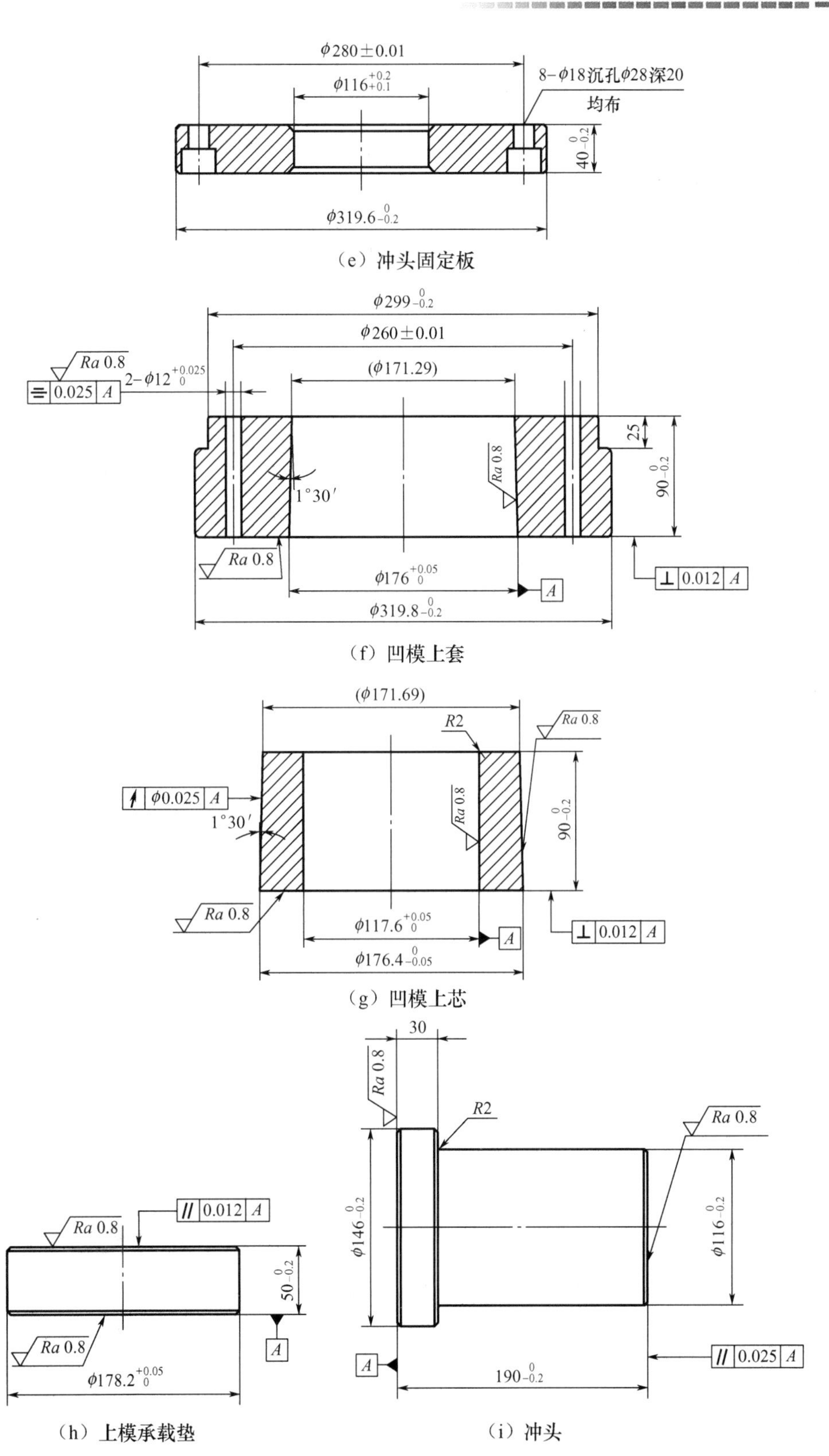

图 2.17 盘形齿圈冷挤压成形模具中关键模具零件的零件图（续）

表 2-5 所示为盘形齿圈冷挤压成形模具中关键模具零件的材料牌号及热处理硬度。

表 2-5 盘形齿圈冷挤压成形模具中关键模具零件的材料牌号及热处理硬度

模具零件名称	材料牌号	热处理硬度/HRC
冲头	LD	56～60
上模承载垫	H13	48～52
凹模上芯	LD	56～60
凹模上套	45	32～38
冲头固定板	45	28～32
凹模下套	45	32～38
凹模下芯	LD	56～60
下模衬垫	45	32～38
下模承载垫	H13	44～48

2.3 乘用车一轴齿圈的近净锻造成形工艺与模具

图 2.18 所示为某乘用车一轴齿圈零件简图。该一轴齿圈的材料为 20CrMo。一轴齿圈渐开线外齿的齿形参数见表 2-6。

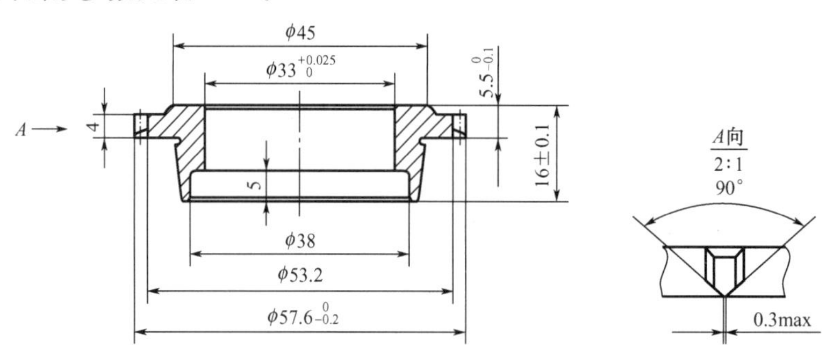

图 2.18 某乘用车一轴齿圈零件简图

表 2-6 一轴齿圈渐开线外齿的齿形参数

参数	符号	数值
模数/mm	m	2.0
齿数	Z	27
压力角/°	α	20
变位系数	x	+0.8
分度圆直径/mm	D	54
量棒直径/mm	d_p	3.6
量棒跨距/mm	M	61.425～61.507
定心方式	齿面定心	

对于具有渐开线外齿形、齿端倒棱的圆环类零件，可采用圆环形坯料经冷摆辗制坯＋冷挤压成形的近净锻造成形方法生产。图 2.19 所示为一轴齿圈的精锻件图。

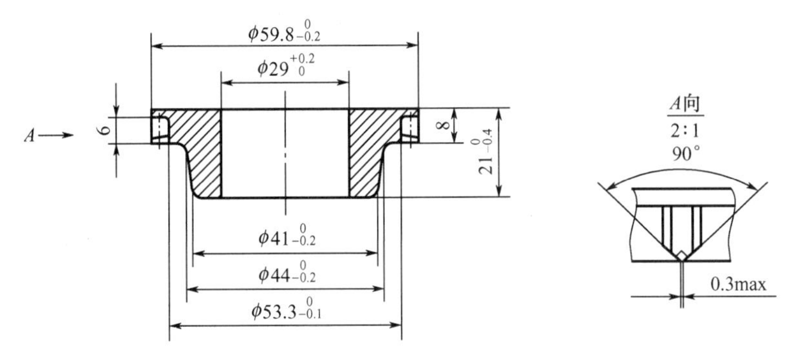

图 2.19 一轴齿圈的精锻件图

2.3.1 近净锻造成形工艺流程

1. 坯件的制备

先在带锯床上将外径 φ60mm、壁厚为 15mm 的 20CrMo 厚壁无缝钢管锯切成长度为 13mm 的下料件，如图 2.20 所示；再在车床上对下料件车削加工两个端面和外圆，制成图 2.21 所示的粗车坯件。

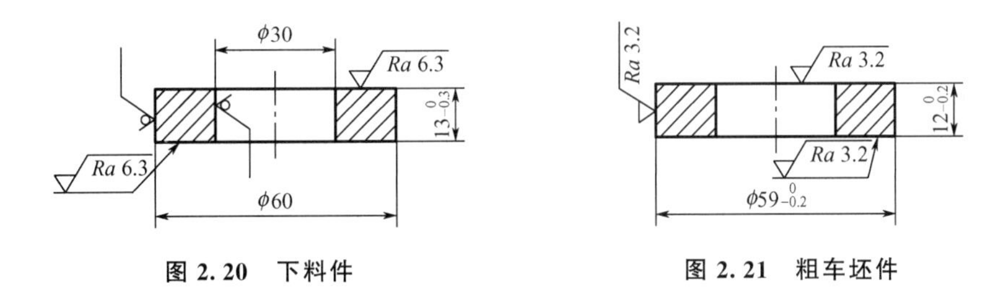

图 2.20 下料件　　图 2.21 粗车坯件

2. 粗车坯件的软化退火处理

在大型井式光亮退火炉内对图 2.21 所示的粗车坯件进行软化退火处理，其规范如下：加热温度为 860℃±20℃，保温时间为 240～360min，炉冷；将软化退火后的坯件硬度控制在 120～140HB。

3. 粗车坯件的磷化处理

在磷化生产线上对软化退火处理后的粗车坯件进行磷化处理，使粗车坯件表面覆盖一层致密的多孔磷酸盐膜层。

4. 润滑处理

以 MoS_2 和少许机油为润滑剂，将磷化处理后的粗车坯件倒入盛有润滑剂的振荡容器；振荡容器振荡 3～5min 后，MoS_2 进入粗车坯件表面的多孔磷酸盐膜层，使粗车坯件表面在随后的冷摆辗成形过程中起到良好的润滑作用。

5. 冷摆辗制坯

将润滑处理后的粗车坯件放入冷摆辗制坯模具的凹模型腔，随着摆辗机摆头的摆动以及摆辗机滑块的向上运动，冷摆辗成形图 2.22 所示的具有齿端倒棱的预制坯件。

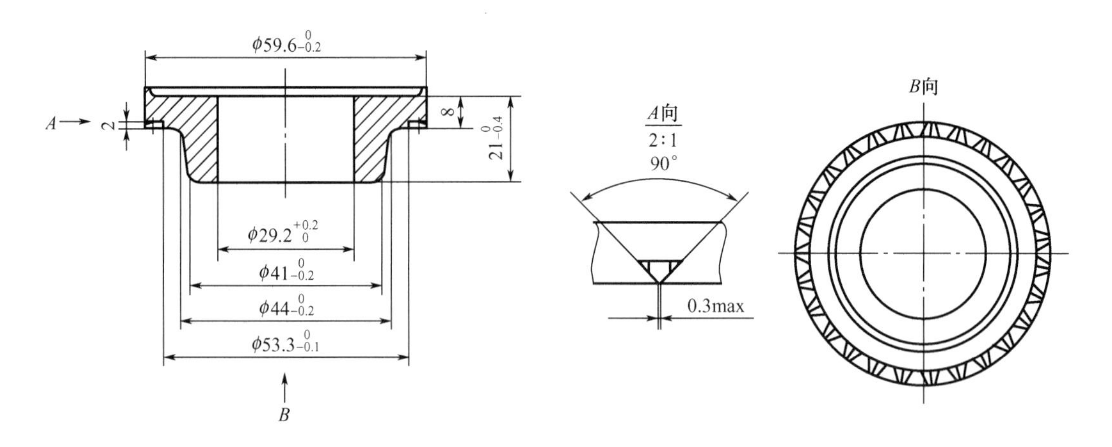

图 2.22 预制坯件

6. 预制坯件的软化退火处理

在大型井式光亮退火炉内对冷摆辗制坯成形的预制坯件进行软化退火处理，其规范如下：加热温度为 860℃±20℃，保温时间为 120～180min，炉冷；软化退火后的预制坯件硬度控制在 130～150HB。

7. 预制坯件的磷化处理

在磷化生产线上对软化退火处理后的预制坯件进行磷化处理，使其表面覆盖一层致密的多孔磷酸盐膜层。

8. 预制坯件的润滑处理

以 MoS_2 和少许机油为润滑剂，将磷化处理后的预制坯件倒入盛有润滑剂的振荡容器；振荡容器振荡 3～5min 后，MoS_2 进入预制坯件表面的多孔磷酸盐膜层，使预制坯件表面在随后的正挤压成形过程中起到良好的润滑作用。

9. 渐开线外齿形的正挤压成形

将润滑处理的预制坯件放入正挤压成形模具的凹模型腔，随着冲头的向下运动，正挤压出图 2.19 所示的精锻件。

图 2.23 所示为一轴齿圈的精锻件实物和精锻件经后续机械加工而成的一轴齿圈零件实物。

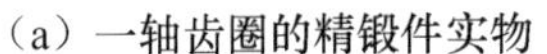

(a) 一轴齿圈的精锻件实物

(b) 精锻件经后续机械加工而成的一轴齿圈零件实物

图 2.23 一轴齿圈的精锻件实物和精锻件经后续机械加工而成的一轴齿圈零件实物

2.3.2 模具结构

1. 冷摆辗制坯模具结构

图 2.24 所示为一轴齿圈冷摆辗制坯模具的结构。

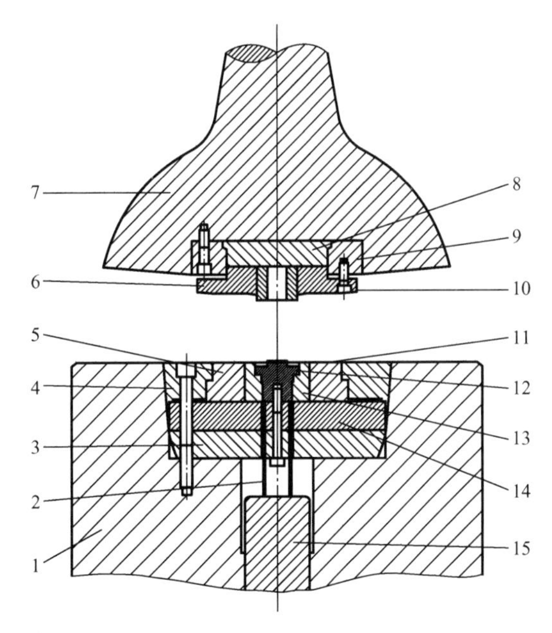

1—摆辗机滑块；2—顶料杆；3—下模衬垫；4—下模压板；
5—凹模外套；6—摆头固定套；7—摆头座；8—上模承载垫；
9—上模座；10—摆头；11—凹模芯轴；12—制坯件；
13—凹模芯；14—凹模承载垫；15—顶杆。

图 2.24 一轴齿圈冷摆辗制坯模具的结构

图 2.25 所示为一轴齿圈冷摆辗制坯模具中关键模具零件的零件图。

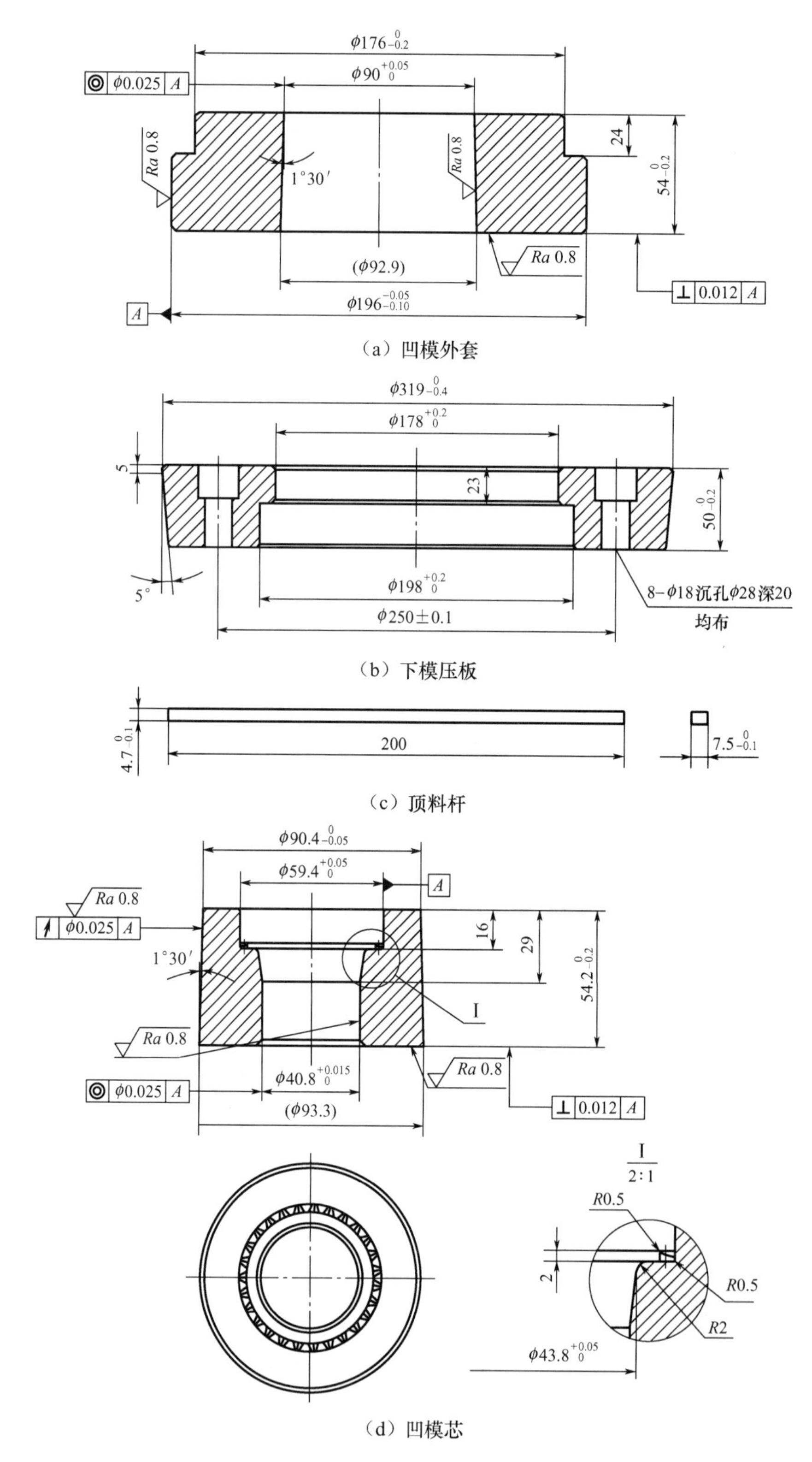

图 2.25　一轴齿圈冷摆辗制坯模具中关键模具零件的零件图

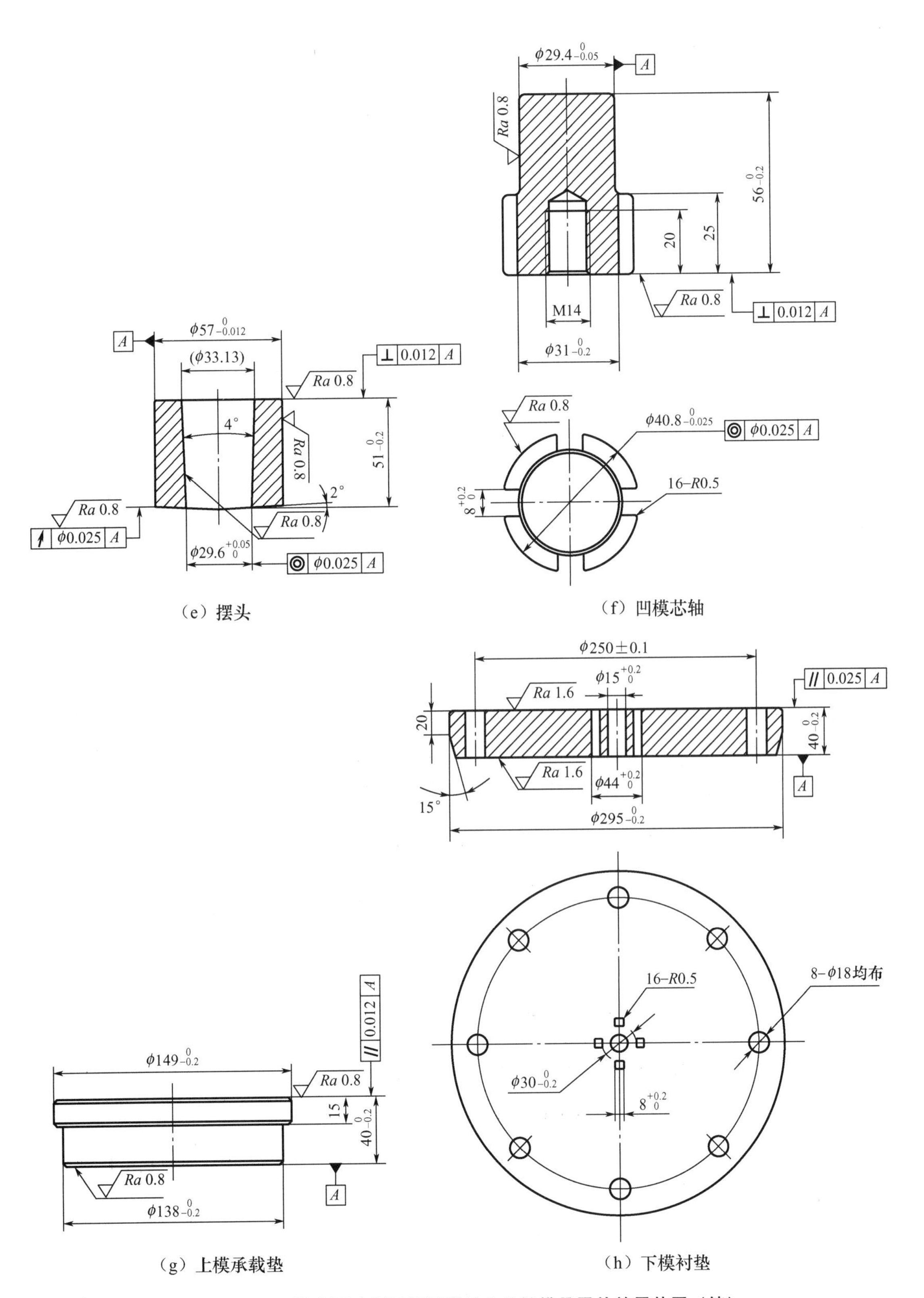

（e）摆头

（f）凹模芯轴

（g）上模承载垫

（h）下模衬垫

图 2.25　一轴齿圈冷摆辗制坯模具中关键模具零件的零件图（续）

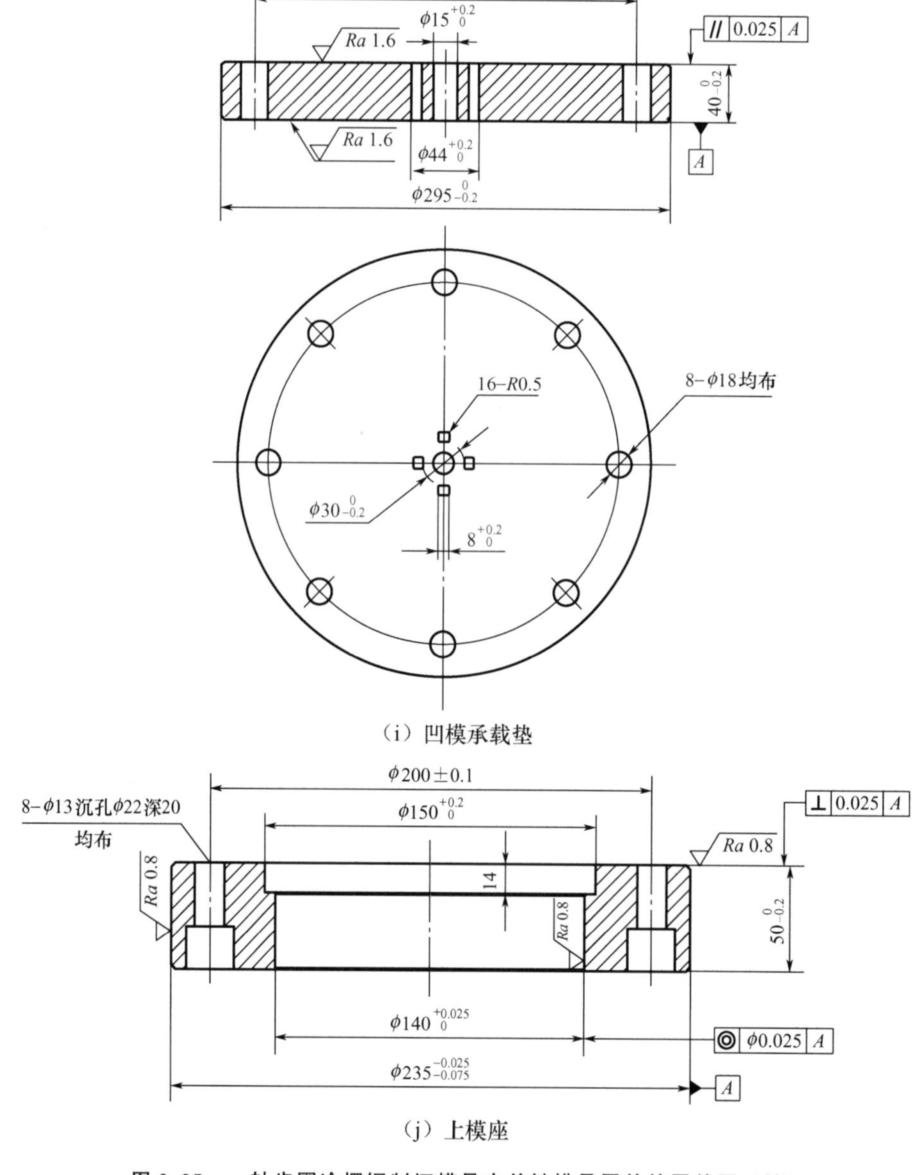

（i）凹模承载垫

（j）上模座

图 2.25　一轴齿圈冷摆辗制坯模具中关键模具零件的零件图（续）

表 2-7 所示为一轴齿圈冷摆辗制坯模具中关键模具零件的材料牌号及热处理硬度。

表 2-7　一轴齿圈冷摆辗制坯模具中关键模具零件的材料牌号及热处理硬度

模具零件名称	材料牌号	热处理硬度/HRC
凹模芯轴	H13	48～52
上模座	45	28～32
下模压板	45	32～38

续表

模具零件名称	材料牌号	热处理硬度/HRC
凹模承载垫	H13	44～48
上模承载垫	H13	48～52
下模衬垫	45	32～38
顶料杆	W6Mo5Cr4V2	60～62
摆头	LD	56～60
凹模芯	LD	56～60
凹模外套	45	28～32

2. 冷挤压成形模具结构

图 2.26 所示为一轴齿圈冷挤压成形模具的结构。

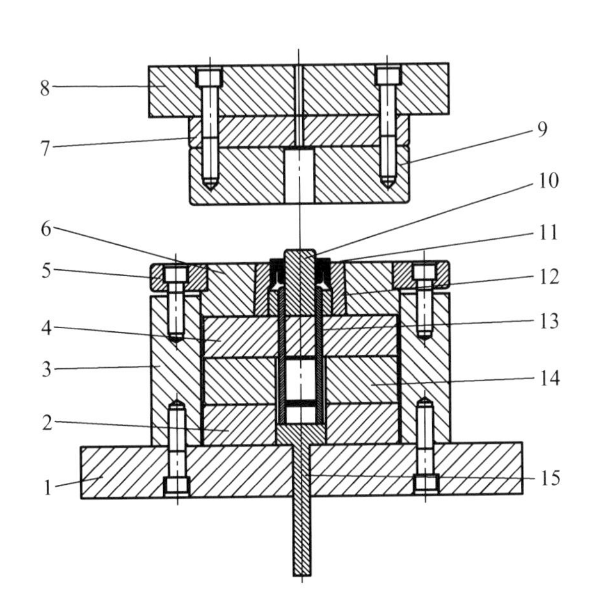

1—下模板；2—下模垫块；3—下模座；4—凹模承载垫；5—下模压板；
6—凹模外套；7—上模承载垫；8—上模板；9—上模；
10—凹模芯轴；11—冷锻件；12—凹模芯；
13—顶料杆；14—下模衬垫；15—顶杆。

图 2.26　一轴齿圈冷挤压成形模具的结构

图 2.27 所示为一轴齿圈冷挤压模具中关键模具零件的零件图。

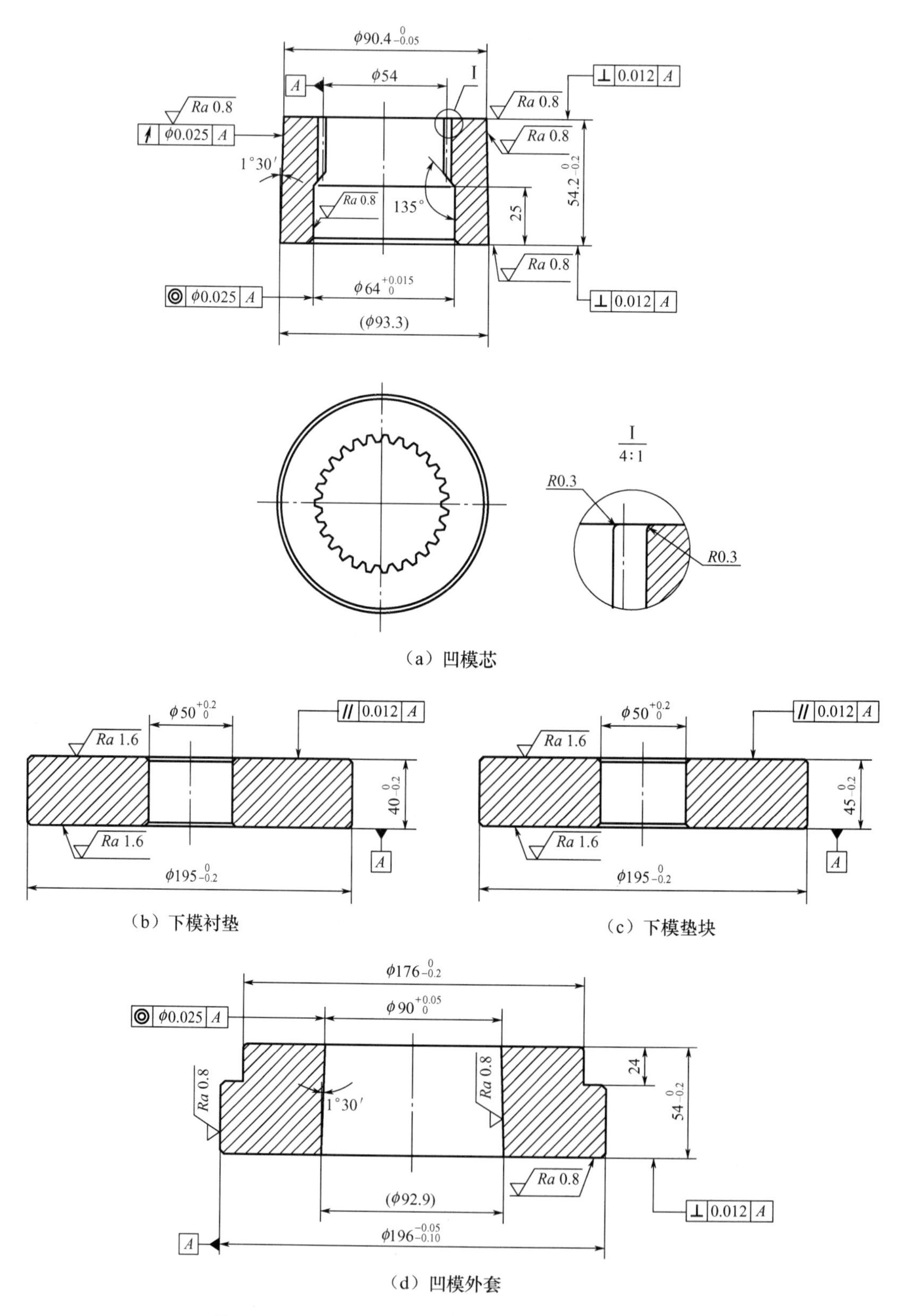

图 2.27 一轴齿圈冷挤压模具中关键模具零件的零件图

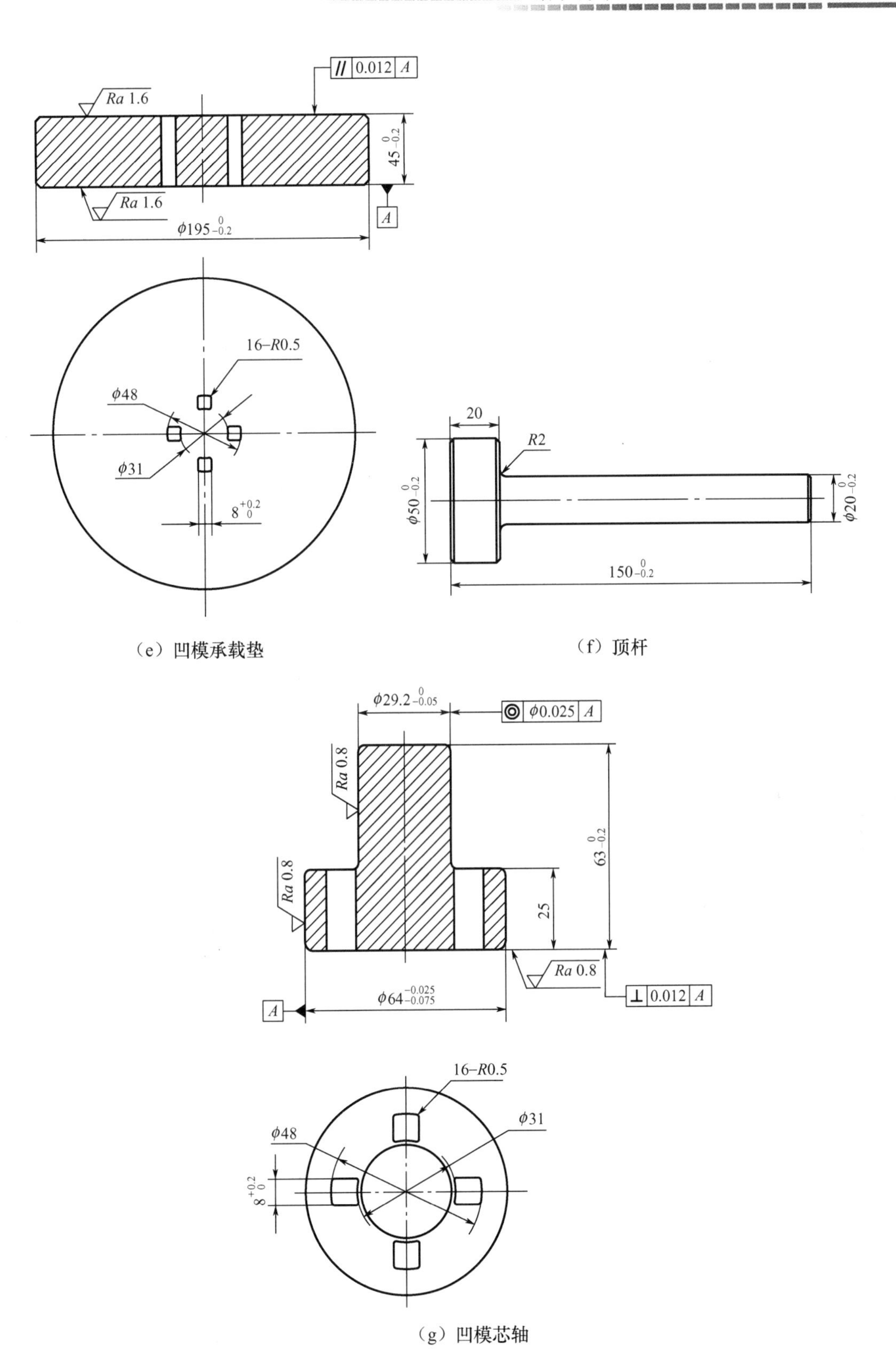

(e) 凹模承载垫

(f) 顶杆

(g) 凹模芯轴

图 2.27　一轴齿圈冷挤压模具中关键模具零件的零件图 (续)

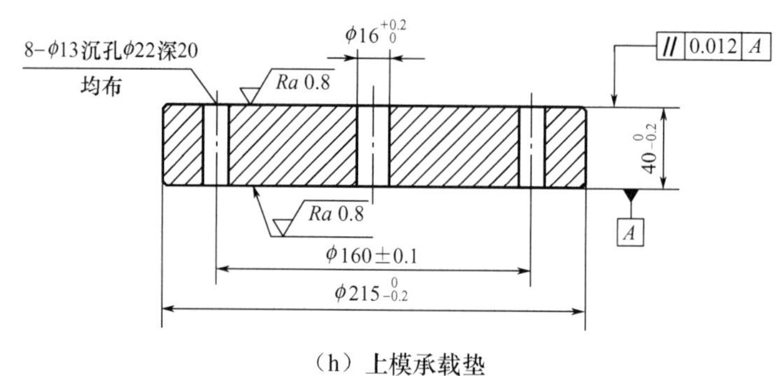

（h）上模承载垫

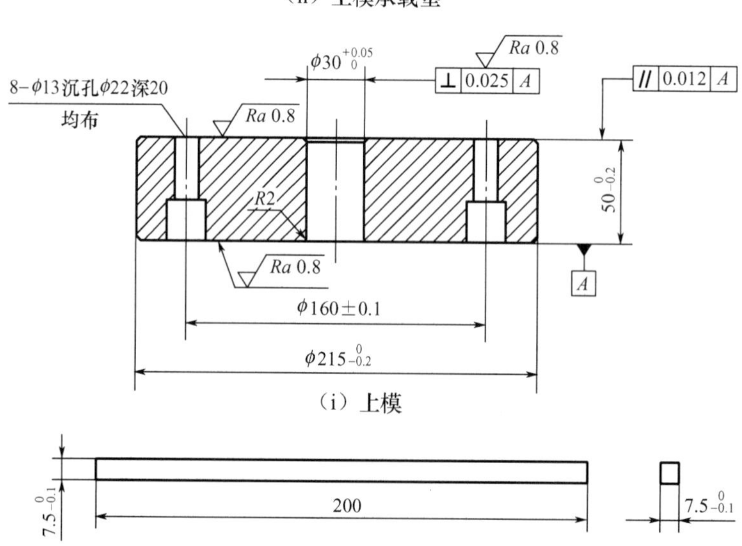

（i）上模

（j）顶料杆

图 2.27　一轴齿圈冷挤压模具中关键模具零件的零件图（续）

表 2－8 所示为一轴齿圈冷挤压模具中关键模具零件的材料牌号及热处理硬度。

表 2－8　一轴齿圈冷挤压模具中关键模具零件的材料牌号及热处理硬度

模具零件名称	材料牌号	热处理硬度/HRC
上模承载垫	H13	48～52
顶料杆	W6Mo5Cr4V2	60～62
上模	Cr12MoV	54～58
凹模芯轴	H13	44～48
顶杆	Cr12MoV	54～58
凹模承载垫	H13	44～48
凹模外套	45	28～32
凹模芯	Cr12MoV	56～60
下模垫块	45	32～38
下模衬垫	45	32～38

2.4 某大排量摩托车纵轴的近净锻造成形工艺

图 2.28 所示为某大排量摩托车纵轴零件简图。该纵轴的材料为 20CrMo。纵轴渐开线外花键和渐开线内齿的齿形参数分别见表 2-9 和表 2-10。

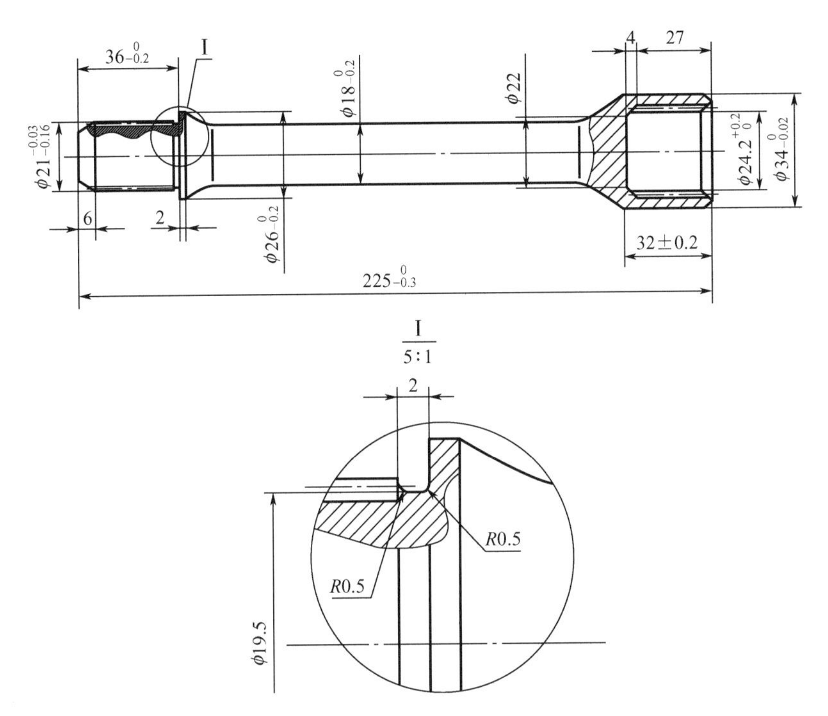

图 2.28 某大排量摩托车纵轴零件简图

表 2-9 纵轴渐开线外花键的齿形参数

参数	符号	数值
模数/mm	m	1.0
齿数	Z	20
压力角/°	α	37.5
分度圆直径/mm	D	20
齿顶圆直径/mm	D_a	20.84～20.97
齿根圆直径/mm	D_f	18.05～18.15
跨齿数	k	5
公法线长度	W_k	12.90～12.95

表 2－10　纵轴渐开线内齿的齿形参数

参数	符号	数值
模数/mm	m	1.5
齿数	Z	17
压力角/°	α	37.5
分度圆直径/mm	D	25.5
齿顶圆直径/mm	D_a	24.2～24.4
齿根圆直径/mm	D_f	28.2～28.4
跨齿数	k	4
公法线长度/mm	W_k	15.4～15.46

对于具有渐开线外花键、渐开线内齿的台阶轴类零件，可采用圆棒料经热聚料＋两次镦粗制坯＋冷挤压成形的近净锻造成形方法生产。图 2.29 所示为纵轴精锻件图。

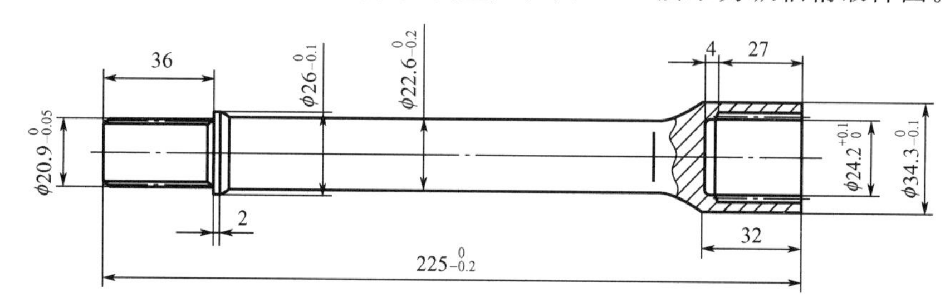

图 2.29　纵轴精锻件图

纵轴的近净锻造成形工艺流程如下。

1. 锯切下料

在带锯床上将直径 ϕ22mm 的 20CrMo 钢圆棒料锯切成长度为 290mm 的锯切坯件，如图 2.30 所示。

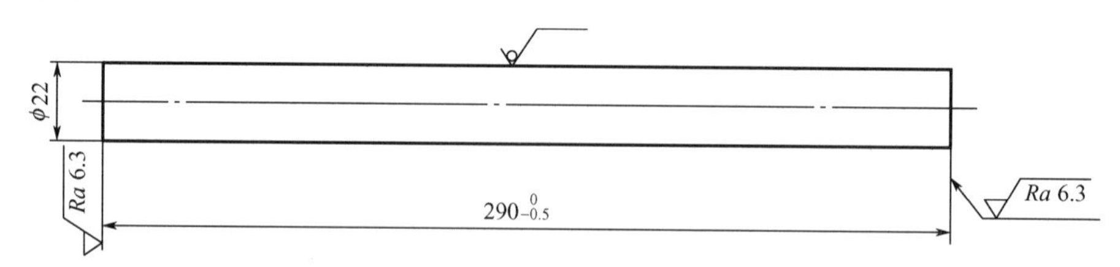

图 2.30　锯切坯件

2. 热聚料

将锯切下料的锯切坯件一端放入功率为 100kW 的中频感应加热炉加热，其加热温度为 1050℃±50℃。然后将加热到 1050℃±50℃的锯切坯件放入热聚料成形模具的凹模型腔，随着冲头的向下运动，将锯切坯件的加热端部分热聚料成形出图 2.31 所示的聚料坯件。

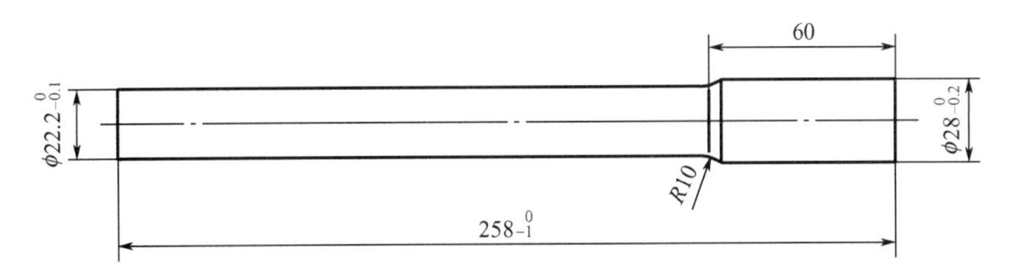

图 2.31 聚料坯件

3. 第一次热镦制坯

将热聚料成形后的聚料坯件放入第一次热镦坯成形模具的凹模型腔，随着冲头的向下运动，将聚料坯件的大端部分热镦粗成图 2.32 所示的第一次热镦坯件。

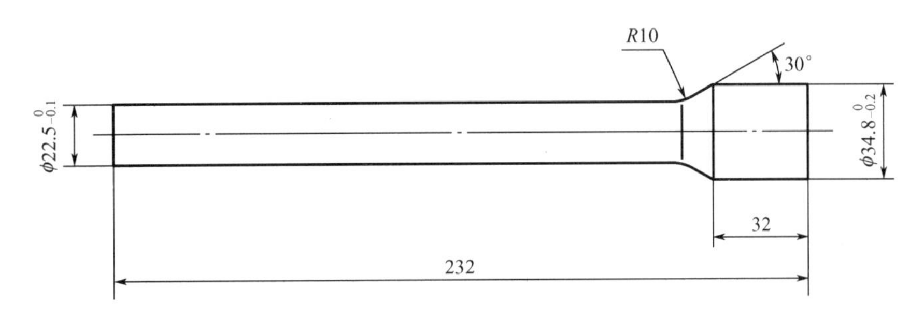

图 2.32 第一次热镦坯件

4. 第二次热镦制坯

将第一次热镦坯件的小端部分放入功率为 100kW 的中频感应加热炉加热，其加热温度为 1050℃±50℃。然后将加热到 1050℃±50℃的第一次热镦坯件放入第二次热镦制坯成形模具的凹模型腔，随着冲头的向下运动，将第一次热镦坯件的小端部分热镦粗成图 2.33所示的第二次热镦坯件。

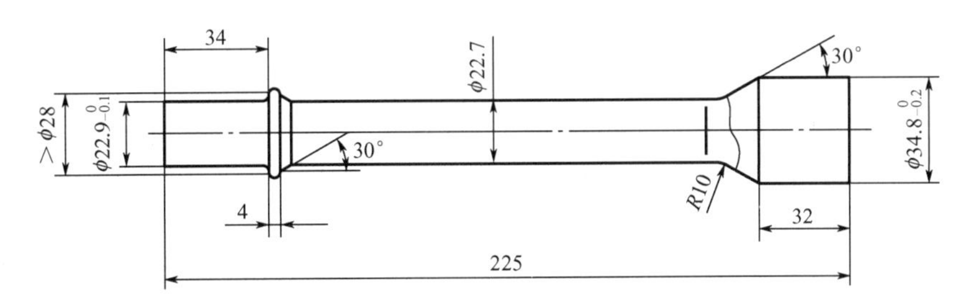

图 2.33 第二次热镦坯件

5. 第二次热镦坯件的软化退火处理

在大型井式退火炉内对图 2.33 所示的第二次热镦坯件进行软化退火处理，其规范如下：加热温度为 860℃±20℃，保温时间为 320～360min，炉冷；将软化退火后的坯件硬度控制在 120～140HB。

6. 粗车加工

在数控车床上对软化退火处理后的第二次热镦坯件进行车削加工，得到图 2.34 所示的粗车坯件。

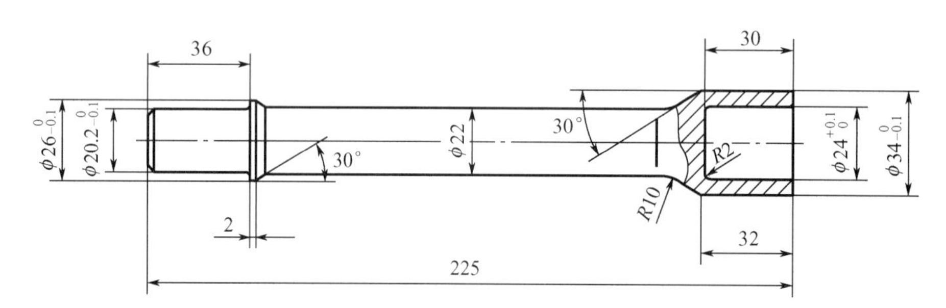

图 2.34　粗车坯件

7. 粗车坯件的磷化处理

在磷化生产线上对粗车坯件进行磷化处理，使粗车坯件表面覆盖一层致密的多孔磷酸盐膜层。

8. 表面润滑处理

以 MoS_2 和少许机油为润滑剂，将磷化处理后的粗车坯件倒入盛有润滑剂的振荡容器；振荡容器振荡 3～5min 后，MoS_2 进入粗车坯件表面的多孔磷酸盐膜层，使粗车坯件表面在随后的冷挤压成形过程中起到良好的润滑作用。

9. 冷挤压成形

将表面润滑处理后的粗车坯件放入冷挤压成形模具的凹模型腔，随着冲头的向下运动，冷挤压成形出图 2.29 所示的一端具有渐开线外花键另一端具有渐开线内齿的精锻件。

图 2.35 所示为精锻件经后续机械加工而成的纵轴半成品和零件实物。

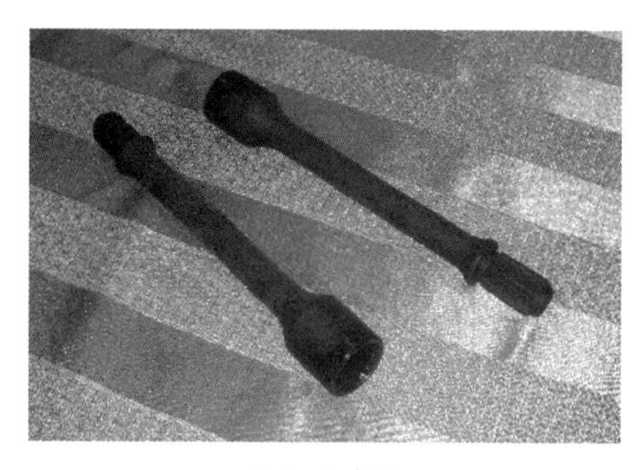

（a）半成品

（b）零件实物

图 2.35　精锻件经后续机械加工而成的纵轴半成品和零件实物

2.5 某沙滩车前半轴的近净锻造成形工艺

图 2.36 所示为某沙滩车前半轴零件简图，其材料为 20CrMo。前半轴渐开线外花键和渐开线内齿的齿形参数分别见表 2-11 和表 2-12。

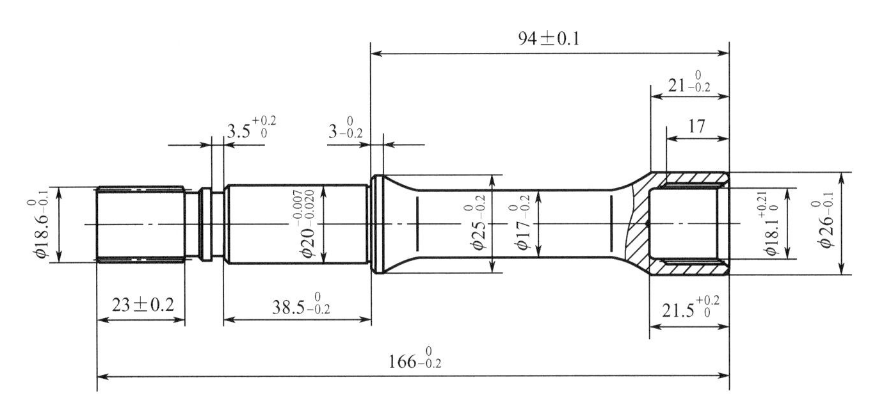

图 2.36 某沙滩车前半轴零件简图

表 2-11 前半轴渐开线外花键的齿形参数

参数	符号	数值
模数/mm	m	1.0
齿数	Z	19
压力角/°	α	37.5
分度圆直径/mm	D	19
齿顶圆直径/mm	D_a	18.1～18.3
齿根圆直径/mm	D_f	20.8～21
跨齿数	k	4
公法线长度/mm	W_k	10.4～10.45

表 2-12 前半轴渐开线内齿的齿形参数表

参数	符号	数值
模数/mm	m	0.75
齿数	Z	24
压力角/°	α	37.5
分度圆直径/mm	D	25.5
齿顶圆直径/mm	D_a	18.5～18.6
齿根圆直径/mm	D_f	16.95～17.05
跨齿数	k	6
公法线长度/mm	W_k	11.8～11.85

对于具有渐开线外花键、渐开线内齿的台阶轴类零件，可采用圆棒料经两次镦粗制坯＋冷挤压成形的近净锻造成形方法生产。图 2.37 所示为前半轴精锻件图。

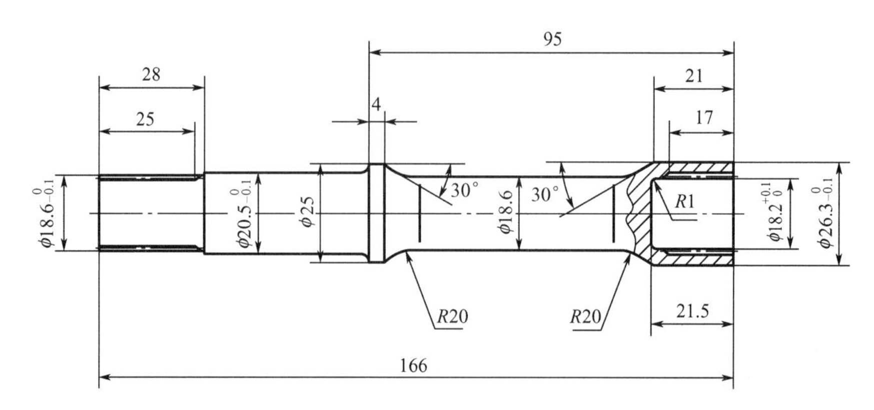

图 2.37　前半轴精锻件图

前半轴的近净锻造成形工艺流程如下。

1. 锯切下料

在带锯床上将直径 ϕ18mm 的 20CrMo 钢圆棒料锯切成长度为 227mm 的锯切坯件，如图 2.38 所示。

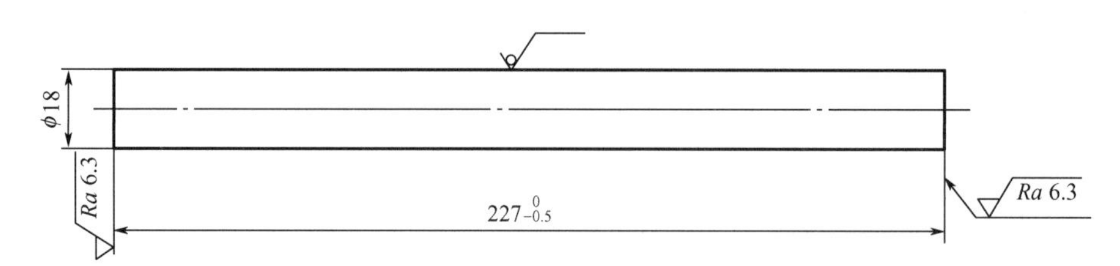

图 2.38　锯切坯件

2. 第一次热镦制坯

将锯切下料的锯切坯件一端放入功率为 100kW 的中频感应加热炉加热，其加热温度为 1050℃±50℃。然后将加热到 1050℃±50℃的锯切坯件放入第一次热镦制坯成形模具的凹模型腔，随着冲头的向下运动，将锯切坯件的加热端部分热镦粗成图 2.39 所示的第一次热镦坯件。

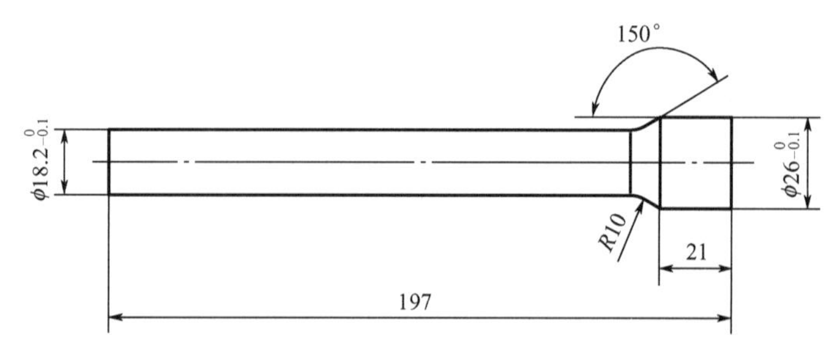

图 2.39　第一次热镦坯件

3. 第二次热镦制坯

将第一次热镦坯件的小端部分放入功率为 100kW 的中频感应加热炉加热，其加热温度为 1050℃±50℃。然后将加热到 1050℃±50℃的第一次热镦坯件放入第二次热镦制坯成形模具的凹模型腔，随着冲头的向下运动，将第一次热镦坯件的小端部分热镦粗成图 2.40 所示的第二次热镦坯件。

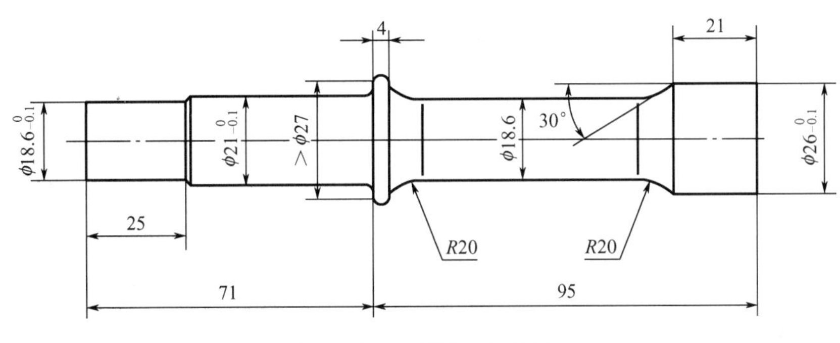

图 2.40 第二次热镦坯件

4. 第二次热镦坯件的软化退火处理

在大型井式退火炉内对图 2.40 所示的第二次热镦坯件进行软化退火处理，其规范如下：加热温度为 860℃±20℃，保温时间为 240～320min，炉冷；将软化退火后的坯件硬度控制在 120～140HB。

5. 粗车加工

在数控车床上对软化退火处理后的第二次热镦坯件进行车削加工，得到图 2.41 所示的粗车坯件。

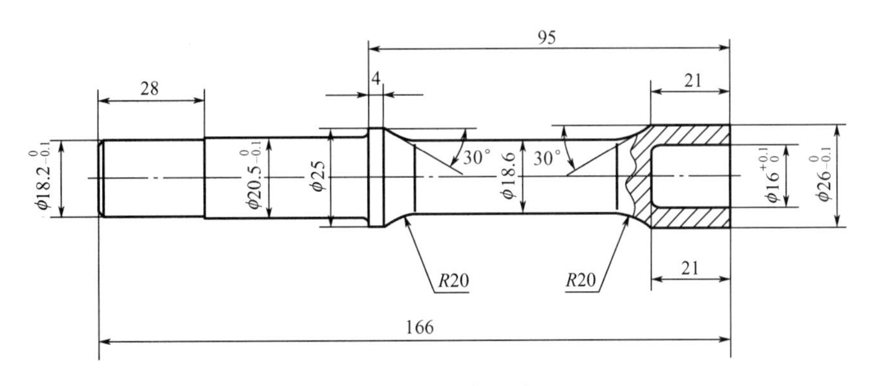

图 2.41 粗车坯件

6. 粗车坯件的磷化处理

在磷化生产线上对粗车坯件进行磷化处理，使粗车坯件表面覆盖一层致密的多孔磷酸盐膜层。

7. 表面润滑处理

以 MoS_2 和少许机油为润滑剂，将磷化处理后的粗车坯件倒入盛有润滑剂的振荡容器；振荡容器振荡 3～5min 后，MoS_2 进入粗车坯件表面的多孔磷酸盐膜层，使粗车坯件表面在随后的冷挤压成形过程中起到良好的润滑作用。

8. 冷挤压成形

将润滑处理后的粗车坯件放入冷挤压成形模具的凹模型腔，随着冲头的向下运动，将冷挤压成形出图 2.37 所示的一端具有渐开线外花键另一端具有渐开线内齿的精锻件。

图 2.42 所示为精锻件经后续机械加工而成的前半轴半成品和零件实物。

（a）半成品

（b）零件实物

图 2.42　精锻件经后续机械加工而成的前半轴半成品和零件实物

第3章 渐开线内齿轮的近净锻造成形

3.1 内齿圈的冷挤压成形工艺与模具

图 3.1 所示为某重型汽车轮边减速器内齿圈的零件简图。该内齿圈的材料为 42CrMo。内齿圈渐开线的齿形参数见表 3-1。

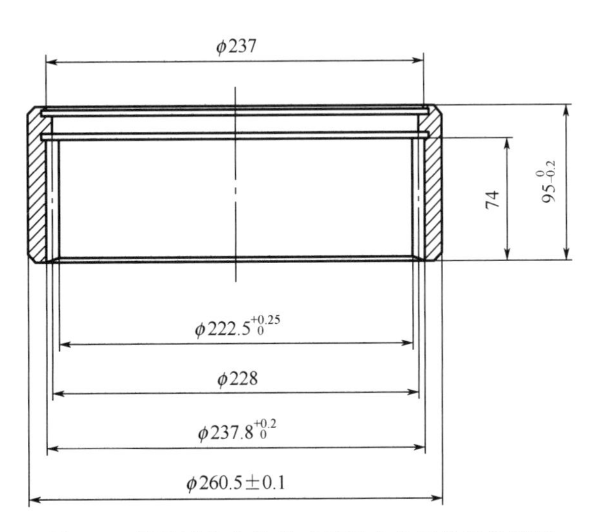

图 3.1 某重型汽车轮边减速器内齿圈的零件简图

表 3-1　内齿圈渐开线的齿形参数

参数	符号	数值
模数/mm	m	4.0
齿数	Z	57
压力角/°	α	20
变位系数	x	−0.212
分度圆直径/mm	D	228
齿顶圆直径/mm	D_a	222.5～222.7
齿根圆直径/mm	D_f	237.8～238.0
基圆直径/mm		214.25
量棒直径/mm	d_p	7.0
量棒间距/mm		219.62～219.79

对于具有渐开线内齿形的壳体类零件，可采用圆环体坯料经反挤压成形的冷挤压成形方法生产。图 3.2 所示为内齿圈冷挤压件图。

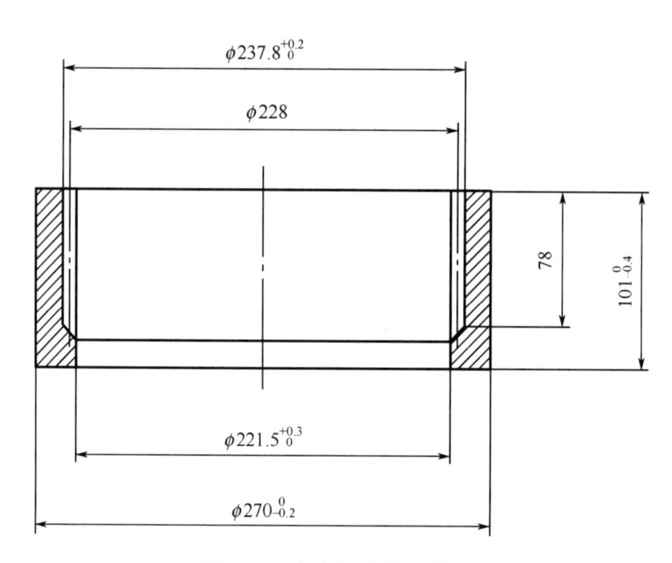

图 3.2　内齿圈冷挤压件图

3.1.1　冷挤压成形工艺流程

1. 坯件的制备

先在带锯床上将外径 ϕ270mm、壁厚为 25mm 的 42CrMo 无缝钢管锯切成长度为 100mm 的下料件，如图 3.3 所示；再在车床上对下料件车削加工外表面和内孔，制成图 3.4所示的粗车坯件。

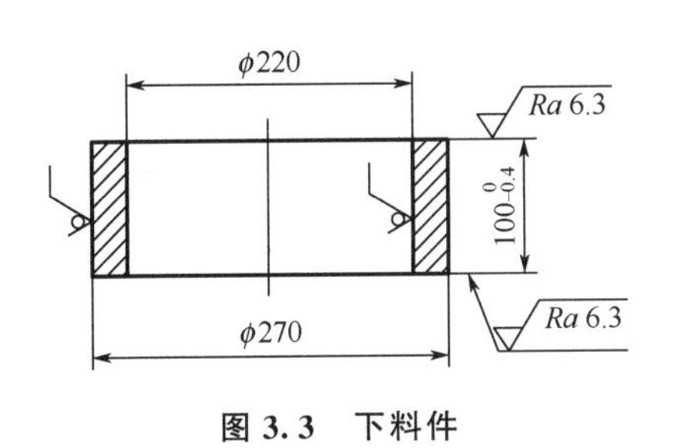

图 3.3 下料件

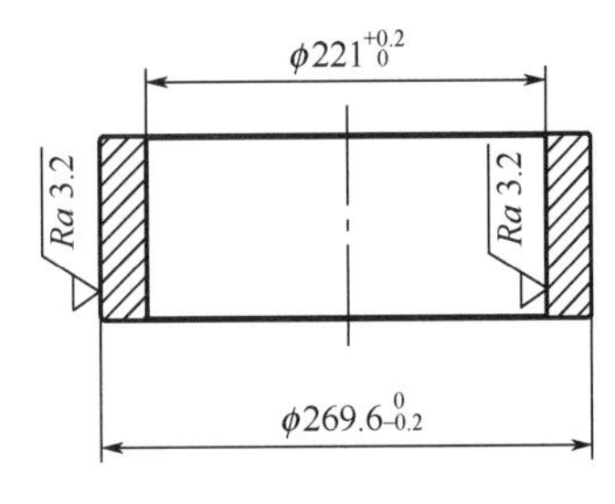

图 3.4 粗车坯件

2. 粗车坯件的软化退火处理

在大型井式光亮退火炉内对图 3.4 所示的粗车坯件进行软化退火处理，其规范如下：加热温度为 820℃±20℃，保温时间为 240～360min，炉冷；将软化退火后的粗车坯件硬度控制在 140～180HB。

3. 磷化处理

在磷化生产线上对软化退火处理后的粗车坯件进行磷化处理，使坯料表面覆盖一层致密的多孔磷酸盐膜层。

4. 润滑处理

以 MoS_2 和少许机油为润滑剂，将磷化处理后的粗车坯件倒入盛有润滑剂的振荡容器；振荡容器振荡 5～8min 后，MoS_2 进入坯件表面的多孔磷酸盐膜层，使坯件表面在随后的反挤压成形过程中起到良好的润滑作用。

5. 反挤压成形

将润滑处理后的坯件放入反挤压成形模具的凹模型腔，随着冲头的向下运动，反挤压出图 3.2 所示的冷挤压件。

图 3.5 所示为内齿圈冷挤压件实物。

图 3.5 内齿圈冷挤压件实物

3.1.2 冷挤压模具结构

图 3.6 所示为内齿圈冷挤压模具的结构。图 3.7 所示为内齿圈冷挤压模具中关键模具零件的零件图。

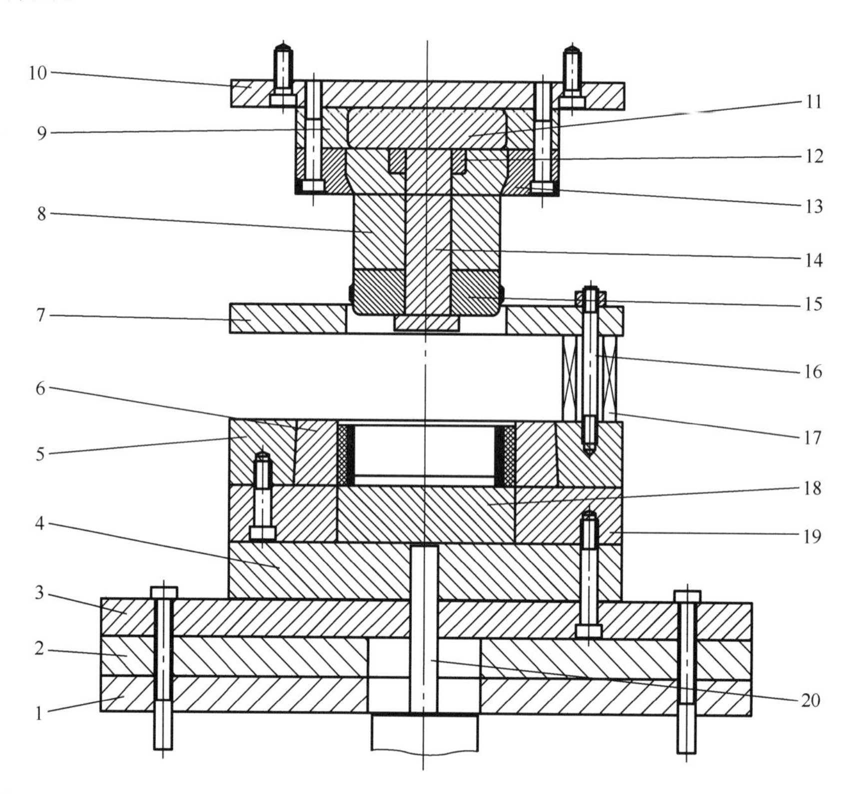

1—下模板；2—下模垫板；3—下模座板；4—下模承载板；5—凹模外套；6—凹模芯；7—卸料板；8—冲头座；9—上模承载垫圈；10—上模板；11—上模承载垫；12—紧固螺母；13—冲头紧固套；14—螺杆；15—冲头；16—卸料螺杆；17—压簧；18—凹模垫块；19—下模衬套；20—顶杆。

图 3.6 内齿圈冷挤压模具的结构

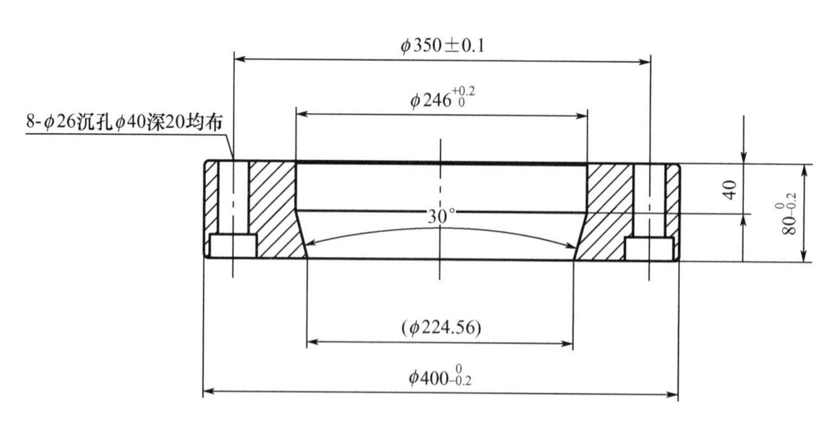

(a) 冲头紧固套

图 3.7 内齿圈冷挤压模具中关键模具零件的零件图

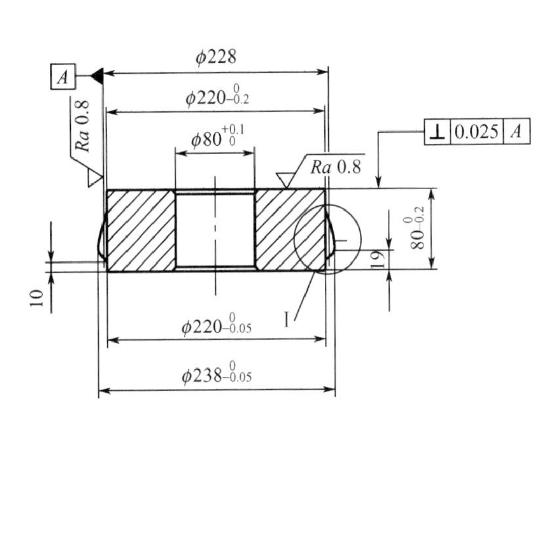

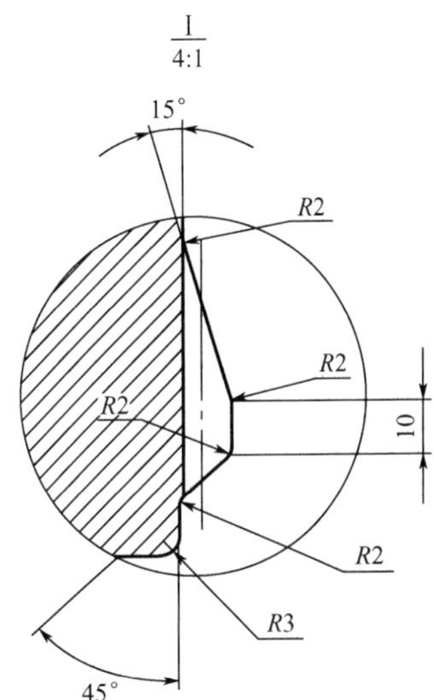

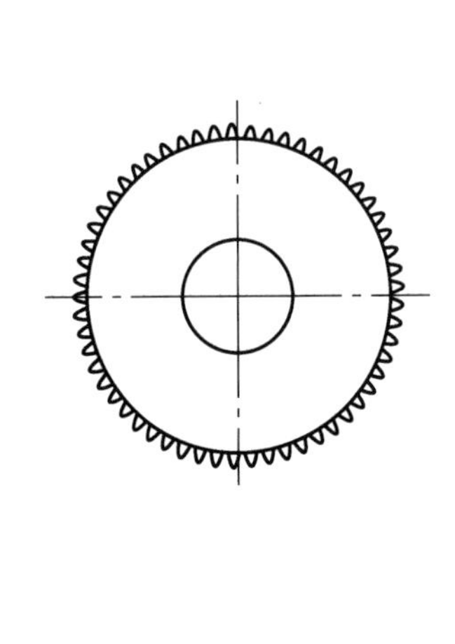

（b）冲头

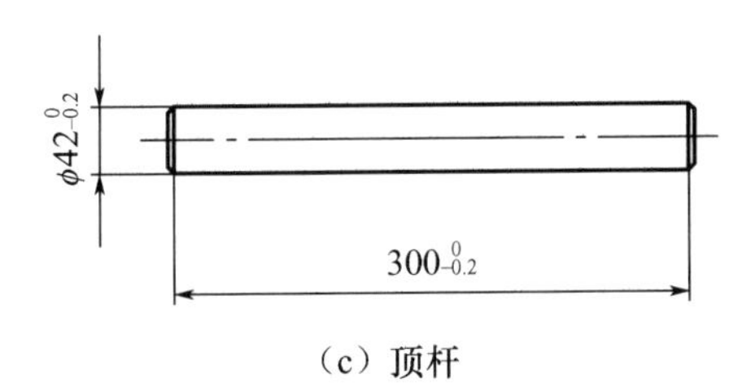

（c）顶杆

图 3.7　内齿圈冷挤压模具中关键模具零件的零件图（续）

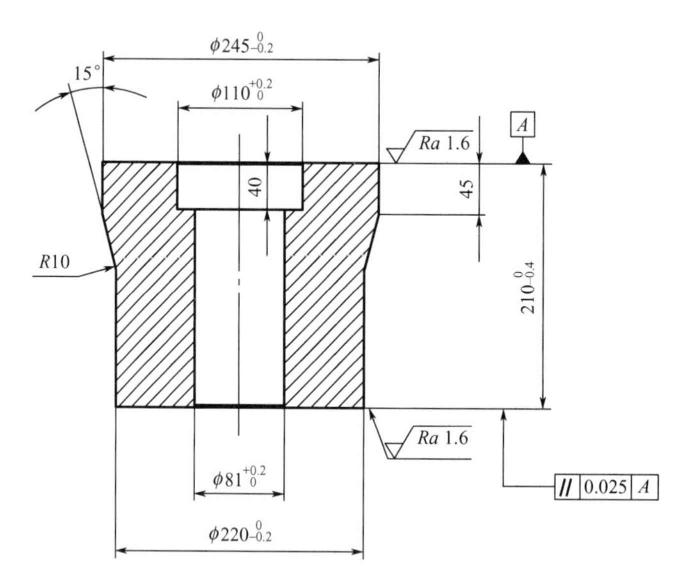

（d）冲头座

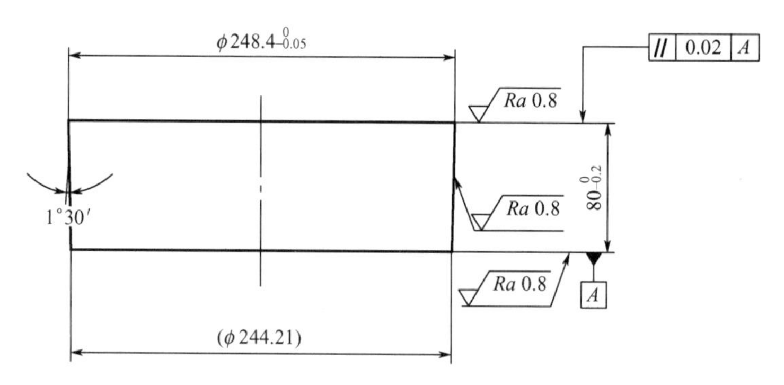

（e）上模承载垫

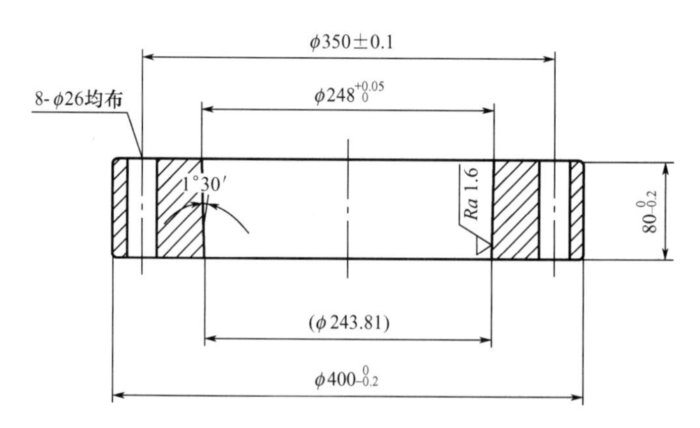

（f）上模承载垫圈

图 3.7 内齿圈冷挤压模具中关键模具零件的零件图（续）

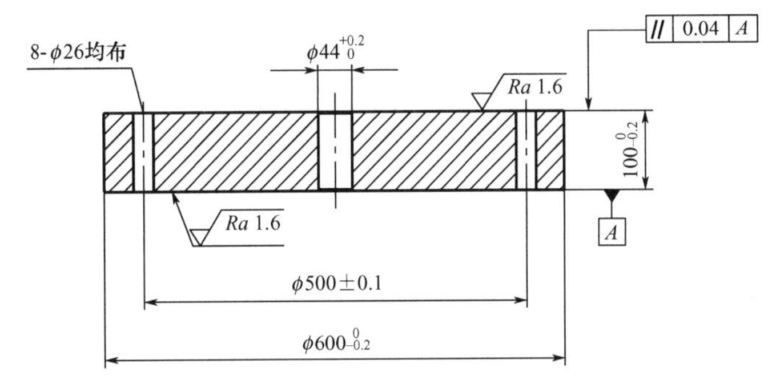

（g）下模承载板

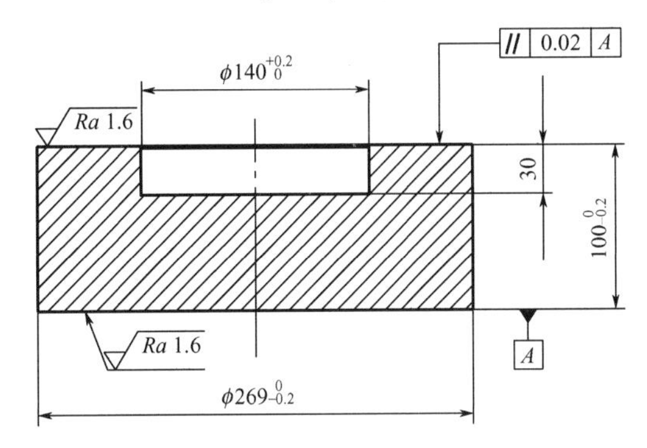

（h）凹模垫块

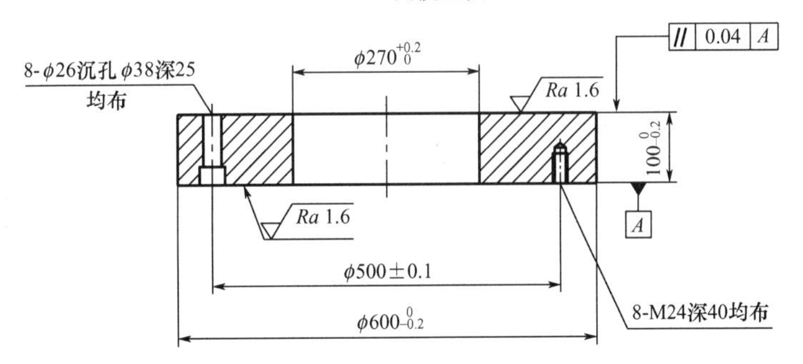

（i）下模衬套

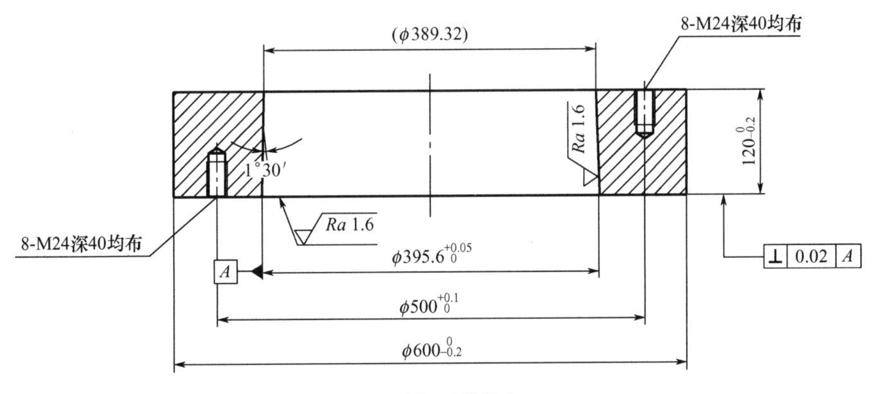

（j）凹模外套

图 3.7 内齿圈冷挤压模具中关键模具零件的零件图（续）

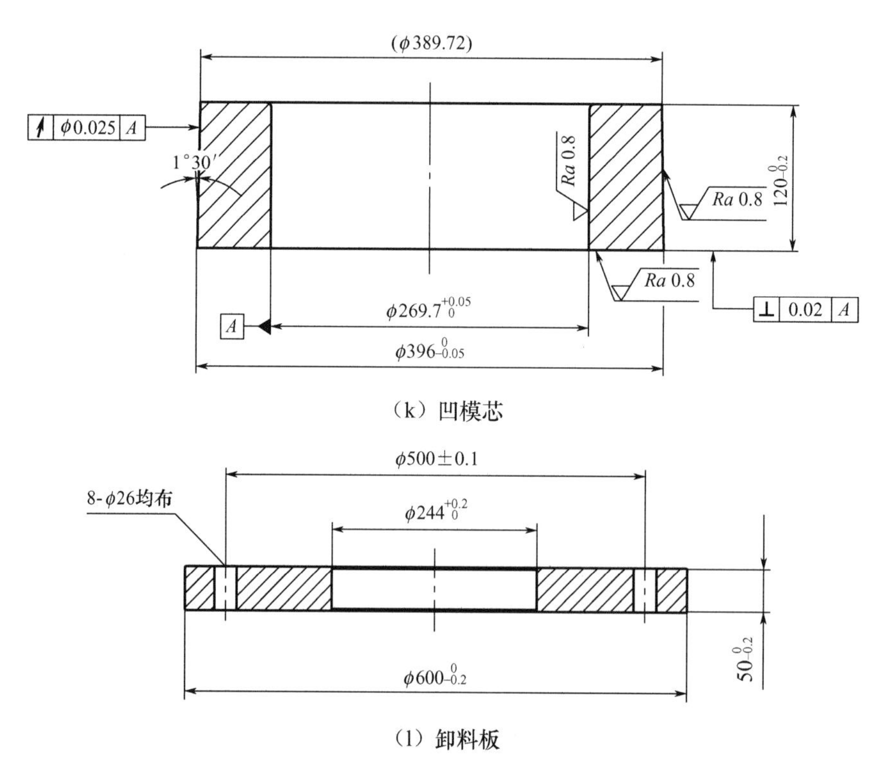

（k）凹模芯

（l）卸料板

图 3.7　内齿圈冷挤压模具中关键模具零件的零件图（续）

表 3－2 所示为内齿圈冷挤压模具中关键模具零件的材料牌号及热处理硬度。

表 3－2　内齿圈冷挤压模具中关键模具零件的材料牌号及热处理硬度

模具零件名称	材料牌号	热处理硬度/HRC
卸料板	45	32～38
凹模芯	Cr12MoV	54～56
凹模外套	45	28～32
下模衬套	45	32～38
凹模垫块	H13	48～52
下模承载板	H13	44～48
上模承载垫圈	45	28～32
上模承载垫	H13	48～52
冲头座	45	42～46
冲头	LD	56～60
冲头紧固套	45	38～42
顶杆	Cr12MoV	54～58

3.2 某汽车用过渡套的冷挤压成形工艺与模具

图3.8所示为某汽车用过渡套的零件简图。该过渡套的材料为20CrMo。过渡套渐开线小内花键和渐开线大内齿轮的齿形参数分别见表3-3和表3-4。

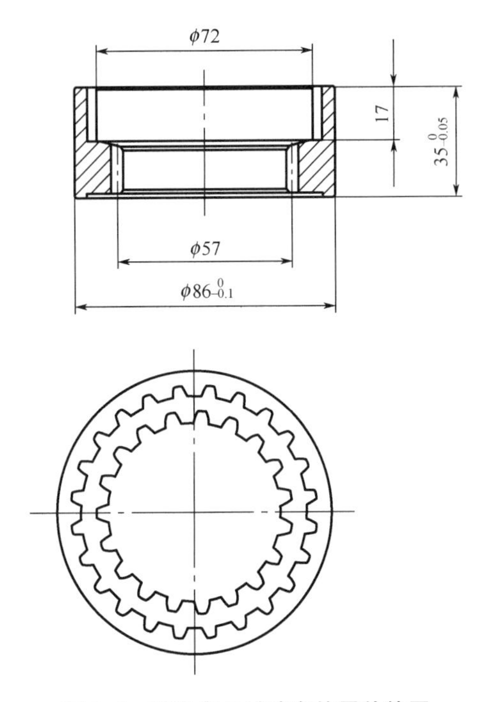

图3.8 某汽车用过渡套的零件简图

表3-3 过渡套渐开线小内花键的齿形参数

参数	符号	数值
模数/mm	m	3.0
齿数	Z	19
压力角/°	α	30
齿根圆直径/mm	D_f	62～62.74
齿顶圆直径/mm	D_a	54.36～54.58
量棒直径/mm	d_p	5.6
跨棒距/mm	M	47.931～48.098

表 3-4　过渡套渐开线大内齿轮的齿形参数

参数	符号	数值
模数/mm	m	3.0
齿数	Z	24
压力角/°	α	27.5
变位系数	X	+0.341002
齿根圆直径/mm	D_f	77.7
齿顶圆直径/mm	D_a	71～71.12
量棒直径/mm	d_p	5.3
跨棒距/mm	M	66.317～66.404

对于具有渐开线内齿的圆环类零件，可采用圆环形坯料经反挤压成形的冷挤压成形方法生产。图 3.9 所示为过渡套的冷挤压件图。

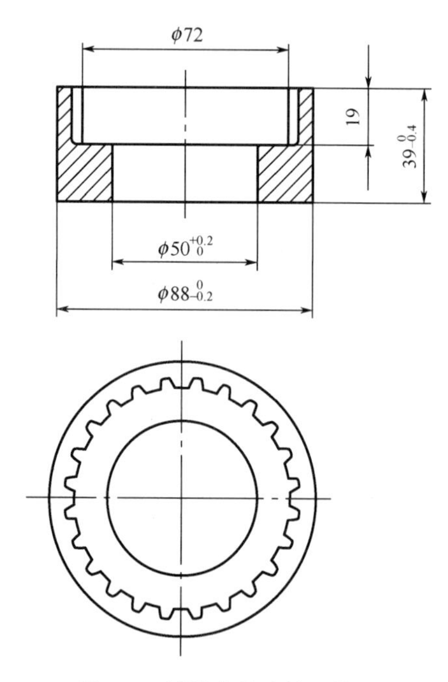

图 3.9　过渡套的冷挤压件图

3.2.1　冷挤压成形工艺流程

1. 坯料的制备

先在带锯床上将外径 φ90mm、壁厚为 20mm 的 20CrMo 厚壁无缝钢管锯切成长度为 31mm 的下料件，如图 3.10 所示；再在车床上对下料件车削加工外圆和内孔，制成图 3.11所示的粗车坯件。

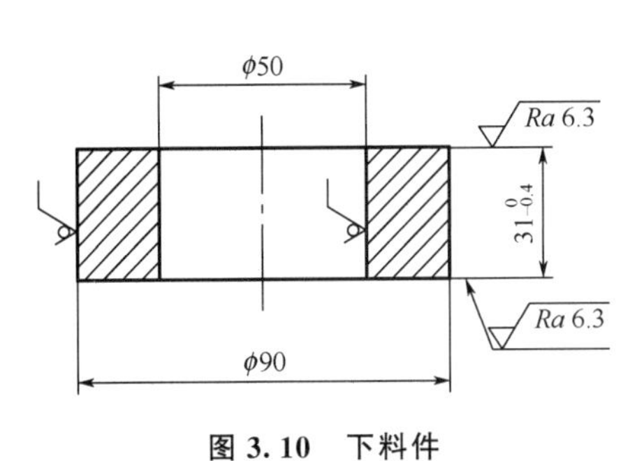

图 3.10　下料件

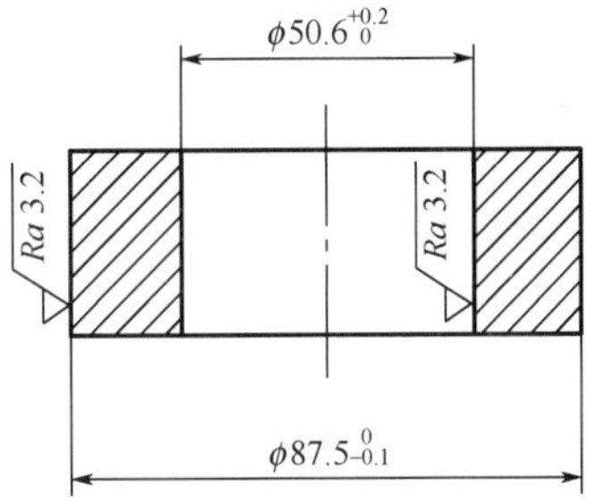

图 3.11　粗车坯件

2. 粗车坯件的软化退火处理

在大型井式光亮退火炉内对图 3.11 所示的粗车坯件进行软化退火处理，其规范如下：加热温度为 860℃±20℃，保温时间为 360～480min，炉冷；将软化退火后的粗车坯件硬度控制在 120～140HB。

3. 磷化处理

在磷化生产线上对软化退火处理后的粗车坯件进行磷化处理，使坯件表面覆盖一层致密的多孔磷酸盐膜层。

4. 润滑处理

以 MoS_2 和少许机油为润滑剂，将磷化处理后的粗车坯件倒入盛有润滑剂的振荡容器；振荡容器振荡 5～8min 后，MoS_2 进入坯件表面的多孔磷酸盐膜层，使坯件表面在随后的冷挤压成形过程中起到良好的润滑作用。

5. 冷挤压成形

将润滑处理后的坯件放入冷挤压成形模具的凹模型腔，随着冲头的向下运动，冷挤压出图 3.9 所示的冷挤压件。图 3.12 所示为过渡套的冷挤压件实物。

图 3.12　过渡套的冷挤压件实物

3.2.2 冷挤压成形模具结构

图 3.13 所示为过渡套的冷挤压成形用模具的结构。

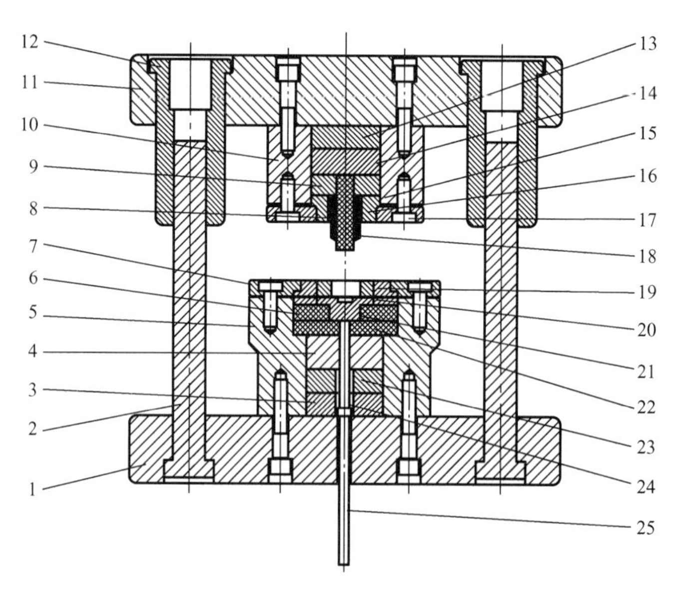

1—下模板；2—导柱；3—顶料衬垫；4—下模垫板；5—下模座；6—凹模垫块；7—下模压板；8—冲头芯轴；9—上模承载垫；10—上模座；11—上模板；12—导套；13—上模垫块；14—上模衬垫；15—上模外套；16—冲头紧固套；17—上模压板；18—冲头；19—凹模外套；20—凹模芯；21—凹模芯块；22—下模承载垫；23—下模垫块；24—顶料杆；25—顶杆。

图 3.13 过渡套冷挤压成形用模具的结构

图 3.14 所示为过渡套冷挤压成形模具中关键模具零件的零件图。

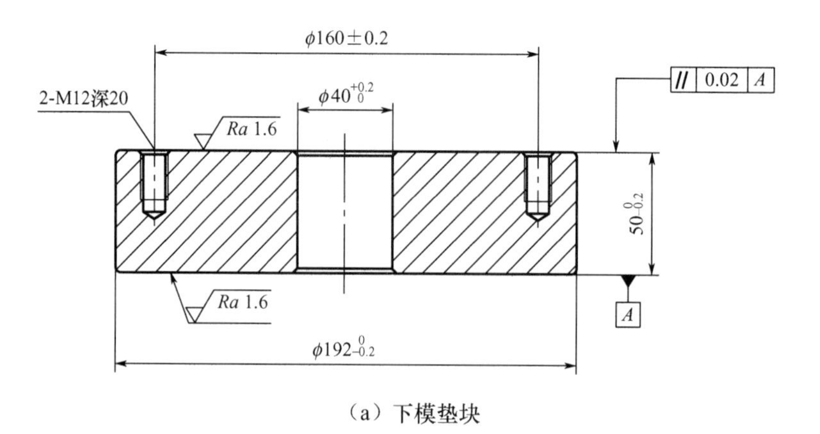

(a) 下模垫块

图 3.14 过渡套冷挤压成形模具中关键模具零件的零件图

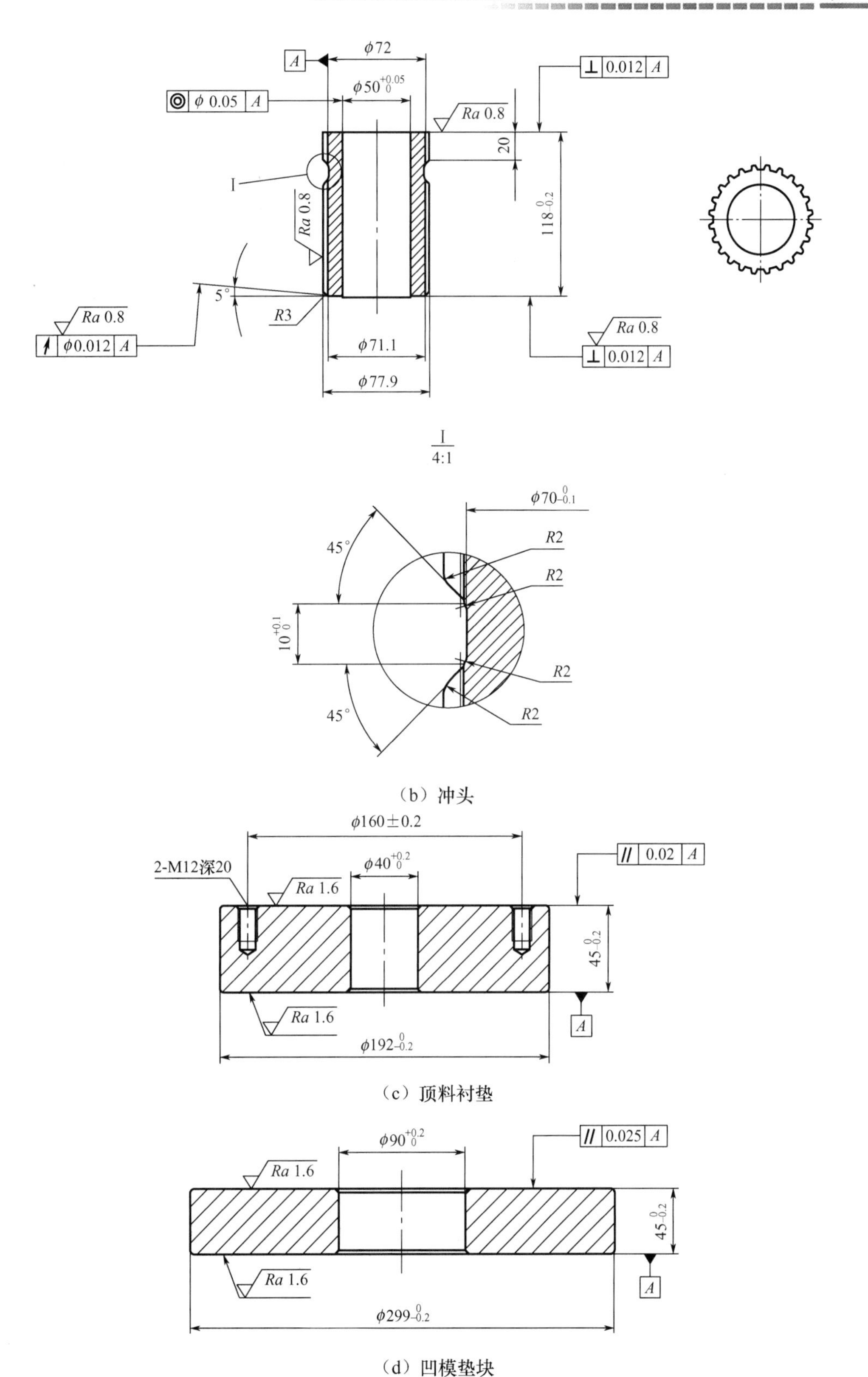

图 3.14 过渡套冷挤压成形模具中关键模具零件的零件图（续）

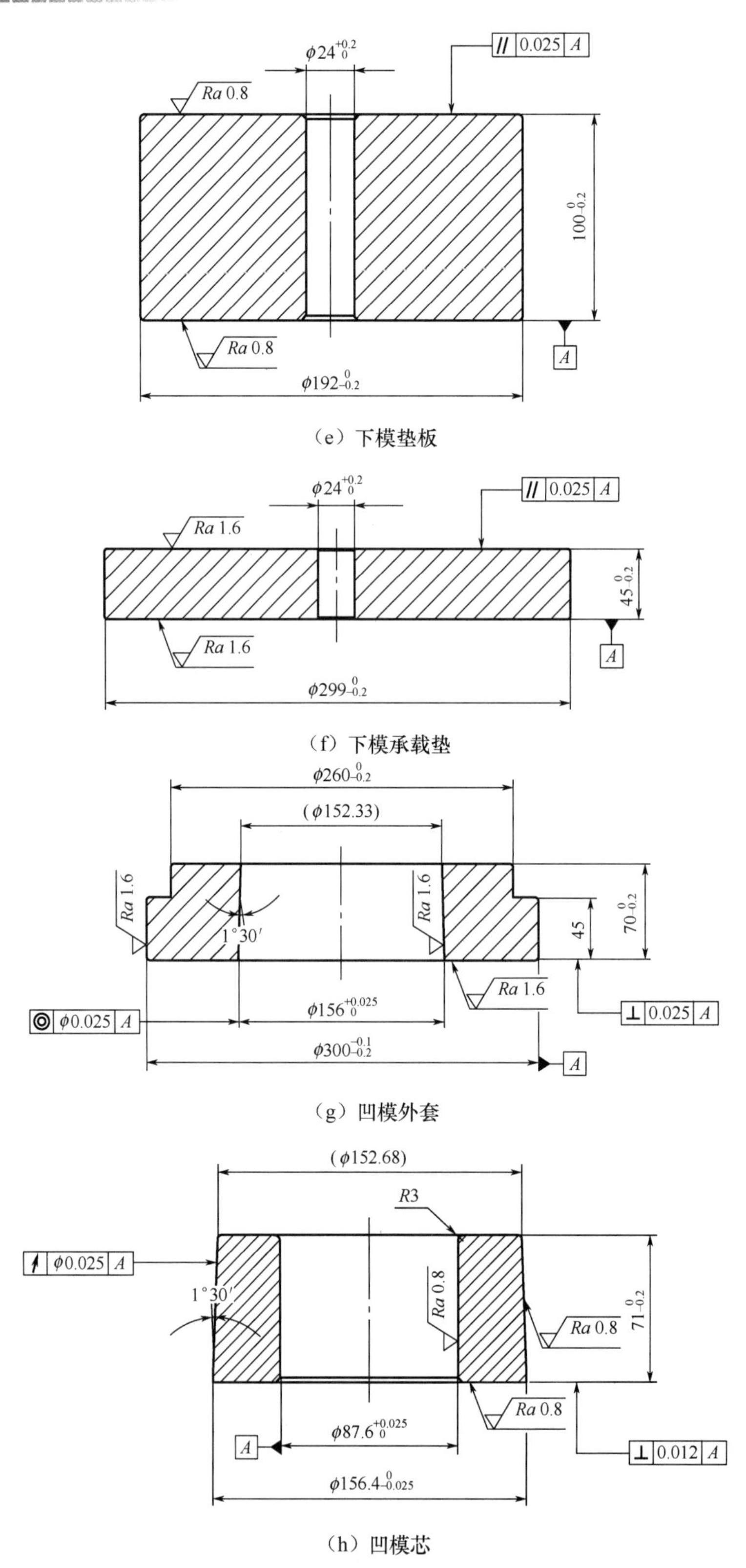

图 3.14　过渡套冷挤压成形模具中关键模具零件的零件图（续）

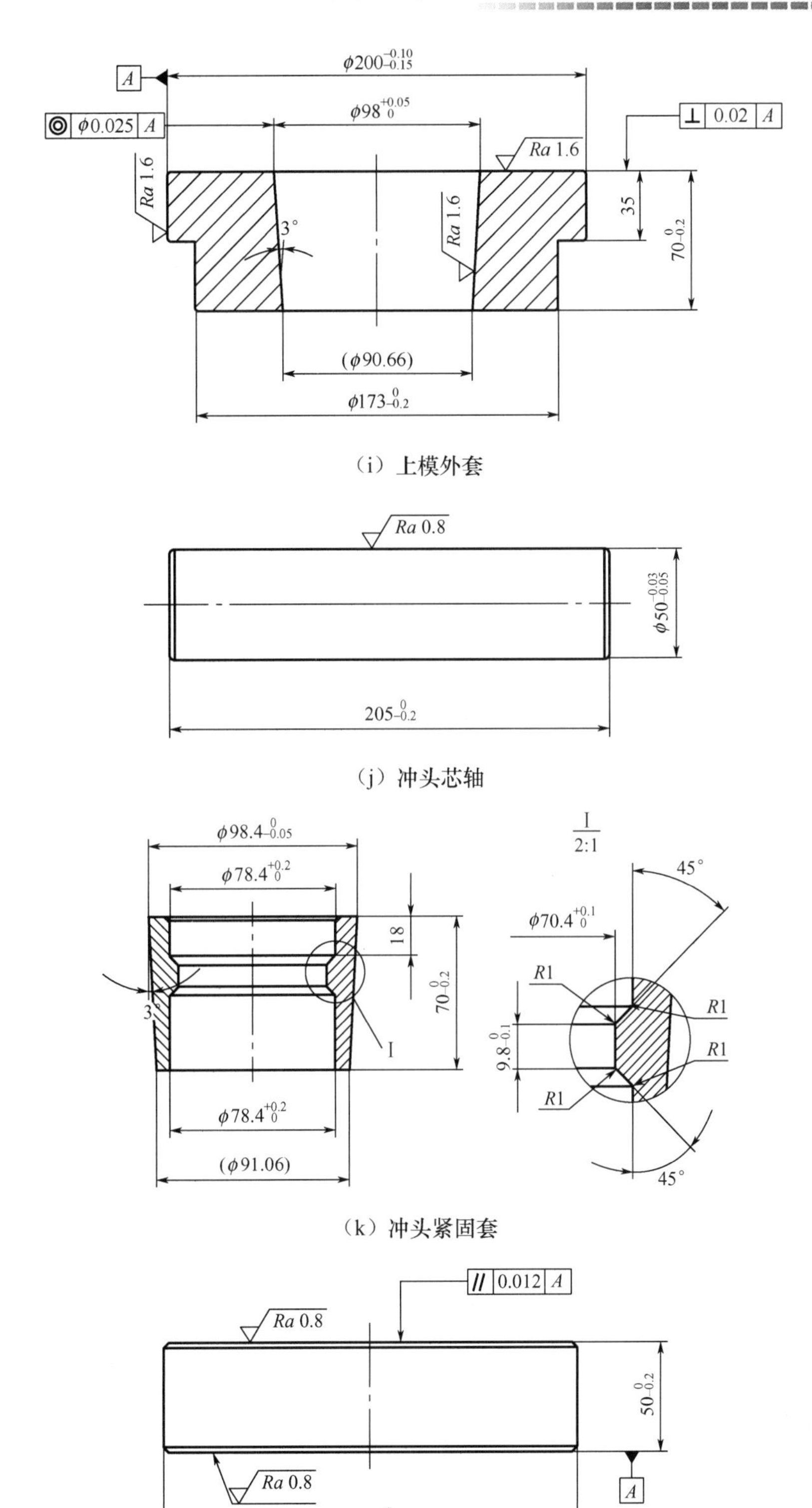

（i）上模外套

（j）冲头芯轴

（k）冲头紧固套

（l）上模垫块

图 3.14　过渡套冷挤压成形模具中关键模具零件的零件图（续）

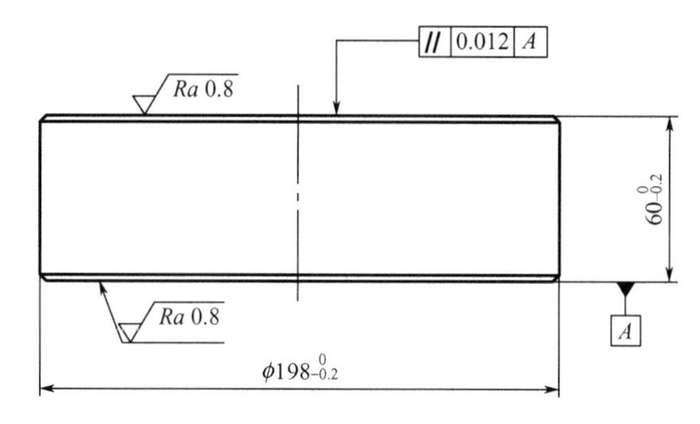

（m）上模衬垫

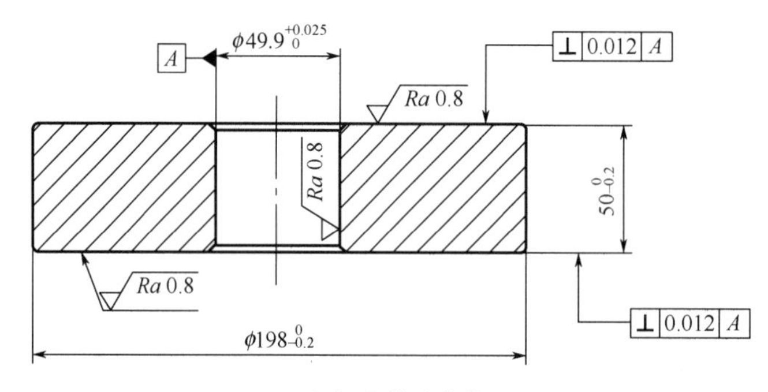

（n）上模承载垫

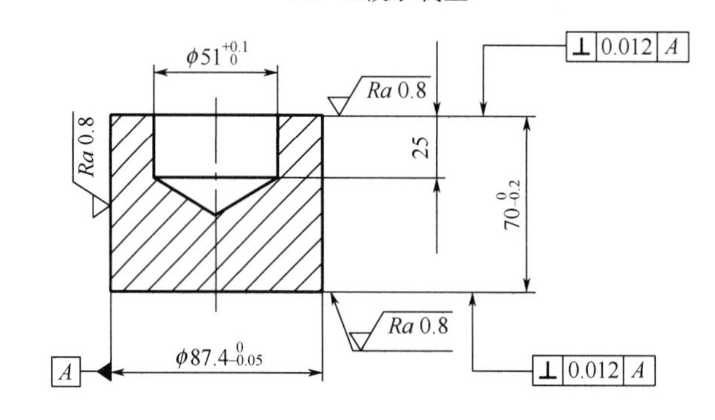

（o）凹模芯块

图 3.14　过渡套冷挤压成形模具中关键模具零件的零件图（续）

表 3－5 所示为过渡套冷挤压成形模具中关键模具零件的材料牌号及热处理硬度。

表 3－5　过渡套冷挤压成形模具中关键模具零件的材料牌号及热处理硬度

模具零件名称	材料牌号	热处理硬度/HRC
上模承载垫	H13	48～52
上模衬垫	45	38～42
上模垫块	45	28～32
冲头紧固套	45	32～38
冲头芯轴	Cr12MoV	56～60

续表

模具零件名称	材料牌号	热处理硬度/HRC
上模外套	45	28～32
凹模外套	45	28～32
凹模芯	Cr12MoV	54～56
下模承载垫	H13	44～48
凹模垫块	45	32～38
下模垫板	H13	44～48
顶料衬垫	45	28～32
冲头	LD	56～60
下模垫块	45	32～38
凹模芯块	LD	56～60

3.3 连接齿轴的近净锻造成形工艺与模具

图 3.15 所示为连接齿轴的零件简图。连接齿轴的材料为 31CrMoV9。连接齿轴渐开线内花键和渐开线外齿轮的齿形参数分别见表 3-6 和表 3-7。

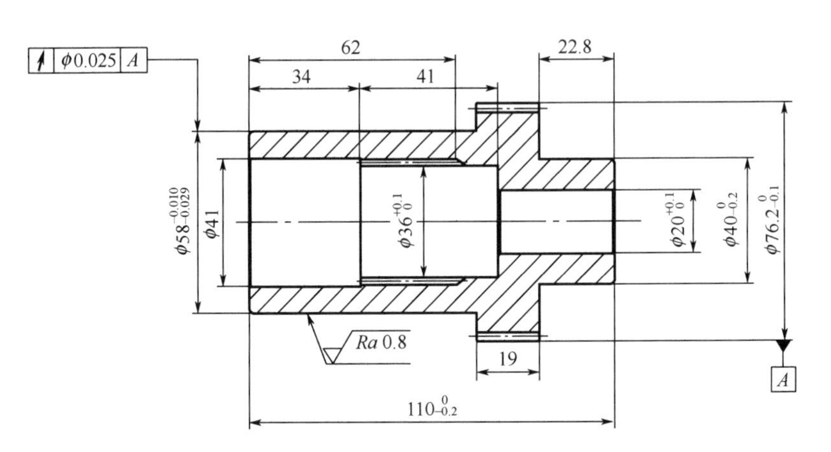

图 3.15 连接齿轴的零件简图

表 3-6 连接齿轴渐开线内花键的齿形参数

参数	符号	数值
模数/mm	m	2.54
齿数	Z	15
压力角/°	α	20

续表

参数	符号	数值
分度圆直径/mm	D	38.1
齿根圆直径/mm	D_f	40.6
齿顶圆直径/mm	D_a	36
量棒直径/mm	d_p	4.21
跨棒距/mm	M	32.31～32.47

表 3-7 连接齿轴渐开线外齿轮的齿形参数

参数	符号	数值
模数/mm	m	2.54
齿数	Z	29
压力角/°	α	30
分度圆直径/mm	D	73.66
齿根圆直径/mm	D_f	70.2
齿顶圆直径/mm	D_a	76.2
量棒直径/mm	d_p	4.75
跨棒距/mm	M	80.57～80.66

对于具有渐开线齿形内花键和渐开线外齿轮的壳体类零件，可采用圆筒形坯料经热镦挤制坯＋冷反挤压成形的近净锻造成形方法生产，得到具有渐开线齿形内花键的连接齿轴精锻件，如图 3.16 所示。其渐开线齿形内花键参数完全能达到表 3-6 中渐开线内花键的齿形参数要求，渐开线外齿轮由后续机械加工得到。

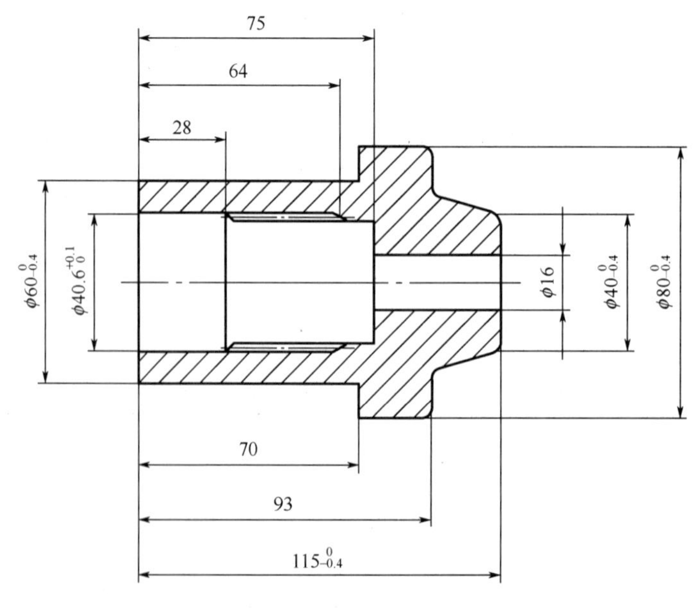

图 3.16 连接齿轴精锻件图

3.3.1 近净锻造成形工艺流程

1. 原始坯料的锯切下料

先在带锯床上将外径 ϕ60mm、壁厚为 15mm 的 31CrMoV9 管料锯切成长度为 150mm 的下料件，如图 3.17 所示。

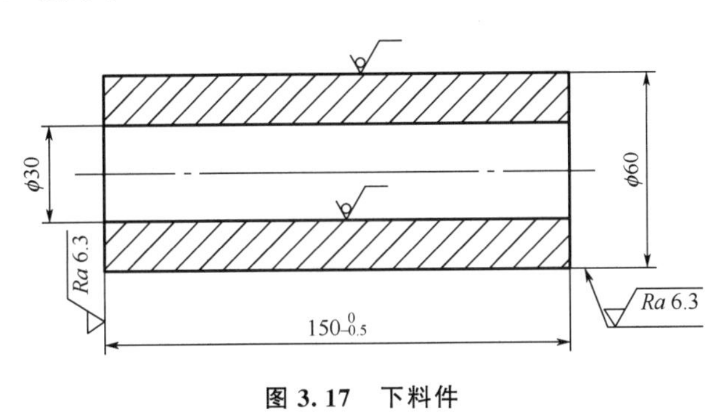

图 3.17 下料件

2. 热镦挤制坯

先在中频感应加热炉（功率为 160kW）中对图 3.17 所示的下料件进行感应加热，其加热温度为 1000～1100℃；再在 630t 四柱液压机上对其进行热镦挤制坯成形，得到图 3.18 所示的热镦挤坯件。

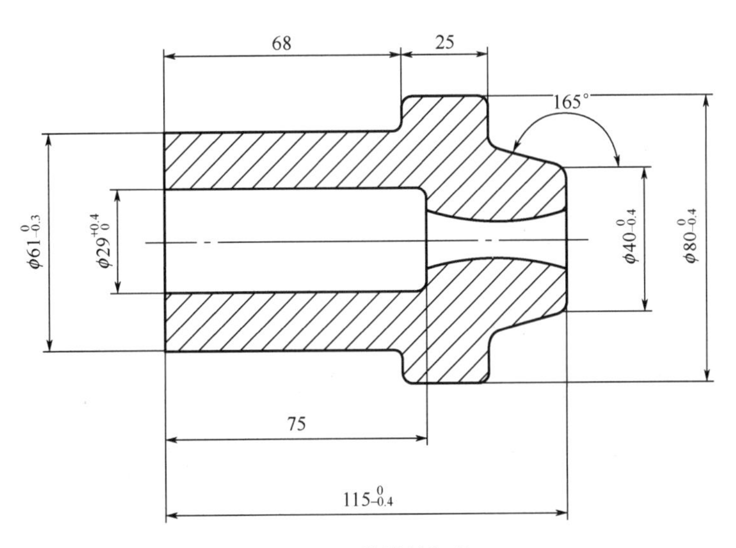

图 3.18 热镦挤坯件

3. 热镦挤坯件的软化退火处理

由于连接齿轴的材料为 31CrMoV9，热镦挤制坯得到的热镦挤坯件具有较高的强度和硬度，内部组织不均匀，加工硬化明显。因此，在冷挤压成形之前，必须对热镦挤坯件的材料进行软化退火处理，退火后的硬度为 140～180HBS。

4. 热镦挤坯件的粗车加工

在车床上对软化退火后的热镦挤坯件进行粗车加工，得到图 3.19 所示的粗车坯件。

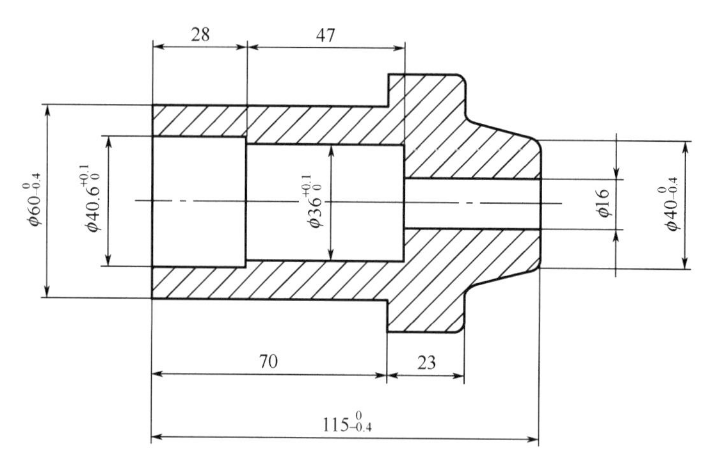

图 3.19　粗车坯件

5. 表面磷化、皂化处理

在连接齿轴渐开线内花键的冷挤压成形过程中，其变形区集中在渐开线齿形附近且金属流动激烈、变形程度极大。要获得表面质量良好的渐开线齿形成形件，必须对粗车坯件进行表面磷化、皂化处理。首先以磷酸锌盐为主要原料的磷化液对粗车坯件进行表面磷化处理，然后以熔融的工业肥皂为皂化液对其进行皂化处理。

6. 冷挤压成形

将表面磷化、皂化处理后的粗车坯件放入冷挤压成形模具的凹模型腔，随着冲头的向下运动，冷挤压出图 3.16 所示的精锻件。

图 3.20 所示为连接齿轴的精锻件实物及剖切实物。

(a) 精锻件实物

(b) 剖切实物

图 3.20　连接齿轴的精锻件实物及剖切实物

3.3.2　冷挤压成形模具结构

图 3.21 所示为连接齿轴冷挤压成形模具的结构。图 3.22 所示为连接齿轴冷挤压成形模具中关键模具零件的零件图。

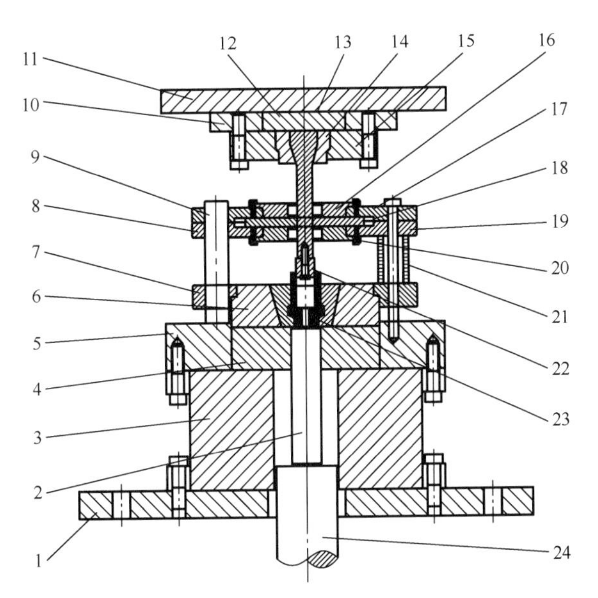

1—下模板；2—顶料杆；3—下模垫板；4—下模承载垫；5—下模座；6—下模外套；7—下模压板；8—下卸料板；9—导柱；10—上模承载垫圈；11—上模板；12—上模承载垫；13—冲头连接杆；14—冲头紧固套；15—上模外套；16—上卸料挡板；17—（左、右）卸料块；18—拉簧；19—下卸料板；20—下卸料挡板；21—卸料衬垫；22—冲头；23—（左、右）下模芯；24—顶杆。

图 3.21　连接齿轴冷挤压成形模具的结构

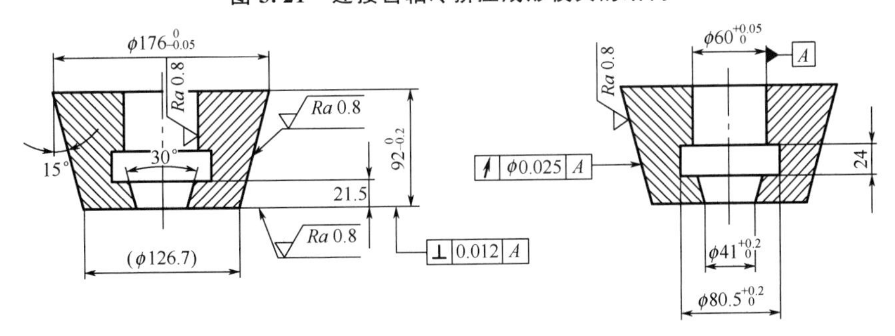

（a）（左、右）下模芯

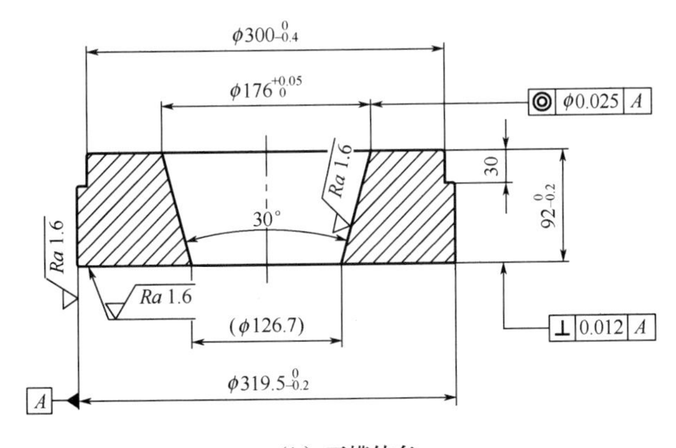

（b）下模外套

图 3.22　连接齿轴冷挤压成形模具中关键模具零件的零件图

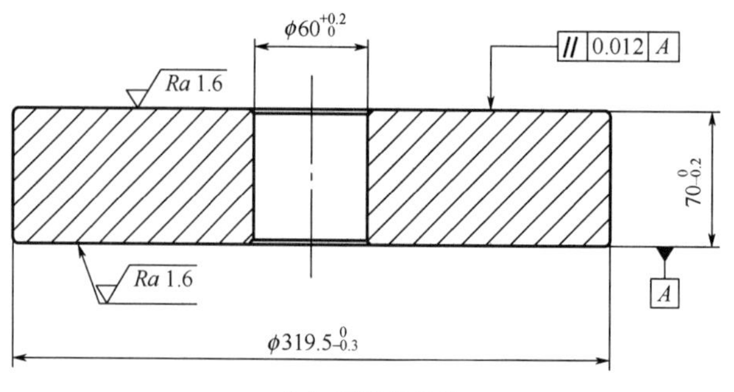

（c）下模承载垫

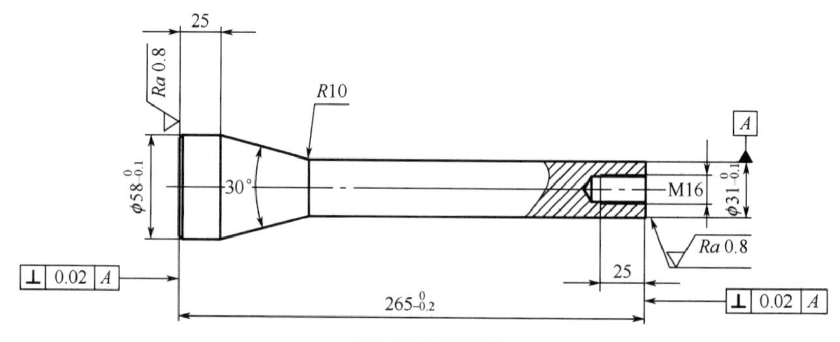

（d）冲头连接杆

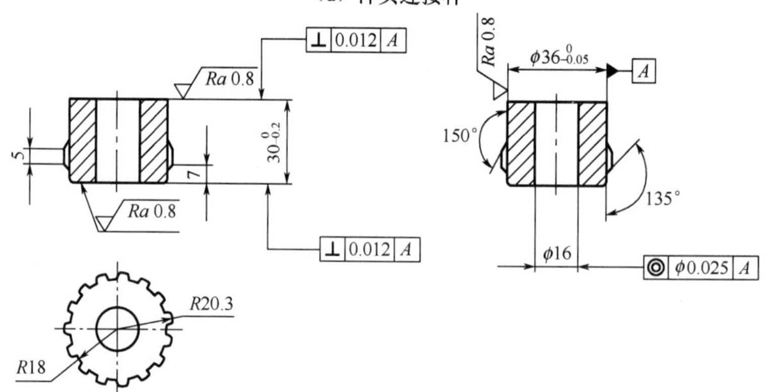

（e）冲头

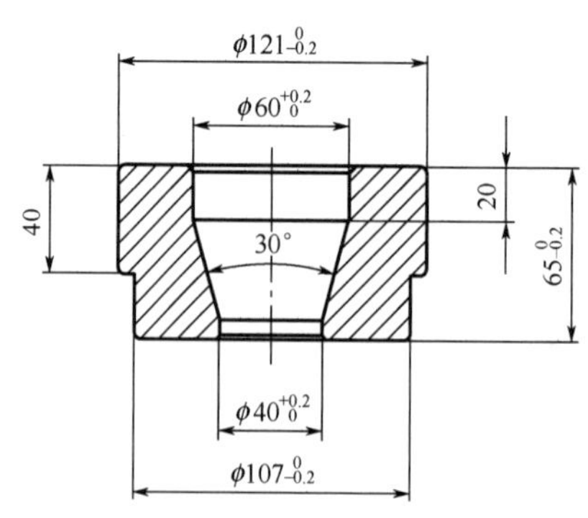

（f）冲头紧固套

图 3.22　连接齿轴冷挤压成形模具中关键模具零件的零件图（续）

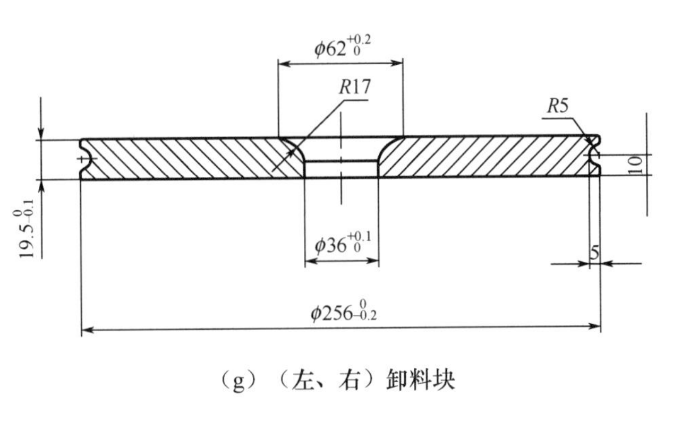

（g）（左、右）卸料块

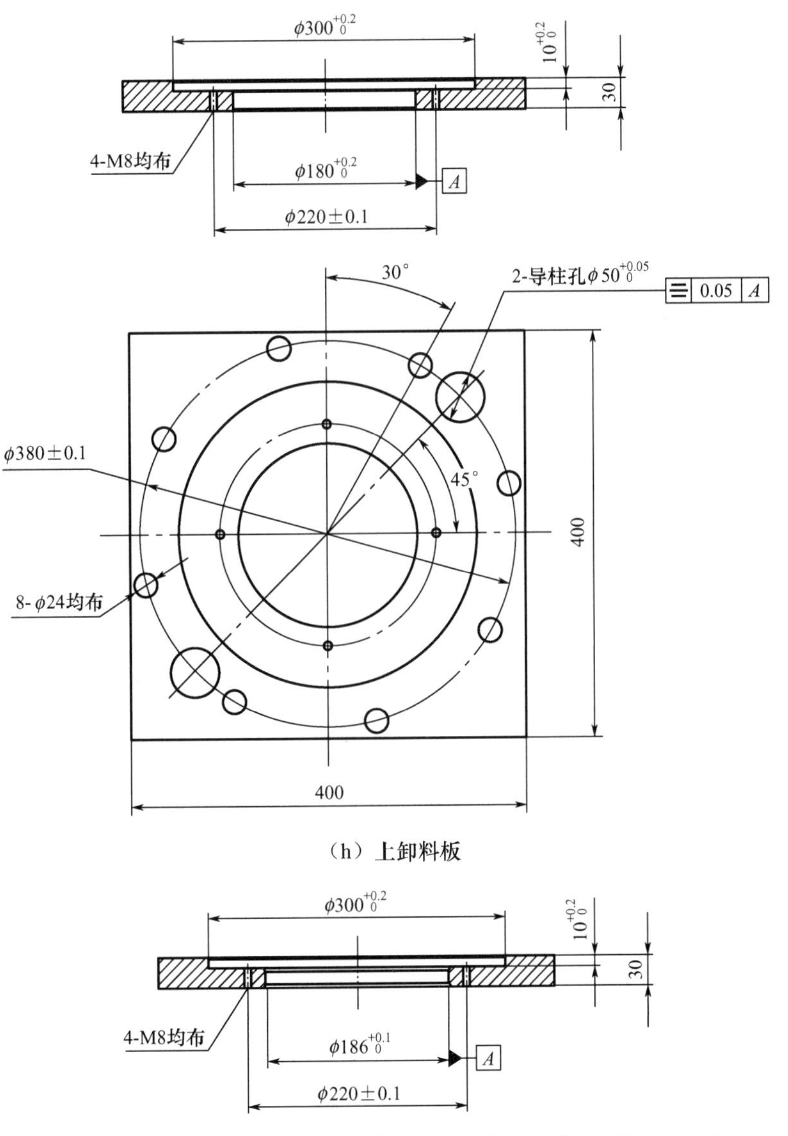

（h）上卸料板

图 3.22　连接齿轴冷挤压成形模具中关键模具零件的零件图（续）

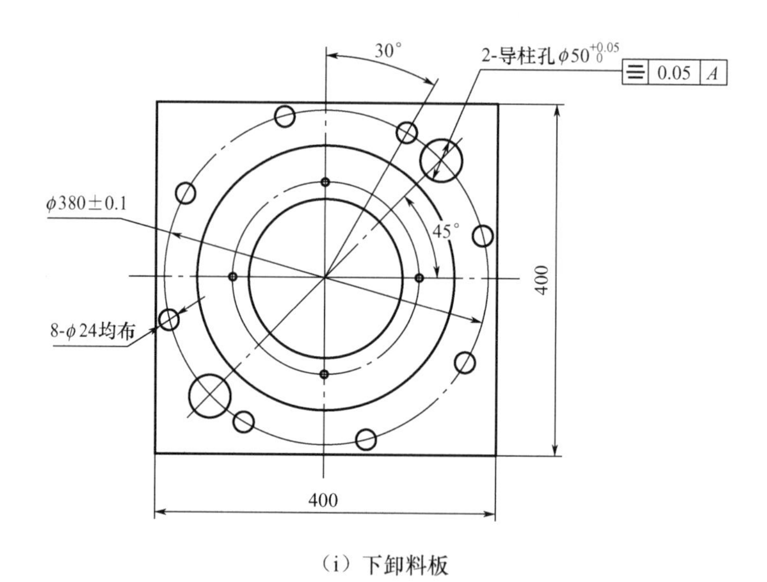

（i）下卸料板

图 3.22　连接齿轴冷挤压成形模具中关键模具零件的零件图（续）

表 3－8 所示为连接齿轴冷挤压成形模具中关键模具零件的材料牌号及热处理硬度。

表 3－8　连接齿轴冷挤压成形模具中关键模具零件的材料牌号及热处理硬度

模具零件名称	材料牌号	热处理硬度/HRC
下卸料板	45	32～38
上卸料板	45	32～38
（左、右）卸料块	H13	44～48
冲头紧固套	45	28～32
冲头连接杆	H13	42～46
冲头	LD	56～60
下模承载垫	H13	44～48
（左、右）下模芯	LD	54～58
下模外套	H13	42～46

3.4　驱动轴的近净锻造成形工艺与模具

图 3.23 所示为高压油泵驱动轴的零件简图。该驱动轴的材料为 31CrMoV9。表 3－9 所示为驱动轴渐开线内齿轮的齿形参数。

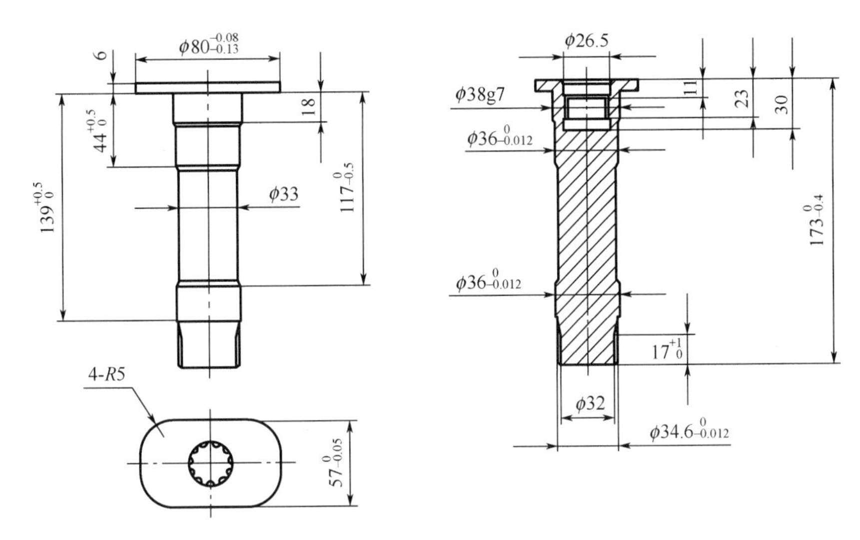

图 3.23 高压油泵驱动轴的零件简图

表 3-9 驱动轴渐开线内齿轮的齿形参数

参数	符号	数值
模数/mm	m	2.0
齿数	Z	11
压力角/°	α	30
齿顶圆直径/mm	D_a	21.05～21.13
齿根圆直径/mm	D_f	25
精度等级	8 级	
量棒直径/mm	d_p	4.5
跨棒距/mm	M	17.52～17.6

对于具有渐开线内齿形的阶梯轴类零件，可采用圆柱体坯料经冷镦制坯＋冷挤压成形的近净锻造成形方法生产。图 3.24 所示为驱动轴的冷锻件图。

3.4.1 近净锻造成形工艺流程

1. 坯料的制备

先在带锯床上将直径 φ40mm 的 31CrMoV9 圆棒料锯切成长度为 203mm 的下料件，如图 3.25 所示；再在无芯磨床上对下料件磨削加工外圆，制成图 3.26 所示的无芯磨坯件。

2. 无芯磨坯件的软化退火处理

在大型井式光亮退火炉内对图 3.26 所示的无芯磨坯件进行软化退火处理，其规范如下：加热温度为 830℃±20℃，保温时间为 480～540min，炉冷；将软化退火后的无芯磨坯件硬度控制在 140～160HB。

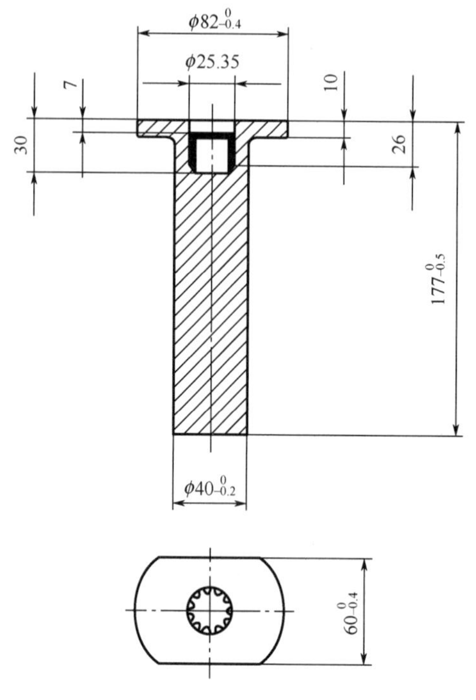

图 3.24　驱动轴的冷锻件图

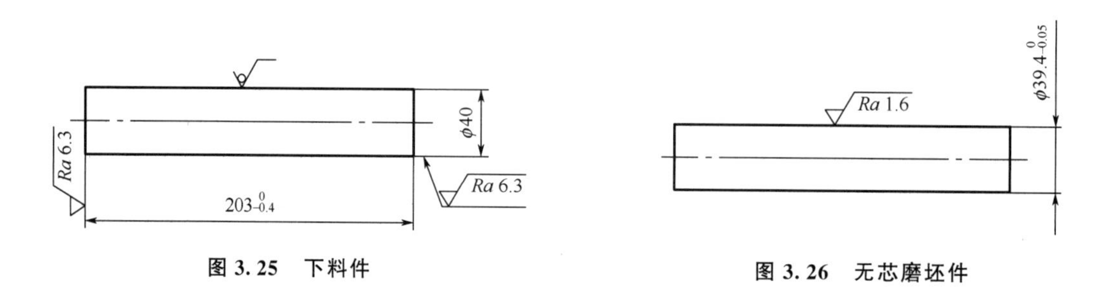

图 3.25　下料件

图 3.26　无芯磨坯件

3. 无芯磨坯件的磷化处理

在磷化生产线上对软化退火处理后的无芯磨坯件进行磷化处理，使坯件表面覆盖一层致密的多孔磷酸盐膜层。

4. 无芯磨坯件的润滑处理

以 MoS_2 和少许机油为润滑剂，将磷化处理后的无芯磨坯件倒入盛有润滑剂的振荡容器；振荡容器振荡 5～8min 后，MoS_2 进入坯件表面的多孔磷酸盐膜层，使坯件表面在随后的冷镦制坯过程中起到良好的润滑作用。

5. 冷镦制坯

将润滑处理后的无芯磨坯件放入冷镦制坯成形模具的凹模型腔，随着上模的向下运动，冷镦出图 3.27 所示的冷镦坯件。

6. 冷镦坯件的钻孔加工

在车床上对冷镦坯件进行钻孔、车孔加工，制成图 3.28 所示的钻孔坯件。

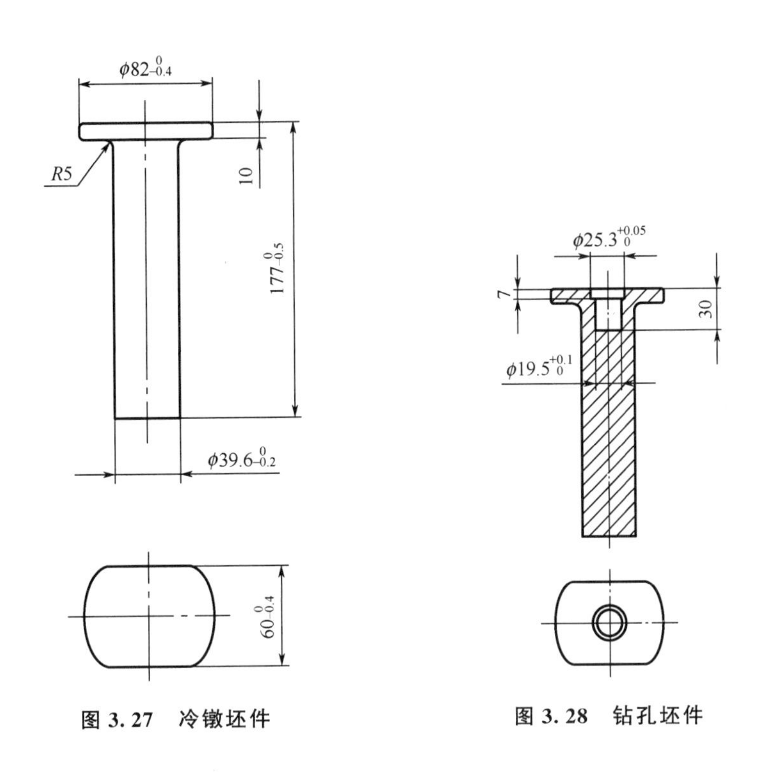

图 3.27 冷镦坯件　　图 3.28 钻孔坯件

7. 钻孔坯件的软化退火处理

在大型井式光亮退火炉内对钻孔坯件进行软化退火处理，其规范如下：加热温度为 830℃±20℃，保温时间为 240～300min，炉冷；将软化退火后的钻孔坯件硬度控制在 140～170HB。

8. 钻孔坯件的磷化处理

在磷化生产线上对软化退火处理后的钻孔坯件进行磷化处理，使其表面覆盖一层致密的多孔磷酸盐膜层。

9. 钻孔坯件的润滑处理

以 MoS_2 和少许机油为润滑剂，将磷化处理后的钻孔坯件倒入盛有润滑剂的振荡容器；振荡容器振荡 5～8min 后，MoS_2 进入坯件表面的多孔磷酸盐膜层，使坯件表面在随后的冷挤压成形过程中起到良好的润滑作用。

10. 渐开线内齿形的冷挤压成形

将润滑处理后的钻孔坯件放入冷挤压成形模具的凹模型腔，随着冲头的向下运动，冷挤压出图 3.24 所示的冷锻件。

图 3.29 所示为由冷锻件加工而成的驱动轴零件实物。

图 3.29　由冷锻件加工而成的驱动轴零件实物

3.4.2　模具结构

图 3.30 所示为驱动轴冷挤压成形模具的结构。图 3.31 所示为驱动轴冷挤压成形模具中关键模具零件的零件图。

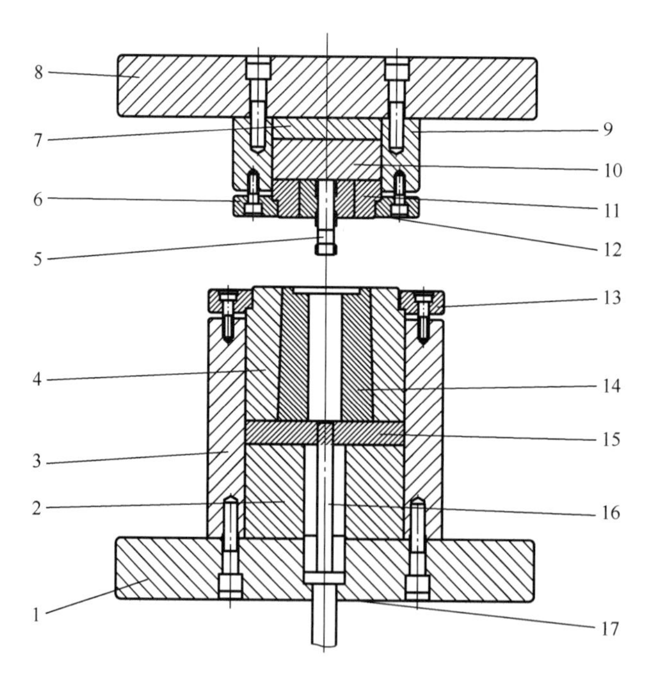

1—下模板；2—下模垫块；3—下模座；4—凹模外套；5—冲头；6—上模压板；7—上模垫块；8—上模板；9—上模座；10—上模承载垫；12—上模外套；12—冲头紧固套；13—下模压板；14—凹模芯；15—下模承载垫；16—顶料杆；17—顶杆。

图 3.30　驱动轴冷挤压成形模具的结构

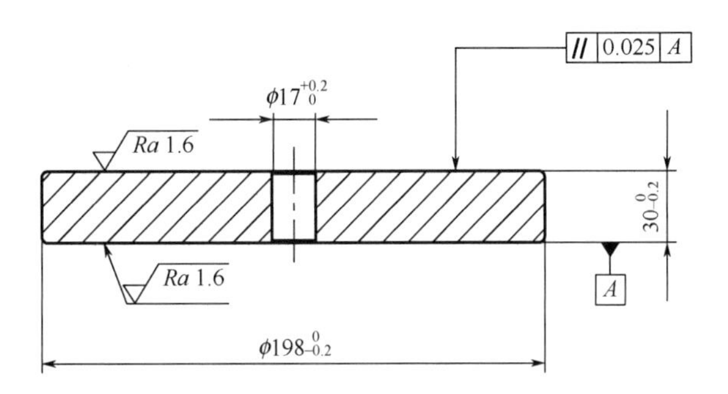

（a）下模承载垫

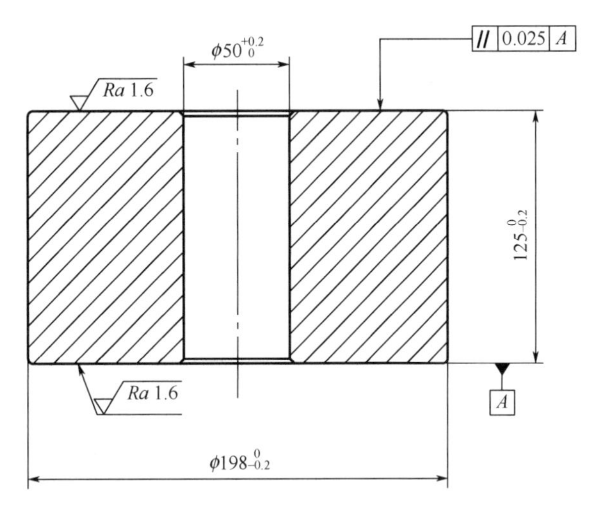

（b）下模垫块

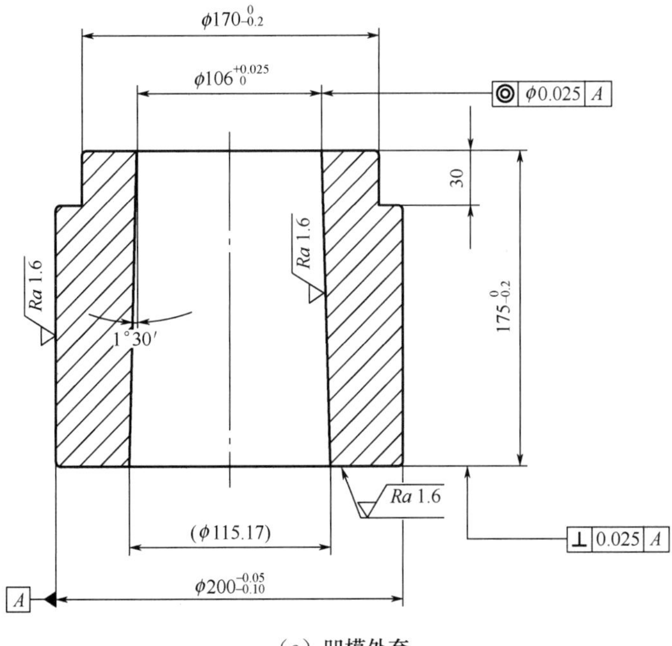

（c）凹模外套

图 3.31　驱动轴冷挤压成形模具中关键模具零件的零件图

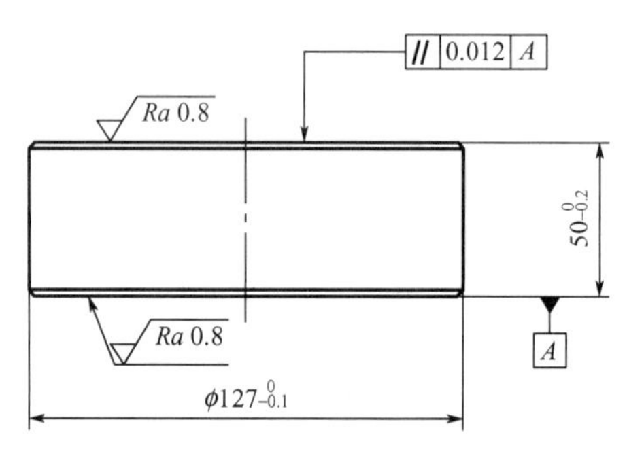

（d）上模承载垫

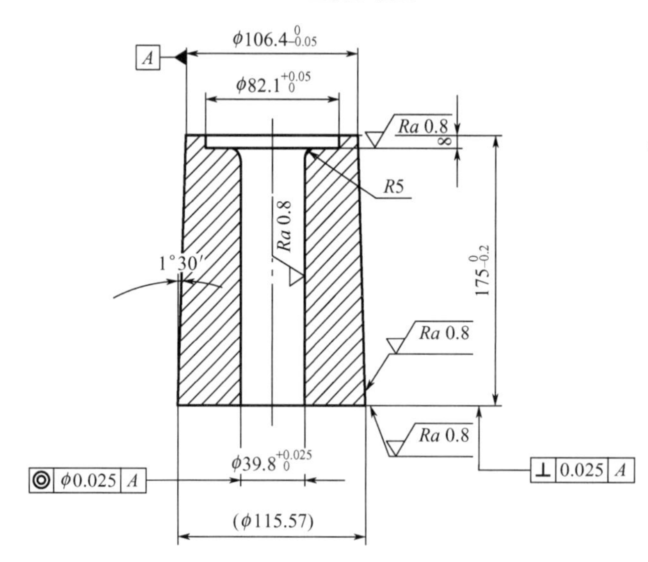

（e）凹模芯

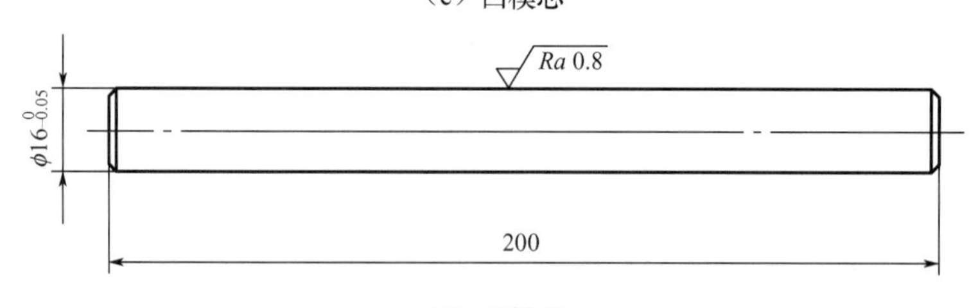

（f）顶料杆

图 3.31　驱动轴冷挤压成形模具中关键模具零件的零件图（续）

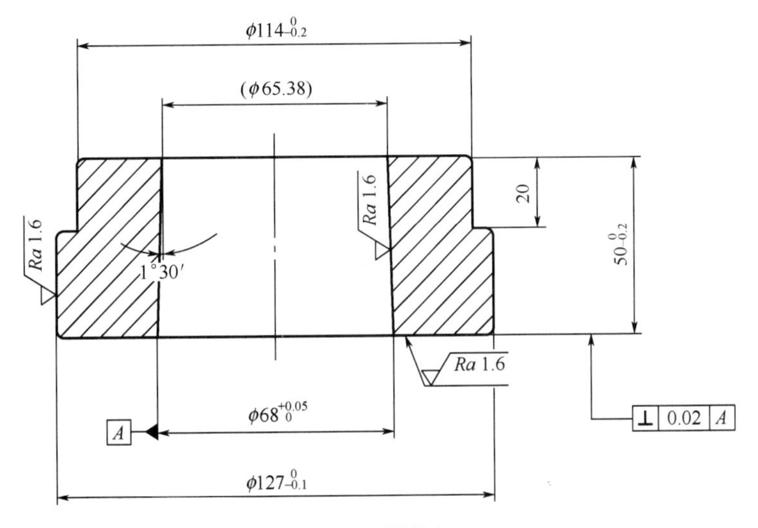

（g）上模外套

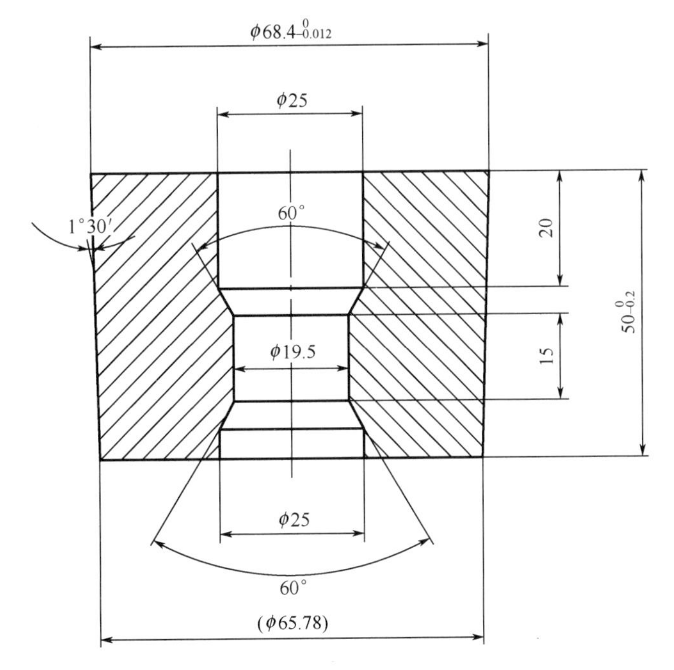

（h）冲头紧固套

图 3.31　驱动轴冷挤压成形模具中关键模具零件的零件图（续）

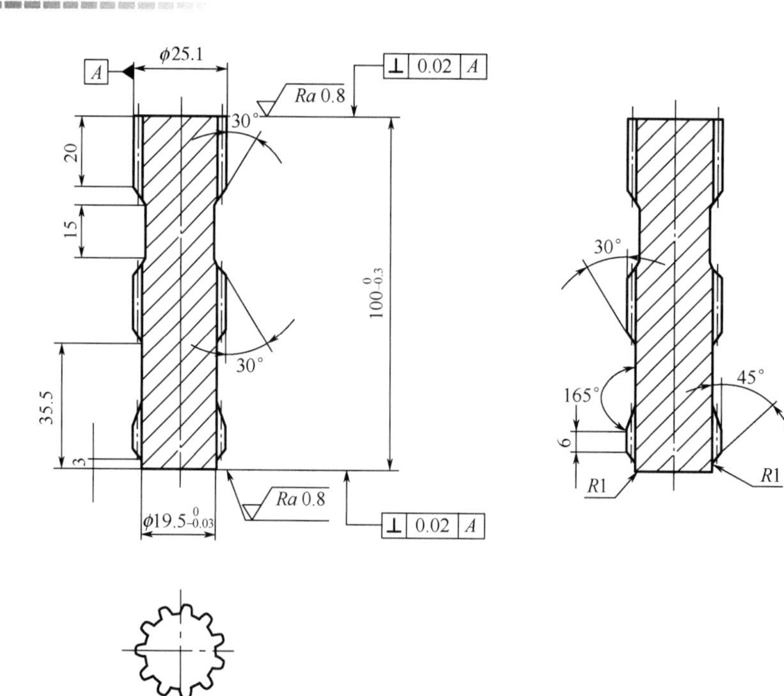

（i）冲头

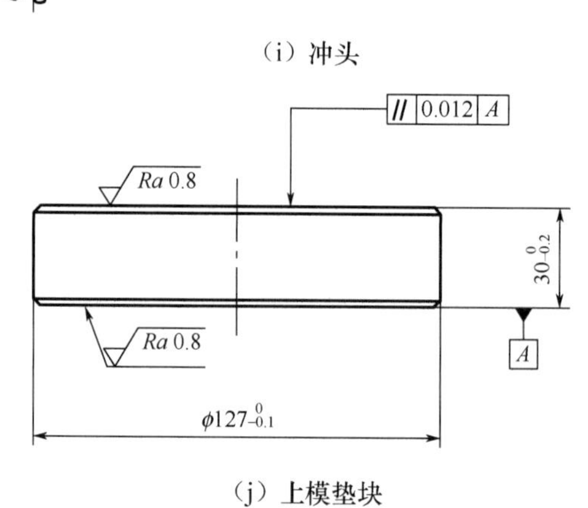

（j）上模垫块

图 3.31　驱动轴冷挤压成形模具中关键模具零件的零件图（续）

表 3－10 所示为驱动轴冷挤压成形模具中关键模具零件的材料牌号及热处理硬度。

表 3－10　驱动轴冷挤压成形模具中关键模具零件的材料牌号及热处理硬度

模具零件名称	材料牌号	热处理硬度/HRC
顶料杆	Cr12MoV	54～58
上模垫块	45	38～42
冲头	LD	56～60
冲头紧固套	45	32～38
上模外套	45	28～32
凹模芯	Cr12MoV	54～56

续表

模具零件名称	材料牌号	热处理硬度/HRC
上模承载垫	Cr12MoV	54～58
凹模外套	45	32～38
下模承载垫	H13	44～48
下模垫块	45	38～42

3.5 前传动套的近净锻造成形工艺

图 3.32 所示为某沙滩车前传动套的零件简图。该前传动套的材料为 20CrMo。前传动套渐开线内齿轮和渐开线内花键的齿形参数分别见表 3－11 和表 3－12。

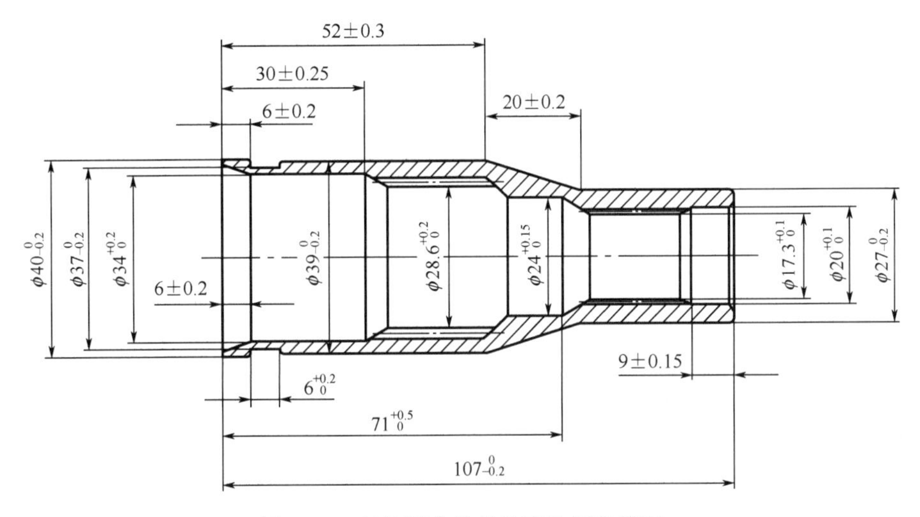

图 3.32 某沙滩车前传动套的零件简图

表 3－11 前传动套渐开线内齿轮的齿形参数

参数	符号	数值
模数/mm	m	1.5
齿数	Z	20
压力角/°	α	37.5
分度圆直径/mm	D	30
齿顶圆直径/mm	D_a	28.6～28.8
齿根圆直径/mm	D_f	32.7～32.9
跨齿数	k	5
公法线长度/mm	W_k	19.60～19.65

表 3-12　前传动套渐开线内花键的齿形参数

参数	符号	数值
模数/mm	m	0.75
齿数	Z	24
压力角/°	α	37.5
分度圆直径/mm	D	18
齿顶圆直径/mm	D_a	17.3～17.4
齿根圆直径/mm	D_f	19.4～19.6
跨齿数	k	6
公法线长度/mm	W_k	11.9～11.96

对于具有渐开线内齿轮、渐开线内花键的台阶壳体类零件，可采用圆棒料经热镦挤制坯＋热冲孔预成形＋冷挤压成形的近净锻造成形加工方法生产。图 3.33 所示为前传动套的精锻件图。

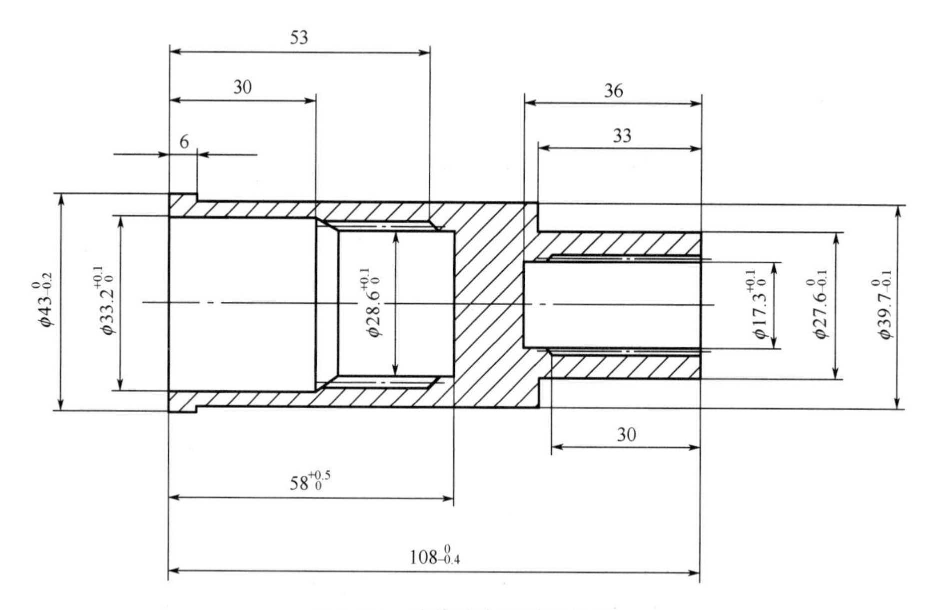

图 3.33　前传动套的精锻件图

前传动套的近净锻造成形工艺流程下。

1. 锯切下料

在带锯床上将直径 ϕ38mm 的 20CrMo 钢圆棒料锯切成长度为 55mm 的锯切坯件，如图 3.34 所示。

2. 热镦挤制坯

首先将锯切坯件放入功率为 100kW 的中频感应加热炉加热，其加热温度为 1050℃±50℃。然后将加热到 1050℃±50℃的锯切坯件放入热镦挤制坯成形模具的凹模型腔，随着冲头的向下运动，热镦挤成形出图 3.35 所示的热镦挤坯件。

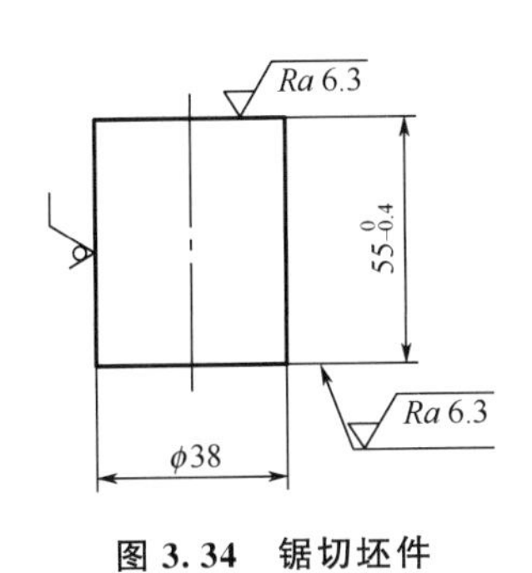

图 3.34 锯切坯件

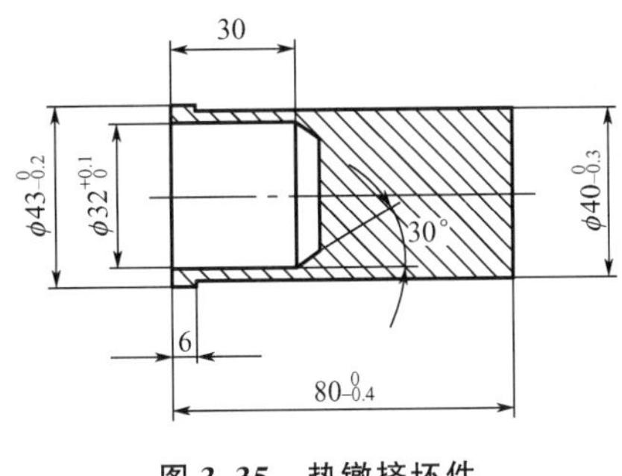

图 3.35 热镦挤坯件

3. 热冲孔预成形

将热镦挤坯件放入热冲孔预成形模具的凹模型腔，随着冲头的向下运动，热冲孔成形出图 3.36 所示的预成形件。

4. 预成形件的软化退火处理

在大型井式退火炉内对预成形件进行软化退火处理，其规范如下：加热温度为 860℃±20℃，保温时间为 240～320min，炉冷；将软化退火后的预成形件硬度控制在 120～140HB。

5. 粗车加工

在数控车床上对软化退火处理后的预成形件进行车削加工，得到图 3.37 所示的粗车坯件。

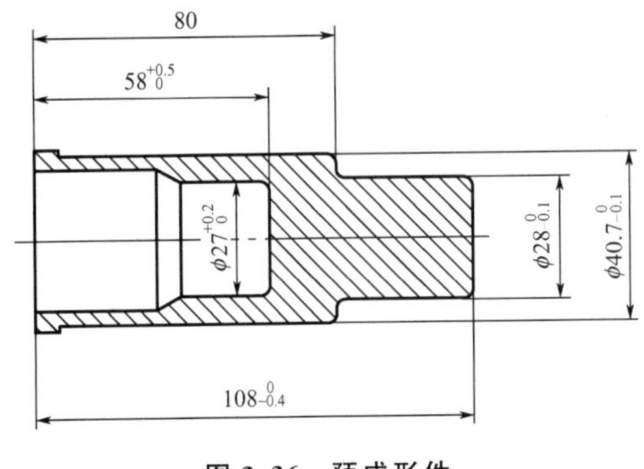

图 3.36 预成形件

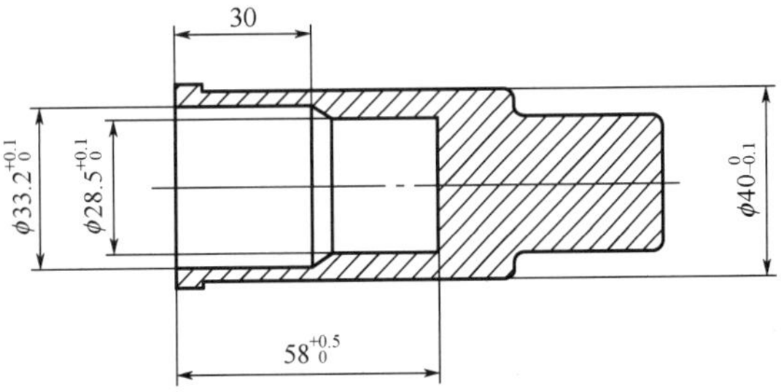

30
$\phi33.2^{+0.1}_{0}$
$\phi28.5^{+0.1}_{0}$
$\phi40^{0}_{-0.1}$
$58^{+0.5}_{0}$

图 3.37 粗车坯件

6. 粗车坯件的磷化处理

在磷化生产线上对粗车坯件进行磷化处理，使粗车坯件表面覆盖一层致密的多孔磷酸盐膜层。

7. 表面润滑处理

以 MoS_2 和少许机油为润滑剂，将磷化处理后的粗车坯件倒入盛有润滑剂的振荡容器；振荡容器振荡 3～5min 后，MoS_2 进入粗车坯件表面的多孔磷酸盐膜层，使粗车坯件表面在随后的冷挤压成形过程中起到良好的润滑作用。

8. 渐开线内齿的冷挤压成形

将表面润滑处理后的粗车坯件放入渐开线内齿轮的冷挤压模具凹模型腔，随着渐开线外齿形冲头的向下运动，冷挤压成形出图 3.38 所示具有渐开线内齿轮的内齿挤压件。

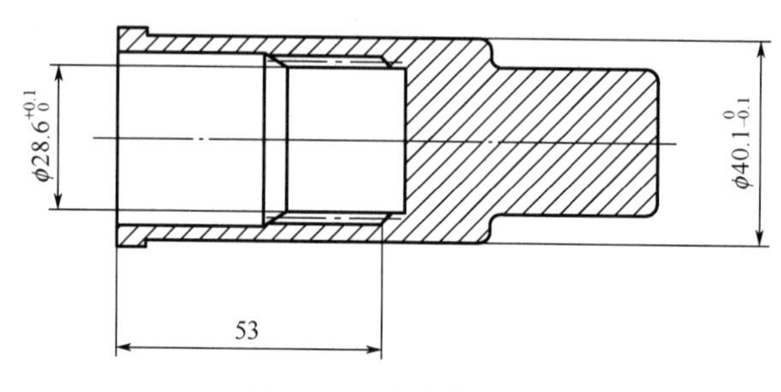

图 3.38 内齿挤压件

9. 半精车加工

在数控车床上对内齿挤压件进行半精车加工，得到图 3.39 所示的半精车坯件。

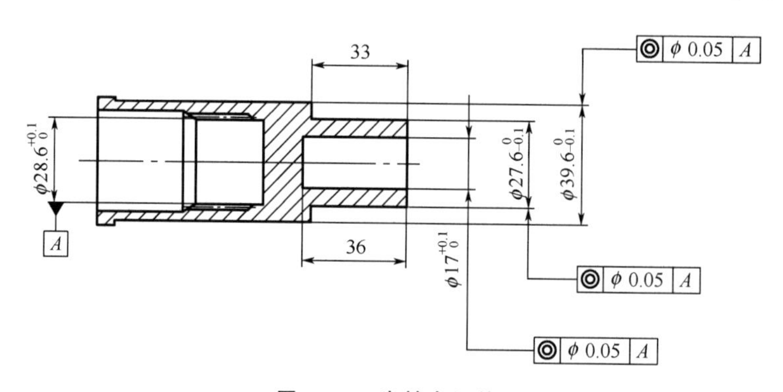

图 3.39 半精车坯件

10. 半精车坯件的磷化处理

在磷化生产线上对半精车坯件进行磷化处理，使半精车坯件表面覆盖一层致密的多孔磷酸盐膜层。

11. 半精车坯件的表面润滑处理

以 MoS_2 和少许机油为润滑剂，将磷化处理后的半精车坯件倒入盛有润滑剂的振荡容器；振荡容器振荡 3～5min 后，MoS_2 进入半精车坯件表面的多孔磷酸盐膜层，使半精车坯件表面在随后的冷挤压成形过程中起到良好的润滑作用。

12. 渐开线内花键的冷挤压成形

将表面润滑处理后的半精车坯件放入渐开线内花键的冷挤压成形模具凹模型腔，随着渐开线外花键冲头的向下运动，冷挤压成形出图 3.33 所示具有渐开线内齿和渐开线内花键的精锻件。

图 3.40 所示为精锻件经后续机械加工而成的前传动套零件实物。

图 3.40　精锻件经后续机械加工而成的前传动套零件实物

3.6　连接套的近净锻造成形工艺

图 3.41 所示为某大排量摩托车连接套的零件简图。该连接套的材料为 20CrMnTi。连接套渐开线内齿轮和渐开线内花键的齿形参数分别见表 3－13 和表 3－14。

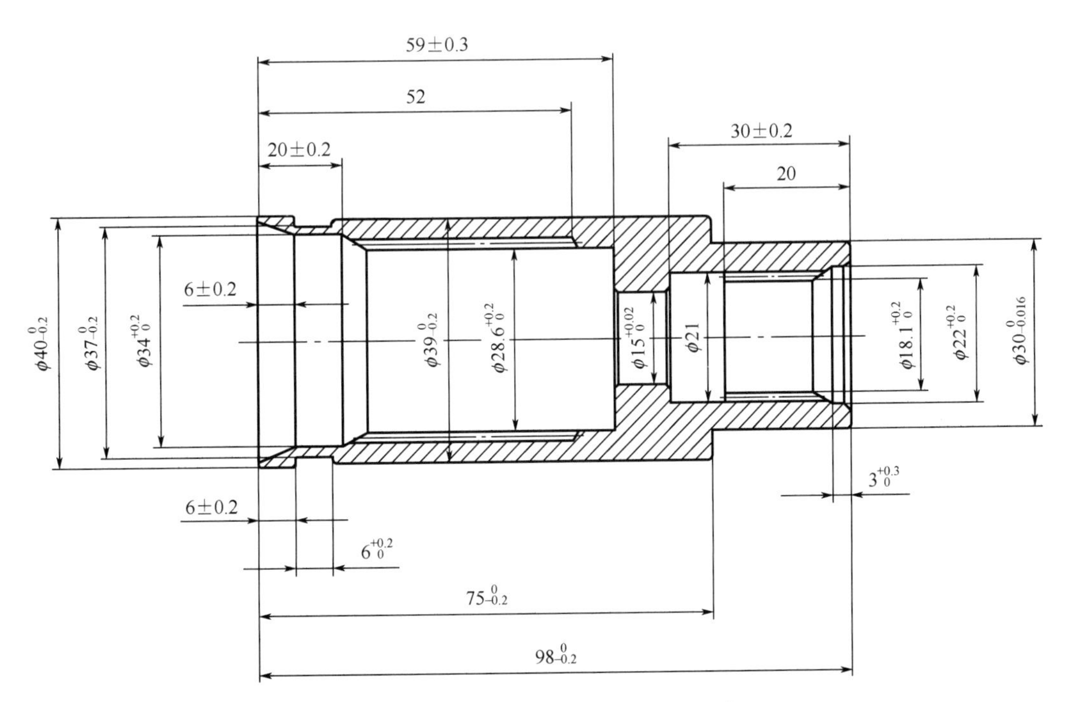

图 3.41　某大排量摩托车连接套的零件简图

表 3-13 连接套渐开线内齿轮的齿形参数

参数	符号	数值
模数/mm	m	1.5
齿数	Z	20
压力角/°	α	37.5
分度圆直径/mm	D	30
齿顶圆直径/mm	D_a	28.6～28.8
齿根圆直径/mm	D_f	32.7～32.9
跨齿数	k	5
公法线长度/mm	W_k	19.60～19.65

表 3-14 连接套渐开线内花键的齿形参数

参数	符号	数值
模数/mm	m	1.0
齿数	Z	19
压力角/°	α	37.5
分度圆直径/mm	D	19
齿顶圆直径/mm	D_a	18.1～18.2
齿根圆直径/mm	D_f	20.8～21.0
跨齿数	k	4
公法线长度/mm	W_k	10.40～10.46

对于具有渐开线内齿轮、渐开线内花键的台阶壳体类零件，可采用圆棒料经热镦挤制坯＋热冲孔预成形＋冷挤压成形的近净锻造成形加工方法生产。图 3.42 所示为连接套的精锻件图。

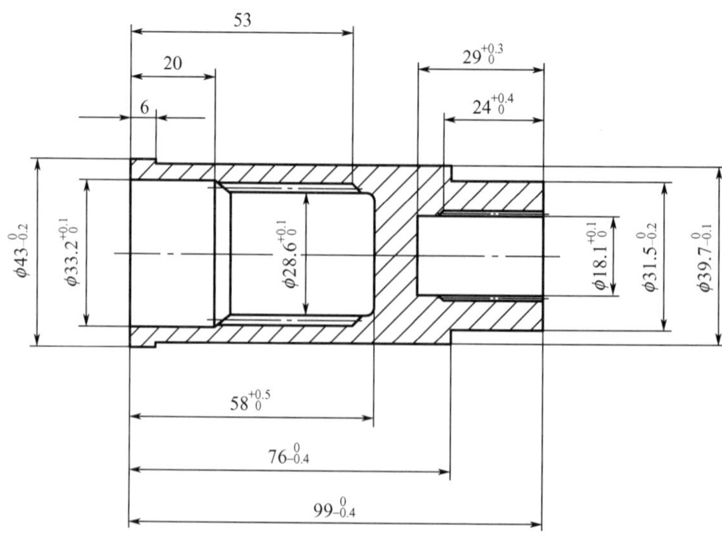

图 3.42 连接套的精锻件图

连接套的近净锻造成形工艺流程如下。

1. 锯切下料

在带锯床上将直径 ϕ38mm 的 20CrMnTi 圆棒料锯切成长度为 62mm 的锯切坯件，如图 3.43 所示。

2. 热镦挤制坯

首先将锯切下料的锯切坯件放入功率为 100kW 的中频感应加热炉加热，其加热温度为 1050℃±50℃。然后将加热到 1050℃±50℃的锯切坯件放入热镦挤制坯成形模具的凹模型腔，随着冲头的向下运动，热镦挤出图 3.44 所示的热镦挤坯件。

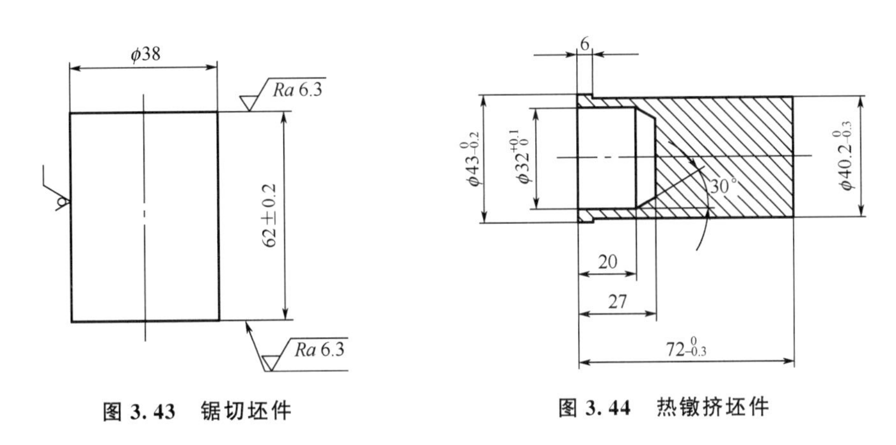

图 3.43 锯切坯件　　图 3.44 热镦挤坯件

3. 热冲孔预成形

将热镦挤坯件放入热冲孔预成形模具的凹模型腔，随着冲头的向下运动，热冲孔成形出图 3.45 所示的预成形件。

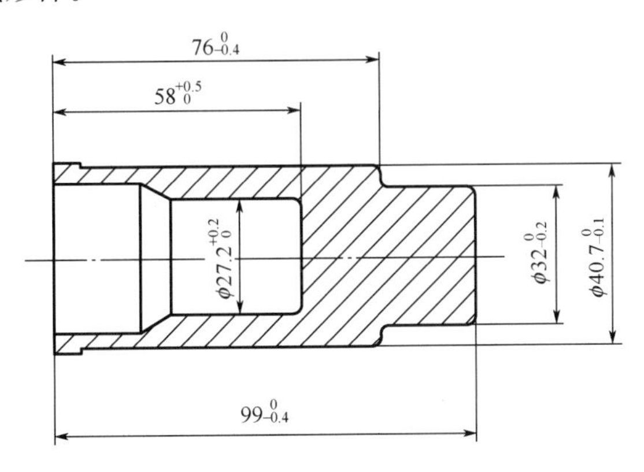

图 3.45 预成形件

4. 预成形件的软化退火处理

在大型井式退火炉内对预成形件进行软化退火处理，其规范如下：加热温度为 860℃±20℃，保温时间为 240～320min，炉冷；将软化退火后的预成形件硬度控制在 120～140HB。

5. 粗车加工

在数控车床上对软化退火处理后的预成形件进行车削加工，得到图 3.46 所示的粗车坯件。

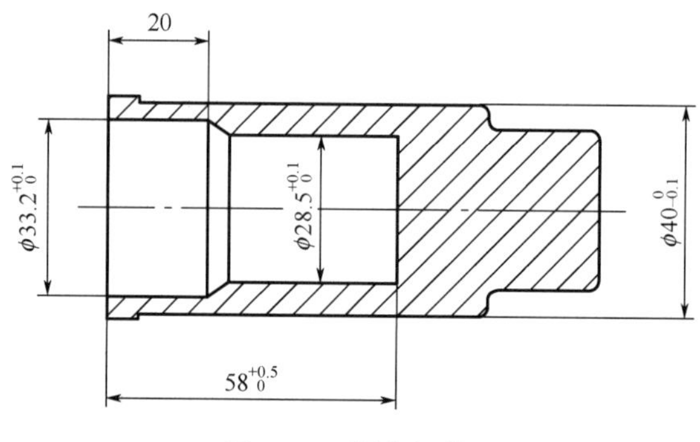

图 3.46　粗车坯件

6. 粗车坯件的磷化处理

在磷化生产线上对粗车坯件进行磷化处理，使粗车坯件表面覆盖一层致密的多孔磷酸盐膜层。

7. 表面润滑处理

以 MoS_2 和少许机油为润滑剂，将磷化处理后的粗车坯件倒入盛有润滑剂的振荡容器；振荡容器振荡 3～5min 后，MoS_2 进入坯件表面的多孔磷酸盐膜层，使坯件表面在随后的冷挤压成形过程中起到良好的润滑作用。

8. 渐开线内齿轮的冷挤压成形

将表面润滑处理后的粗车坯件放入渐开线内齿轮的冷挤压模具凹模型腔，随着渐开线外齿形冲头的向下运动，冷挤压成形出图 3.47 所示具有渐开线内齿轮的内齿挤压件。

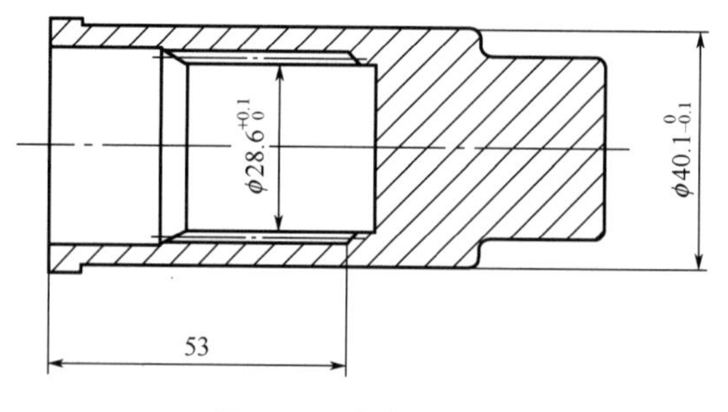

图 3.47　内齿挤压件

9. 半精车加工

在数控车床上对内齿挤压件进行半精车加工，得到图 3.48 所示的半精车坯件。

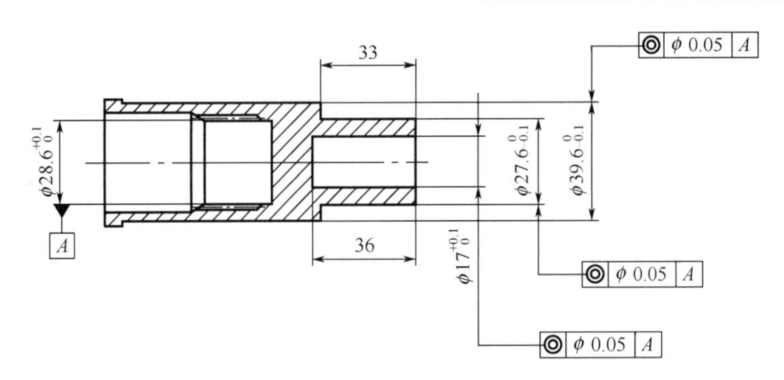

图 3.48 半精车坯件

10. 半精车坯件的磷化处理

在磷化生产线上对半精车坯件进行磷化处理，使半精车坯件表面覆盖一层致密的多孔磷酸盐膜层。

11. 半精车坯件的表面润滑处理

以 MoS_2 和少许机油为润滑剂，将磷化处理后的半精车坯件倒入盛有润滑剂的振荡容器；振荡容器振荡 3～5min 后，MoS_2 进入半精车坯件表面的多孔磷酸盐膜层，使半精车坯件表面在随后的冷挤压成形过程中起到良好的润滑作用。

12. 渐开线内花键的冷挤压成形

将润滑处理后的半精车坯件放入渐开线内花键的冷挤压成形模具凹模型腔，随着渐开线外花键冲头的向下运动，冷挤压成形出图 3.42 所示具有渐开线内齿轮和渐开线内花键的精锻件。

图 3.49 所示为精锻件经后续机械加工而成的连接套零件实物。

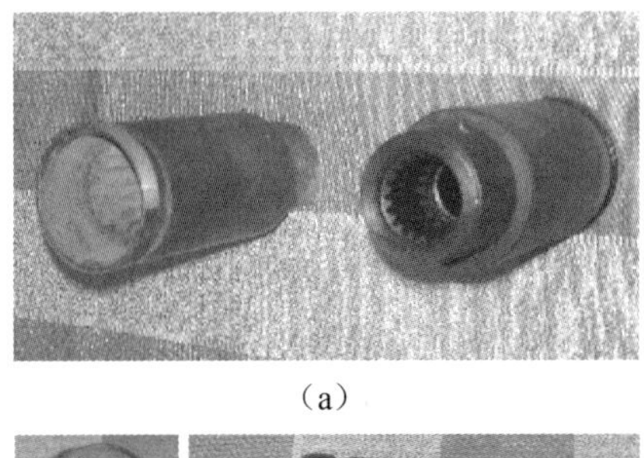

(a)

(b) (c)

图 3.49 精锻件经后续机械加工而成的连接套零件实物

第4章 直齿锥齿轮的近净锻造成形

直齿锥齿轮的近净锻造成形技术在我国获得了广泛的工业应用。对于近净锻造成形的直齿锥齿轮精锻件，其轮齿有沿齿廓合理分布且连续的金属流线和致密组织，轮齿的强度、轮齿齿面的耐磨性、轮齿的热处理变形量、啮合噪声等都比常规切削加工而成的直齿锥齿轮优越。与切削加工相比，近净锻造成形的直齿锥齿轮精锻件的轮齿硬度可提高20%、抗弯疲劳寿命提高20%、热处理变形量减小30%、生产成本至少降低20%。

4.1 半轴锥齿轮的近净锻造成形工艺与模具

汽车差速器是汽车传动系统中的重要零部件，它主要由具有直齿锥齿形的行星锥齿轮和半轴锥齿轮组成。每个差速器都有两个行星锥齿轮和两个半轴锥齿轮。

图4.1所示为某乘用车差速器半轴锥齿轮的零件简图。半轴锥齿轮是典型的轴杆类齿轮零件，其材料为20CrMo；其一端为直齿锥齿轮，另一端为带有渐开线齿形的花键轴。半轴锥齿轮渐开线锥齿轮和渐开线外花键的齿形参数分别见表4-1和表4-2。

表4-1 半轴锥齿轮渐开线锥齿轮的齿形参数

参数	数值
模数/mm	3.816
齿数	16
压力角/°	22.5
节锥角/°	58
顶锥角/°	65.8
根锥角/°	50.85

续表

参数	数值
全齿高/mm	7.82
齿顶高/mm	2.84
齿根高/mm	4.98
节圆跳动公差/mm	0.05

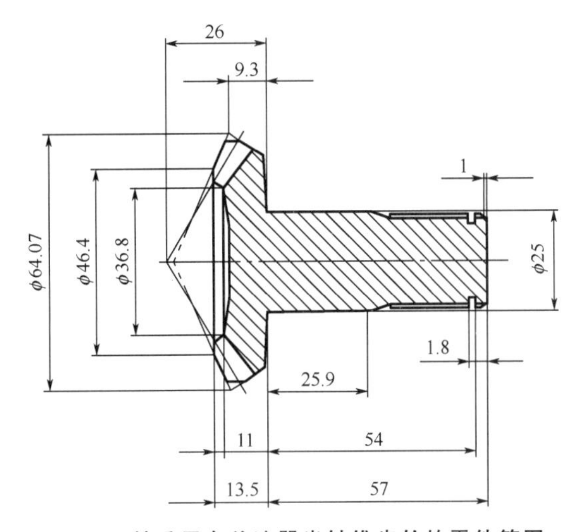

图 4.1 某乘用车差速器半轴锥齿轮的零件简图

表 4-2 半轴锥齿轮渐开线外花键的齿形参数

参数	数值
模数/mm	1.0
齿数	24
压力角/°	30
分度圆直径/mm	24
齿根圆直径/mm	22.3～22.5
齿顶圆直径/mm	24.908～24.929
跨齿数	5
公法线长度/mm	13.24～13.30

对于带有直齿锥齿轮的阶梯轴类零件，可以采用圆柱体坯料经温锻制坯＋冷摆辗成形的近净锻造成形工艺生产。图 4.2 所示为半轴锥齿轮的精锻件图。

4.1.1 坯件准备

1. 冲床下料

在 J23-63 型普通冲床上对直径 φ25mm 的 20CrMo 圆棒料进行剪切下料，要求剪切

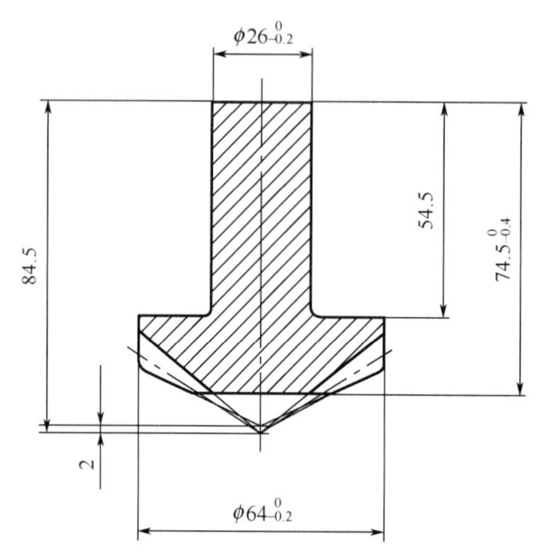

图 4.2　半轴锥齿轮的精锻件图

毛坯的质量误差为±10g。下料件如图 4.3 所示。

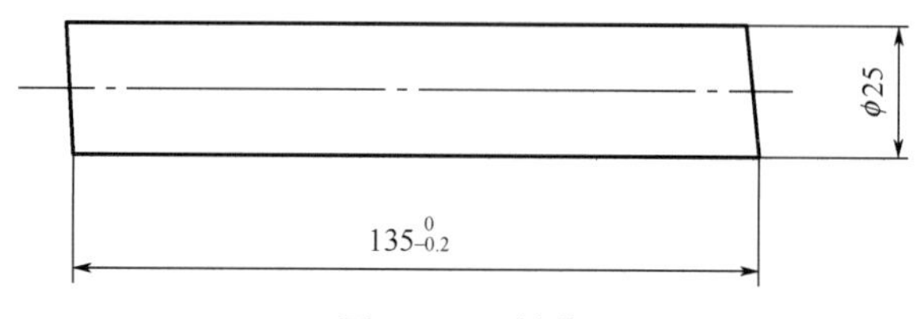

图 4.3　下料件

2. 温锻制坯

加热设备为中频感应加热炉，其功率为 100kW；下料件的加热温度为 850℃±50℃。采用"一火两锻"的温锻制坯工艺对下料件进行温锻制坯加工。

首先在 J53－100 型 100t 双盘摩擦压力机上对加热后的下料件进行微量镦粗，以使下料件的两个端面平整并进行头部"聚料"，得到图 4.4 所示的聚料坯件；然后在 J53－160 型 1600kN 双盘摩擦压力机上对聚料坯件进行温锻制坯加工，得到图 4.5 所示的制坯件。

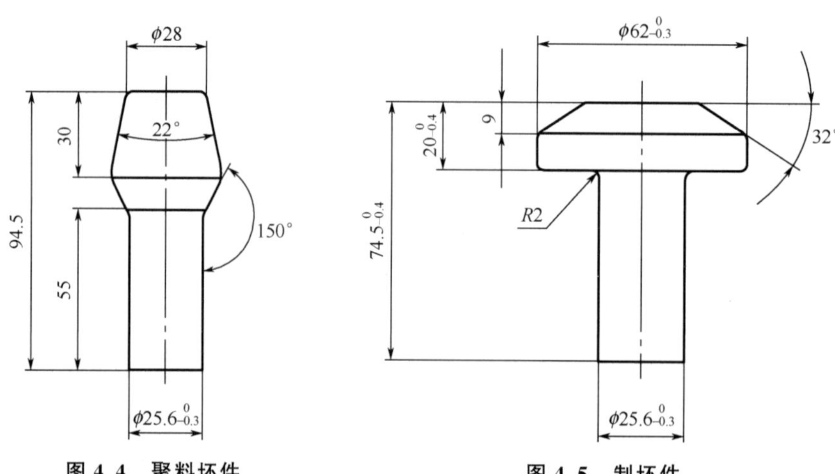

图 4.4　聚料坯件　　**图 4.5　制坯件**

3. 制坯件的软化退火

制坯件顶出模腔后，其温度一般为800℃，立即将其放入温度为860℃±20℃的箱式电阻炉，利用制坯件本身的余热保温一定时间后，随炉冷却至300℃出炉，以达到软化退火的目的。软化退火后的制坯件的硬度为125～145HB，完全能对其进行冷摆辗成形，既减少了一次退火加热工序（少用一台退火加热炉），又减少了制坯件表面的氧化脱碳。

4. 制坯件的表面抛丸或滚光处理

软化退火后的制坯件不仅存在飞边和氧化皮，而且表面光洁度较差。因此，在冷摆辗成形之前，应增加一道抛丸或滚光工序（在喷砂机或在具有大量细小钢球的滚筒内进行抛丸或滚光），以去除飞边和氧化皮，使制坯件表面洁净。同时，经过抛丸或滚光处理的制坯件表面存在许多凹坑，增大了制坯件的表面积，需进行表面磷化、润滑处理。

5. 制坯件的表面磷化、润滑处理

良好的表面润滑处理是获得表面质量良好、成形容易、充填饱满、齿部光洁度高的锻件所必需的。对制坯件进行表面磷化处理，然后在振荡机上涂覆粉状 MoS_2 润滑剂。

4.1.2 锥齿轮齿形的冷摆辗成形

1. 冷摆辗成形的原理

摆辗成形技术是一种利用摆头（上模）对坯料局部加压，并绕机器主轴线连续摆动的塑性加工方法，如图4.6所示。锥形摆头中心线与机器主轴线之间的夹角（摆角）为 γ。当机器主轴线旋转时，摆头中心线绕机器主轴线转动，摆头产生摆动运动；同时，被辗压的坯料在下模由送进油缸推动做垂直运动，摆头母线在坯料上连续不断地滚动，局部、顺次地对坯料施加压力，使其产生塑性变形。随着坯料的进给及摆头的摆动，整个坯料成形。

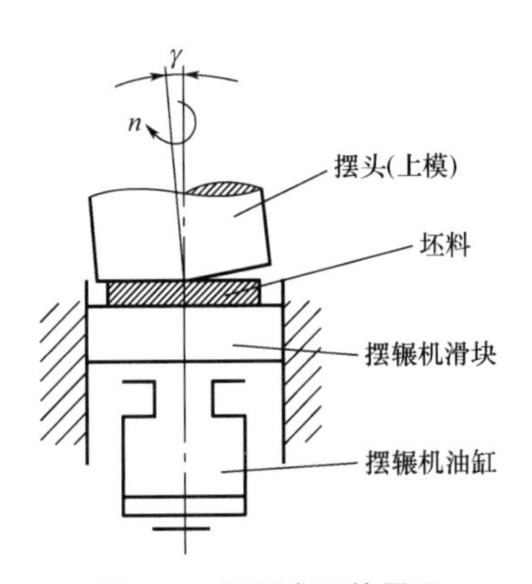

图4.6 摆辗成形的原理

冷摆辗成形工艺具有如下特点。

(1) 省力。

由于摆辗成形时的接触面积仅是常规锻造接触面积的一小部分，因此成形相同尺寸的零件时，摆辗成形力仅为常规锻造成形力的1/20～1/5。

(2) 变形均匀。

在摆辗过程中，摆头与金属坯料之间的摩擦主要是滚动摩擦，同时摆头施加在金属坯料上的作用力与坯料的轴线成夹角 γ，使得坯料在轴向、切向和径向都有分量，金属可以沿轴向、切向和径向流动，从而使变形区域内的金属流动比常规锻造成形加工均匀得多。

(3) 成形件的尺寸精度高、表面质量好。

由于冷摆辗成形是无冲击的静载成形且成形力较小，设备的相对刚度大，因此冷摆辗成形后的产品尺寸精度高、表面质量好。通常，冷摆辗成形件的尺寸精度可以达到0.025mm，表面粗糙度达到 $Ra0.4\mu m \sim 1.6\mu m$。

采用T-200型摆辗机成形图4.2所示半轴锥齿轮精锻件的直齿锥齿轮齿形。T-200型摆辗机的摆头转速为200r/min，额定摆辗力为2000kN，滑块行程为140mm，摆头摆角 $\gamma = 0° \sim 2°$，摆头的运动轨迹有四种，如图4.7所示。

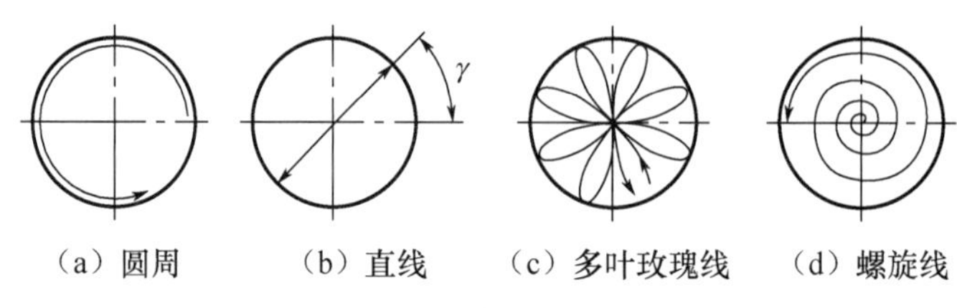

图4.7 摆头的四种运动轨迹

2. 冷摆辗成形工艺参数

(1) 摆头的运动轨迹。

摆头的运动轨迹不同，使得金属的受力状态不同，从而影响金属的流动性。为了减小摆辗变形力、提高模具使用寿命、减少摆辗机在成形过程中的自身“振动”、保证摆辗机受力稳定、提高摆辗成形件的尺寸精度，本工艺选择的摆头运动轨迹为圆周轨迹。

(2) 摆头摆角 γ。

摆辗接触面积率 λ 及摆辗变形力 P 的计算公式如下。

$$\lambda = 0.45\sqrt{\frac{S}{2R\tan\gamma}}$$

$$P = K\pi\lambda R^2\sigma_S$$

式中：λ——摆辗接触面积率；

P——摆辗变形力(kN)；

S——每转压下量(mm)；

R——摆辗件半径(mm)；

γ——摆头摆角(°)；

K——摆辗系数；

σ_S——坯件材料的屈服强度(MPa)。

由上式可知，摆头摆角 γ 越大，摆辗接触面积率 λ 越小，摆辗变形力越小。由于T-200型摆辗机的摆头角度可以在0°～2°范围内任意调节，因此摆头摆角取最大值($\gamma = 2°$)，以大幅度减小摆辗接触面积，从而减小摆辗成形时的变形抗力，以利于提高模具的使用寿命和冷摆辗成形件的尺寸精度。

3. 冷摆辗成形工艺实践

将表面磷化、润滑处理后的制坯件放入冷摆辗成形模具的凹模型腔，随着摆头的摆动和摆辗机滑块的向上运动，冷摆辗出图 4.2 所示的精锻件。

4.1.3 精锻件的理化检测

1. 精锻件轮齿的静弯曲载荷和冲击弯曲吸收能量

对冷摆辗成形的精锻件与铣齿加工的半轴锥齿轮、热精密模锻加工的半轴锥齿轮的轮齿齿部的静弯曲载荷和冲击弯曲吸收能量进行对比实验，实验结果见表 4－3。

表 4－3 半轴锥齿轮的轮齿齿部静弯曲载荷和冲击弯曲吸收能量

<table>
<tr><th rowspan="2">检测项目</th><th colspan="3">加工方法</th></tr>
<tr><th>铣齿</th><th>热模锻</th><th>冷摆辗成形</th></tr>
<tr><td>静弯曲载荷的平均值/kN</td><td>3708.6</td><td>4523.8</td><td>5117.8</td></tr>
<tr><td>冲击弯曲吸收能量的平均值/(kN·m)</td><td>6.78</td><td>7.37</td><td>8.81</td></tr>
</table>

由表 4－3 可知，采用冷摆辗成形加工的半轴锥齿轮精锻件的轮齿齿部的静弯曲载荷和冲击弯曲吸收能量最大。

2. 精锻件的齿形精度和表面质量检测

对冷摆辗成形的半轴锥齿轮精锻件进行后续精加工和热处理加工后，随机抽查 3 件样品，委托国家齿轮产品质量监督检验中心对 3 件精锻件样品的齿轮副接触精度、齿形精度和表面质量进行检测，检测结果见表 4－4。

表 4－4 半轴锥齿轮精锻件的齿轮副接触精度、齿形精度和表面质量检测结果

<table>
<tr><th colspan="5">齿轮副</th><th colspan="5">半轴齿轮</th></tr>
<tr><th>检验项目</th><th>技术要求</th><th colspan="3">检验结果</th><th>检验项目</th><th>技术要求</th><th colspan="3">检验结果</th></tr>
<tr><td rowspan="2">齿轮副接触斑点</td><td rowspan="2">>60%</td><td rowspan="2">70%</td><td rowspan="2">70%</td><td rowspan="2">70%</td><td>齿圈跳动</td><td>0.05mm</td><td>0.050mm</td><td>0.030mm</td><td>0.045mm</td></tr>
<tr><td>齿面粗糙度</td><td>3.2μm</td><td>1.6mm</td><td>1.6mm</td><td>1.6mm</td></tr>
<tr><td rowspan="3">齿轮副侧隙</td><td rowspan="3"><0.10mm</td><td rowspan="3">0.10 mm</td><td rowspan="3">0.06 mm</td><td rowspan="3">0.08 mm</td><td>轴杆部分表面粗糙度</td><td>0.8μm</td><td>0.8mm</td><td>0.8mm</td><td>0.8mm</td></tr>
<tr><td>轴肩端面跳动</td><td>0.025mm</td><td>0.025mm</td><td>0.015mm</td><td>0.020mm</td></tr>
<tr><td>轴肩表面粗糙度</td><td>0.8μm</td><td>0.8mm</td><td>0.8mm</td><td>0.8mm</td></tr>
</table>

由表 4－4 可知，采用冷摆辗成形加工的半轴锥齿轮精锻件的齿形精度和表面质量完全达到半轴锥齿轮的设计要求；不需要对冷摆辗成形的半轴锥齿轮精锻件的轮齿齿部进行后续切削加工即可满足半轴锥齿轮的使用要求。

4.1.4 冷摆辗模具结构

图 4.8 所示为半轴锥齿轮冷摆辗成形模具的结构。

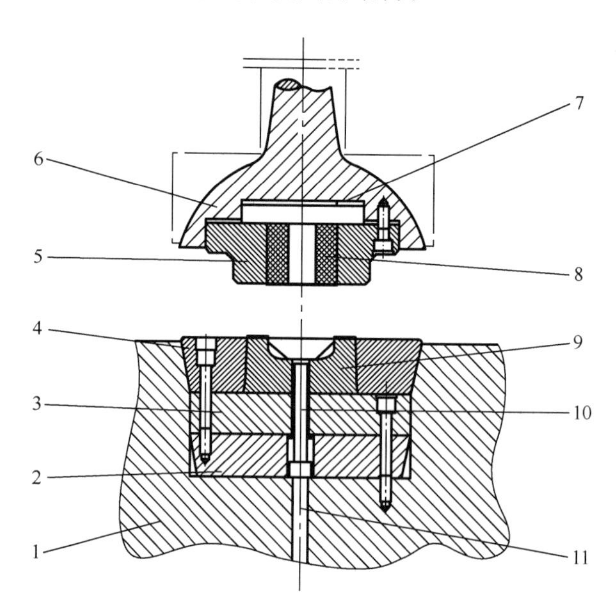

1—摆辗机滑块；2—下模垫块；3—下模承载垫；
4—凹模外套；5—摆头外套；6—摆辗机球头座；7—上模承载垫；8—摆头；
9—凹模芯；10—顶料杆；11—顶杆。

图 4.8 半轴锥齿轮冷摆辗成形模具的结构

图 4.9 所示为半轴锥齿轮冷摆辗成形模具中关键模具零件的零件图。

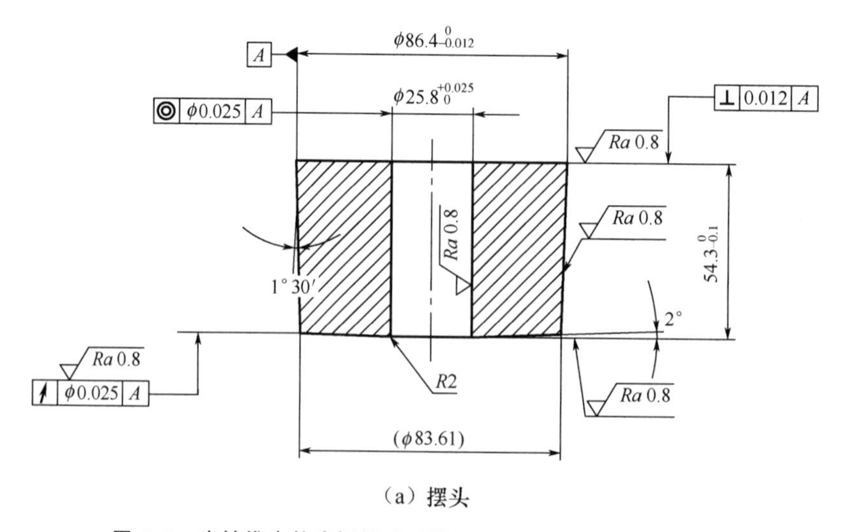

（a）摆头

图 4.9 半轴锥齿轮冷摆辗成形模具中关键模具零件的零件图

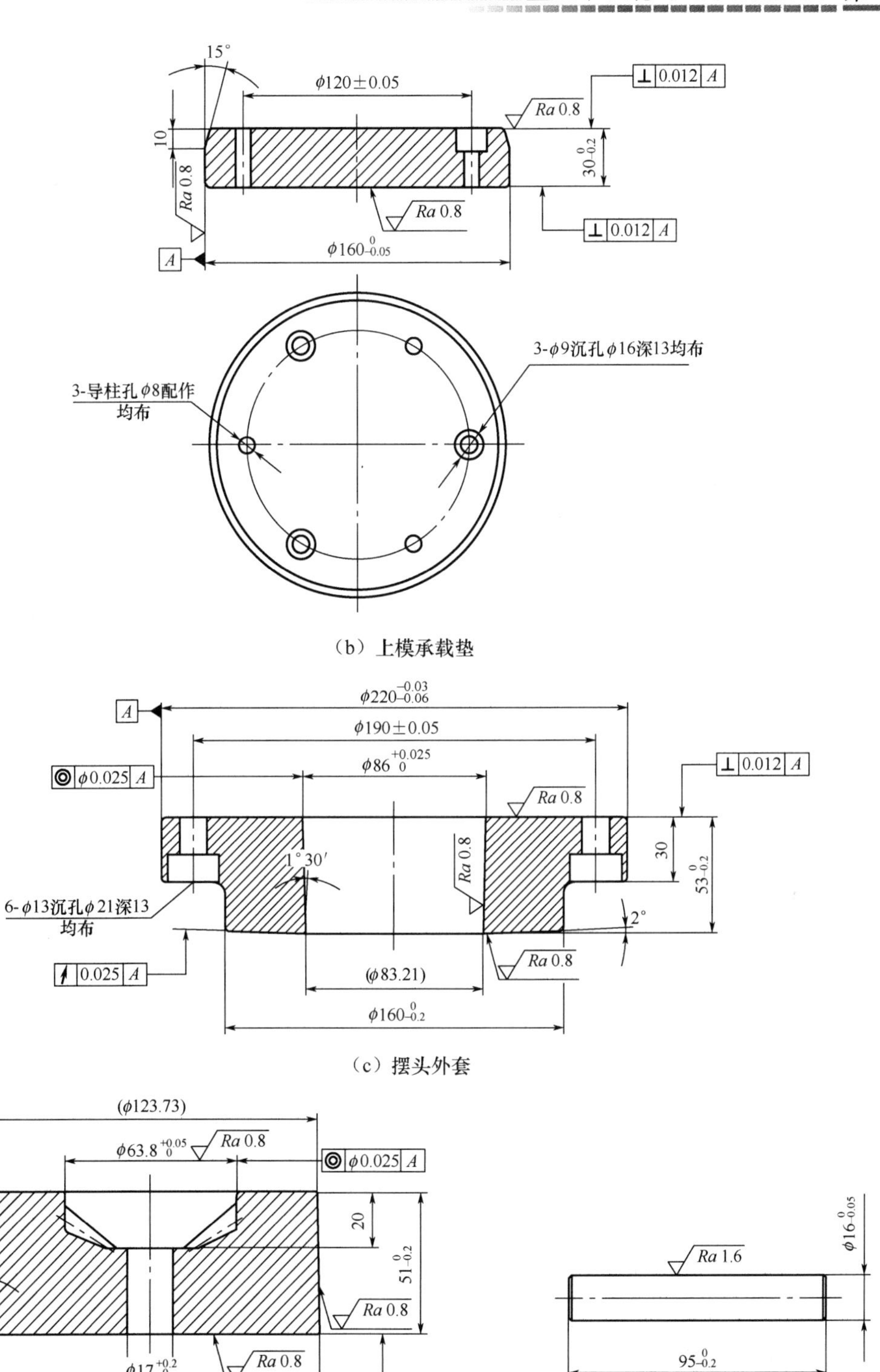

（b）上模承载垫

（c）摆头外套

（d）凹模芯　　　　（e）顶料杆

图 4. 9　半轴锥齿轮冷摆辗成形模具中关键模具零件的零件图（续）

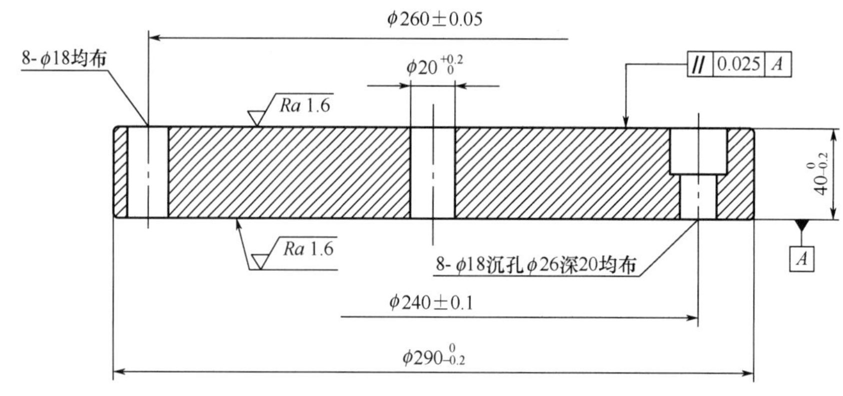

(f) 下模承载垫

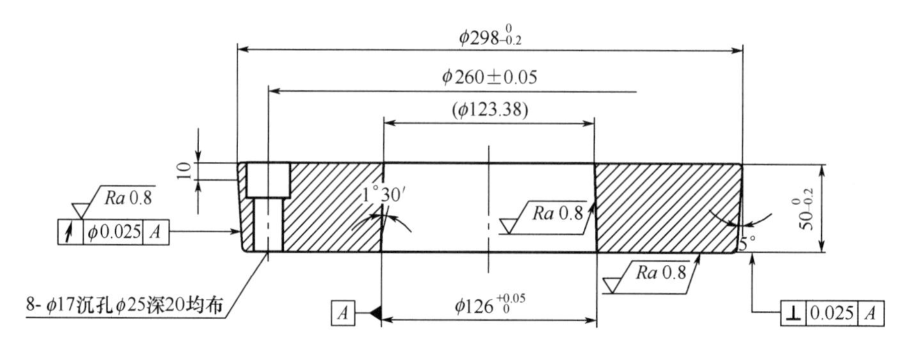

(g) 凹模外套

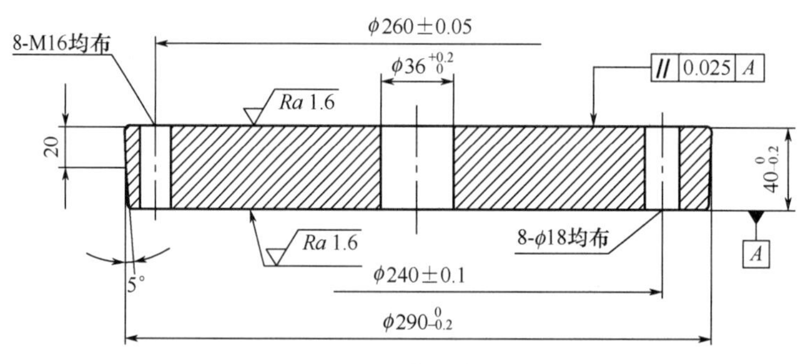

(h) 下模垫块

图 4.9 半轴锥齿轮冷摆辗成形模具中关键模具零件的零件图(续)

表 4－5 所示为半轴锥齿轮冷摆辗成形模具中关键模具零件的材料牌号及热处理硬度。

表 4－5 半轴锥齿轮冷摆辗成形模具中关键模具零件的材料牌号及热处理硬度

序号	模具零件	材料牌号	热处理硬度/HRC
1	顶料杆	W6Mo5Cr4V2	56～60
2	下模垫块	45	38～42
3	下模承载垫	H13	44～48
4	凹模外套	45	32～38

续表

序号	模具零件	材料牌号	热处理硬度/HRC
5	凹模芯	LD	54～58
6	摆头外套	45	32～38
7	上模承载垫	Cr12MoV	54～58
8	摆头	LD	56～60

4.2 小直齿锥齿轮的近净锻造成形工艺与模具

图4.10所示为某植保机用小直齿锥齿轮的零件简图。该小直齿锥齿轮的材料为20CrMo。表4-6所示为小直齿锥齿轮的齿形参数。

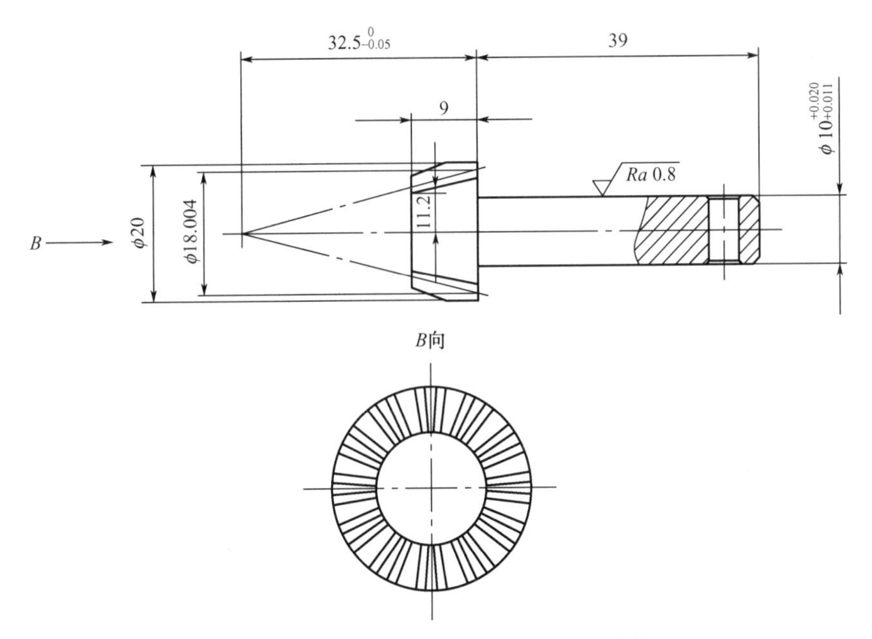

图4.10 某植保机用小直齿锥齿轮的零件简图

表4-6 小直齿锥齿轮的齿形参数

参　　数	数　　值
齿数	12
压力角/°	20
轴交角/°	90
分圆直径/mm	18.004
分锥角/°	15.25

续表

参　　数	数　　值
外锥距/mm	34.212
齿顶高/mm	2.14
齿根高/mm	1.143
根锥角/°	13.35
面锥角/°	19.3
顶隙/mm	0.332
全齿高/mm	3.333
侧隙/mm	0.05～0.10

对于具有格里森齿制的、直齿锥齿轮齿形的小型轴类零件，可采用小圆柱体坯料经无芯磨加工＋冷镦挤制坯＋冷挤压成形的近净锻造成形方法生产。图 4.11 所示为近净锻造成形的小直齿锥齿轮精锻件图。

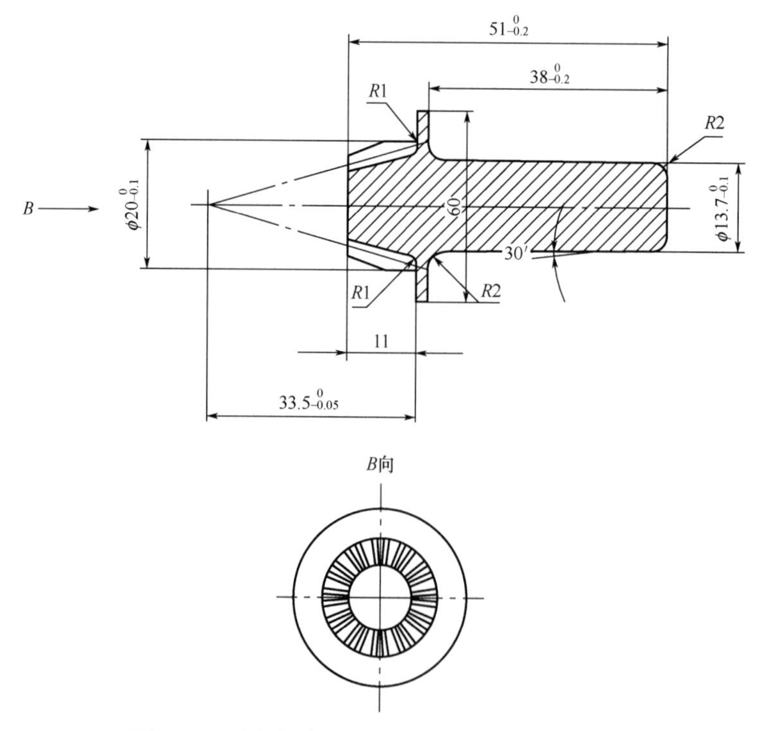

图 4.11　近净锻造成形的小直齿锥齿轮精锻件图

4.2.1　近净锻造成形工艺流程

1. 坯件的制备

先在带锯床上将直径 ϕ14mm 的 20CrMo 圆棒料锯切成下料件，如图 4.12 所示；再在无芯磨床上对下料件进行外圆磨削加工，制成图 4.13 所示的无芯磨坯件。

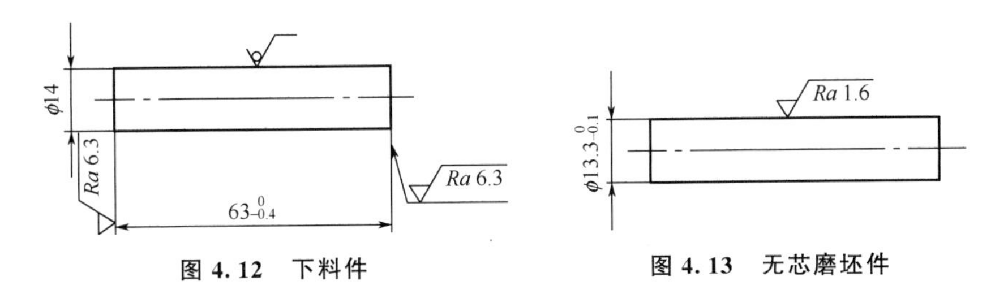

图 4.12 下料件　　图 4.13 无芯磨坯件

2. 无芯磨坯件的软化退火处理

在大型井式光亮退火炉内对无芯磨坯件进行软化退火处理，其规范如下：加热温度为 860℃±20℃，保温时间为 120～180min，炉冷；将软化退火后的坯件硬度控制在 130～150HB。

3. 坯件的磷化处理

在磷化生产线上对软化退火处理后的无芯磨坯件进行磷化处理，使坯件表面覆盖一层致密的多孔磷酸盐膜层。

4. 表面润滑处理

以 MoS_2 和少许机油为润滑剂，将磷化处理后的无芯磨坯件倒入盛有润滑剂的振荡容器；振荡容器振荡 5～8min 后，MoS_2 进入无芯磨坯件表面的多孔磷酸盐膜层，使无芯磨坯件表面在随后的冷镦挤制坯过程中起到良好的润滑作用。

5. 冷镦挤制坯

将表面润滑处理后的无芯磨坯件放入冷镦挤制坯模具的凹模型腔，随着上模的向下运动，冷镦挤出图 4.14 所示的制坯件。

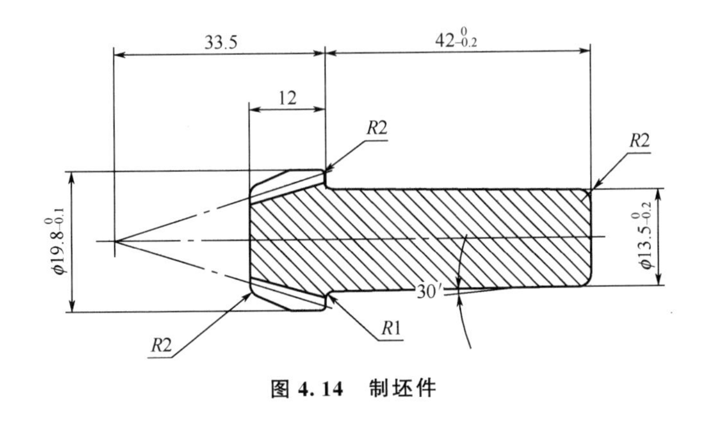

图 4.14 制坯件

6. 制坯件的再结晶退火处理

在大型井式光亮退火炉内对制坯件进行再结晶退火处理，其规范如下：加热温度为 750℃±20℃、保温时间为 120～180min，炉冷；将再结晶退火后的制坯件硬度控制在 150～170HB。

7. 制坯件的磷化处理

在磷化生产线上对再结晶退火处理后的制坯件进行磷化处理，使制坯件表面覆盖一层致密的多孔磷酸盐膜层。

8. 润滑处理

以 MoS_2 和少许机油为润滑剂，将磷化处理后的制坯件倒入盛有润滑剂的振荡容器；振荡容器振荡 5～8min 后，MoS_2 进入制坯件表面的多孔磷酸盐膜层，使制坯件表面在随后的冷挤压成形过程中起到良好的润滑作用。

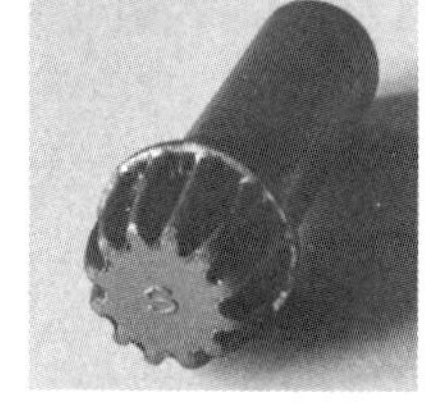

图 4.15 小直齿锥齿轮的精锻件实物

9. 冷挤压成形

将润滑处理后的制坯件放入冷挤压成形模具的凹模型腔，随着上模的向下运动，冷挤压出图 4.11 所示的精锻件。

图 4.15 所示为小直齿锥齿轮的精锻件实物。

4.2.2 冷挤压成形模具结构

由图 4.10 可知，小直齿锥齿轮是具有直齿圆锥齿形的轴类件，冷挤压成形的主要目的是挤压成形直齿锥齿轮的轮齿，其冷挤压成形力不大。

图 4.16 所示为小直齿锥齿轮冷挤压成形模具的结构。

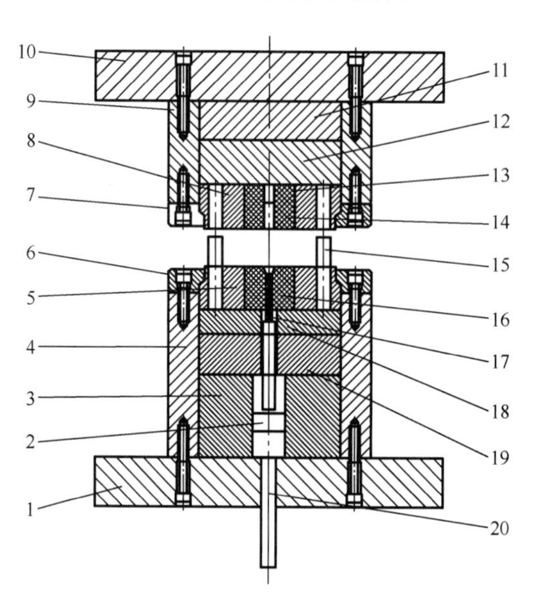

1—下模板；2—顶杆；3—下模衬垫；4—下模座；5—凹模外套；6—下模压板；
7—上模压板；8—上模外套；9—上模座；10—上模板；11—上模垫块；12—上模承载垫；
13—上模芯垫；14—上模芯；15—小导柱；16—凹模芯；17—顶料杆；
18—下模承载垫；19—下模垫块；20—顶杆。

图 4.16 小直齿锥齿轮冷挤压成形模具的结构

小直齿锥齿轮冷挤压成形模具结构具有如下特点。

(1) 采用预应力组合凹模，如图 4.17 所示。预应力组合凹模由凹模芯和凹模外套组成，采用圆锥面冷压配的方式将过盈配合的凹模芯和凹模外套压配组装在一起。

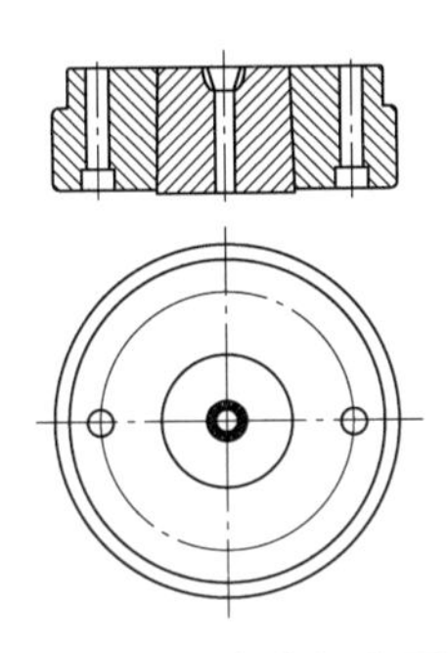

图4.17　预应力组合凹模

(2) 通过上模芯的 2－ϕ12 内孔、插入凹模外套中的 2－ϕ12 小导柱之间的间隙配合进行导向。

图 4.18 所示为小直齿锥齿轮冷挤压成形模具中关键模具零件的零件图。

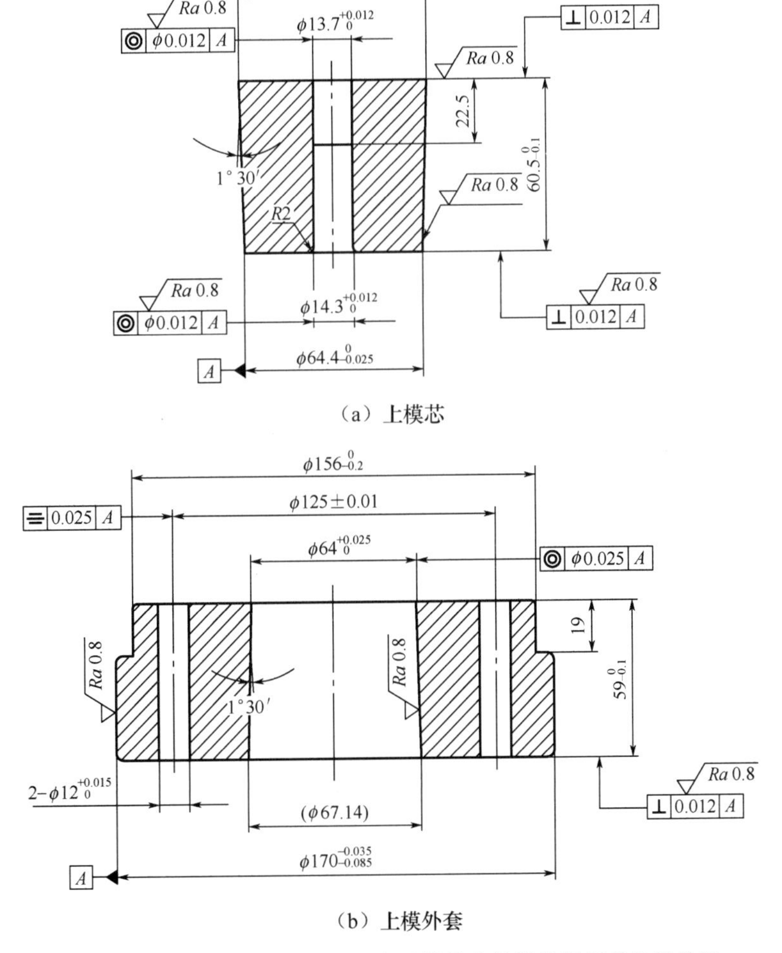

(a) 上模芯

(b) 上模外套

图4.18　小直齿锥齿轮冷挤压成形模具中关键模具零件的零件图

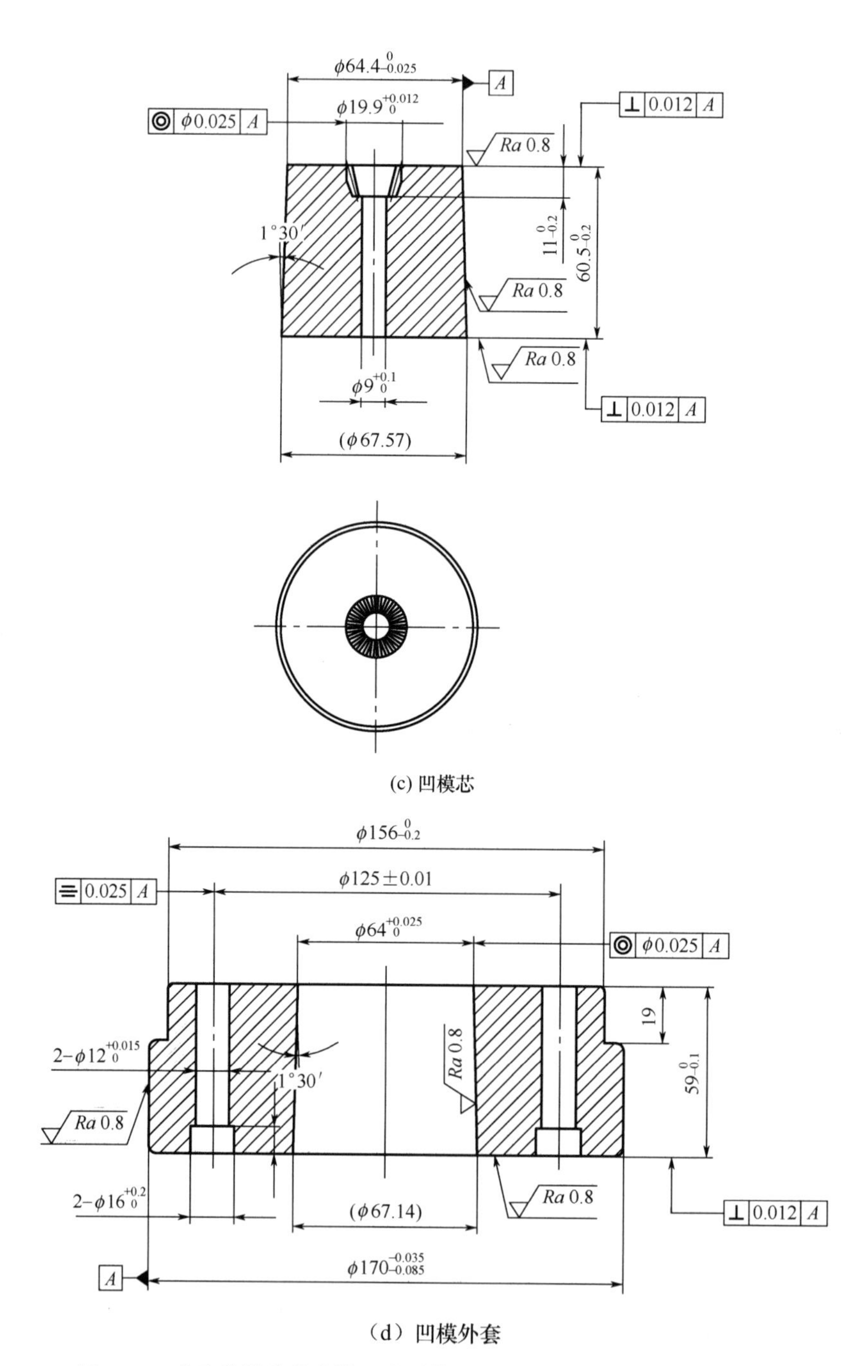

(c) 凹模芯

（d）凹模外套

图 4.18 小直齿锥齿轮冷挤压成形模具中关键模具零件的零件图（续）

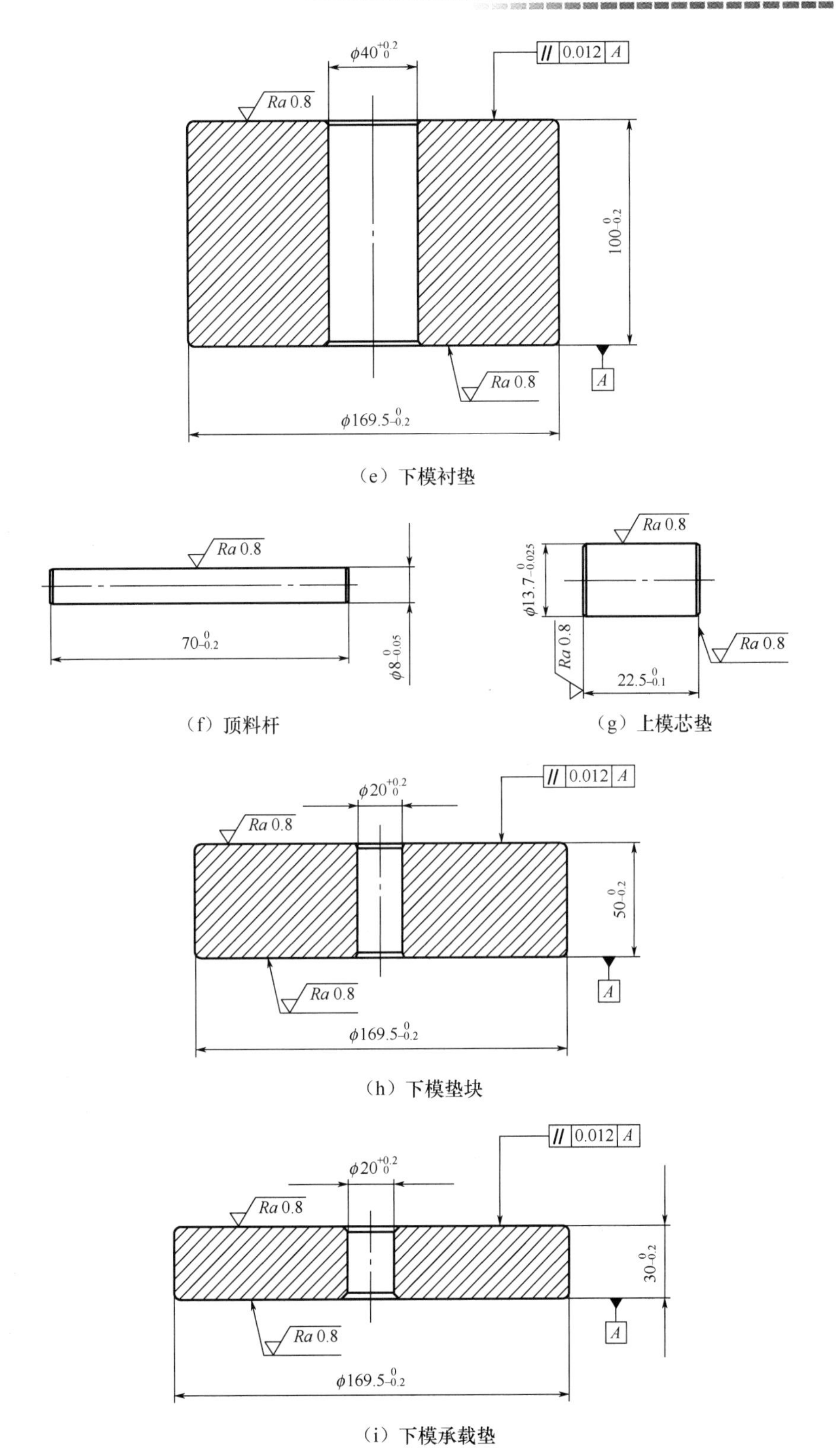

图 4.18 小直齿锥齿轮冷挤压成形模具中关键模具零件的零件图（续）

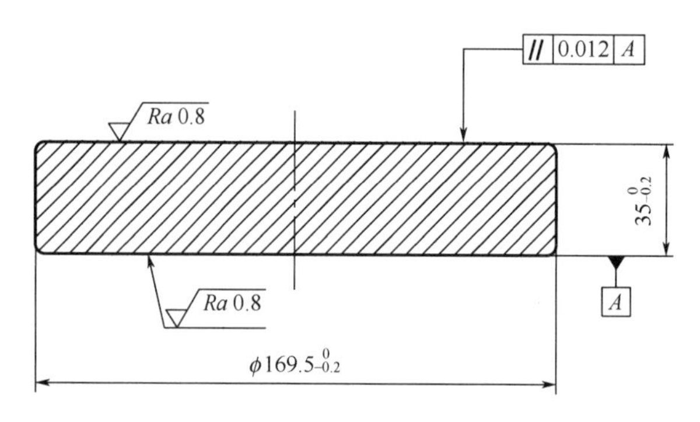

（j）上模垫块

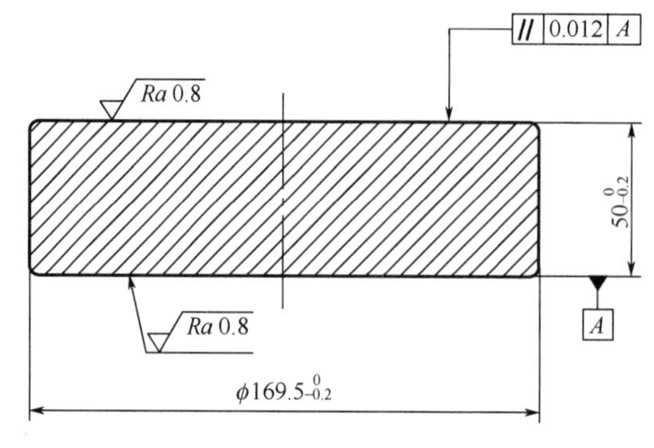

（k）上模承载垫

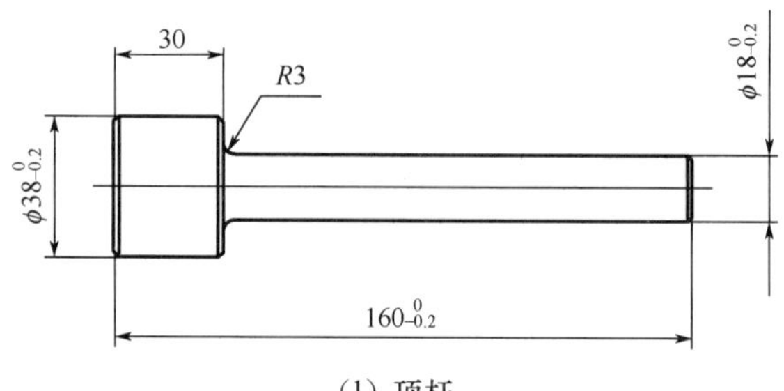

（l）顶杆

图 4.18　小直齿锥齿轮冷挤压成形模具中关键模具零件的零件图（续）

表 4－7 所示为小直齿锥齿轮冷挤压成形模具中关键模具零件的材料牌号及热处理硬度。

表 4－7　小直齿锥齿轮冷挤压成形模具中关键模具零件的材料牌号及热处理硬度

序号	模具零件	材料牌号	热处理硬度/HRC
1	顶杆	Cr12MoV	54～58
2	上模承载垫	H13	44～48
3	上模垫块	45	32～38
4	下模承载垫	H13	44～48
5	下模垫块	45	32～38

续表

序号	模具零件	材料牌号	热处理硬度/HRC
6	上模芯垫	Cr12MoV	54～58
7	顶料杆	Cr12MoV	54～58
8	下模衬垫	45	32～38
9	凹模外套	45	32～38
10	凹模芯	LD	56～60
11	上模外套	45	32～38
12	上模芯	LD	56～60

4.3 大直齿锥齿轮的冷摆辗成形工艺与模具

图 4.19 所示是某植保机用大直齿锥齿轮的零件简图。该大直齿锥齿轮的材料为 16MnCr5。

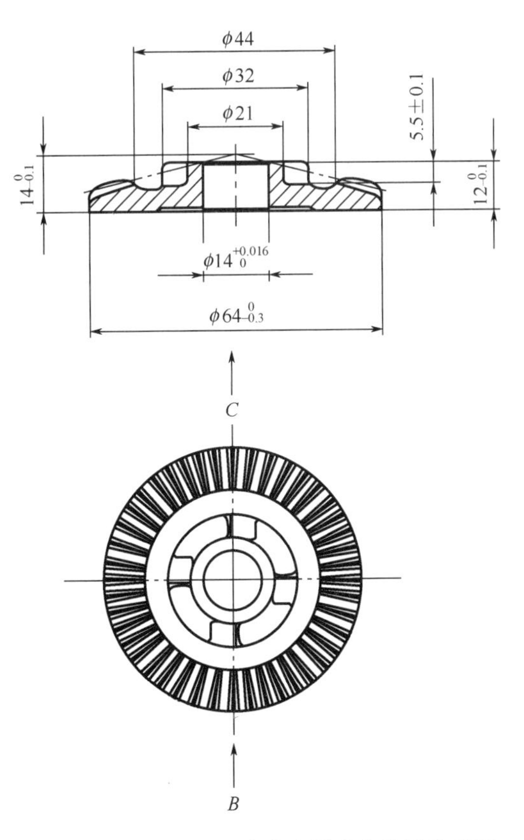

图 4.19 某植保机用大直齿锥齿轮的零件简图

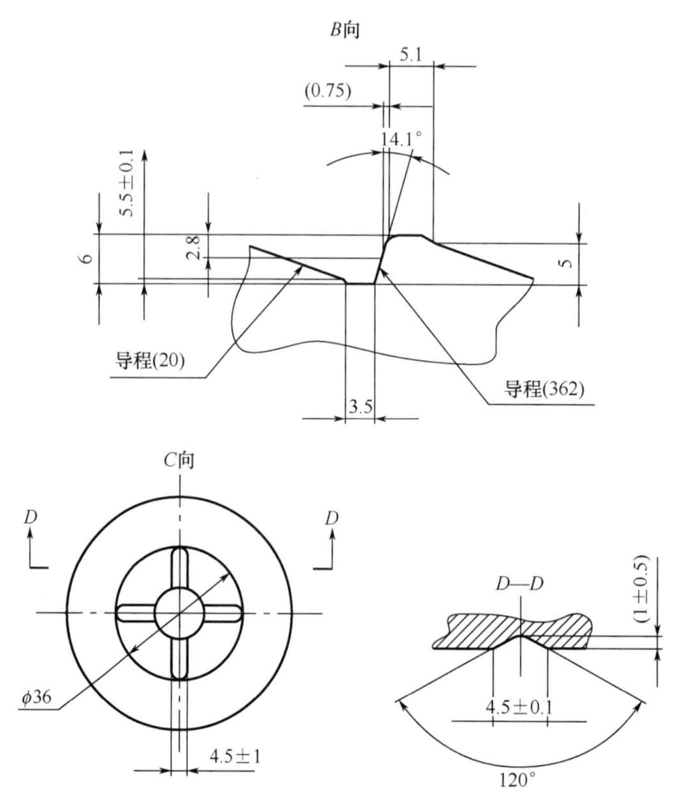

图 4.19　某植保机用大直齿锥齿轮的零件简图（续）

表 4-8 所示为大直齿锥齿轮的齿形参数。

表 4-8　大直齿锥齿轮的齿形参数

参　　数	数　　值
齿数	44
压力角/°	20
分圆直径/mm	18.013
分锥角/°	74.75
齿顶高/mm	0.861
齿根高/mm	2.422
根锥角/°	76.65
面锥角/°	71.7
全齿高/mm	3.333

既具有梯形端面齿形又具有大直齿锥齿轮齿形的薄盘类复杂形状零件适合采用冷摆辗成形工艺生产。可采用冷摆辗成形工艺生产图 4.19 所示的大直齿锥齿轮。图 4.20 所示为大直齿锥齿轮的冷摆辗件图。

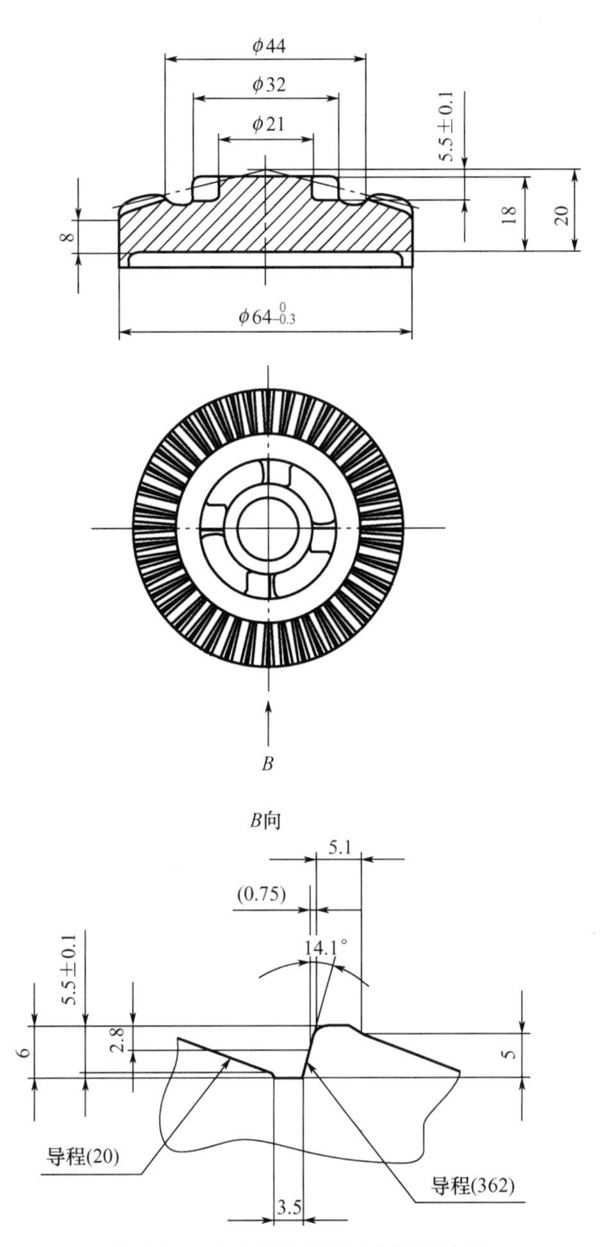

图 4.20　大直齿锥齿轮的冷摆辗件图

4.3.1　冷摆辗成形工艺流程

1. 坯件的制备

先在带锯床上将直径 ϕ65mm 的 16MnCr5 圆棒料锯切成下料件，如图 4.21 所示；再在车床上对下料件进行外圆、两端面的粗车加工，制成图 4.22 所示的粗车坯件。

2. 粗车坯件的软化退火处理

在大型井式光亮退火炉内对粗车坯件进行软化退火处理，其规范如下：加热温度为

860℃±20℃，保温时间为240～300min，炉冷；将软化退火后的粗车坯件硬度控制在120～140HB。

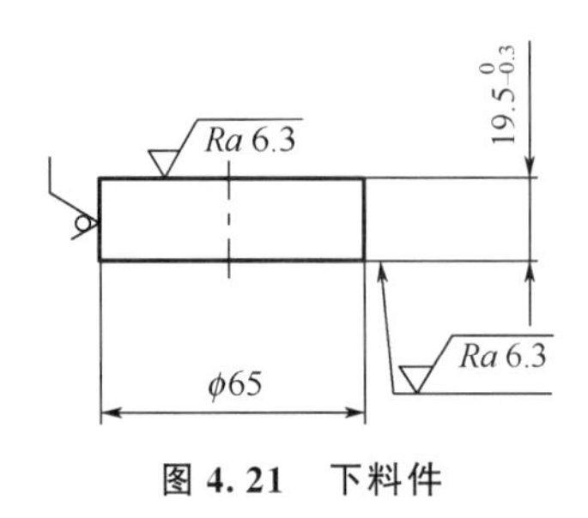

图4.21　下料件

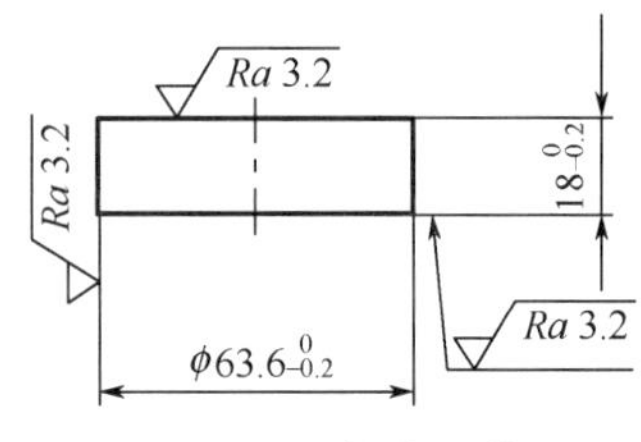

图4.22　粗车坯件

3. 磷化处理

在磷化生产线上对软化退火处理后的粗车坯件进行磷化处理，使粗车坯件表面覆盖一层致密的多孔磷酸盐膜层。

4. 表面润滑处理

以 MoS_2 和少许机油为润滑剂，将磷化处理后的粗车坯件倒入盛有润滑剂的振荡容器；振荡容器振荡5～8min后，MoS_2 进入粗车坯件表面的多孔磷酸盐膜层，使粗车坯件表面在随后的冷摆辗成形过程中起到良好的润滑作用。

5. 冷摆辗成形

将表面润滑处理后的粗车坯件放入冷摆辗成形模具的凹模型腔，随着摆头的摆动和摆辗机滑块的向上运动，冷摆辗成形出图4.20所示的冷摆辗件。

图4.23所示为大直齿锥齿轮的冷摆辗件实物。

图4.23　大直齿锥齿轮的冷摆辗件实物

4.3.2　冷摆辗成形模具结构

由图4.19可知，大直齿锥齿轮是一种既具有梯形端面齿又具有大直齿锥齿形的薄盘类复杂形状零件，冷摆辗成形的主要目的是摆辗成形大直齿锥齿轮的轮齿及梯形端面齿。

图 4.24 所示为大直齿锥齿轮冷摆辗成形模具的结构。

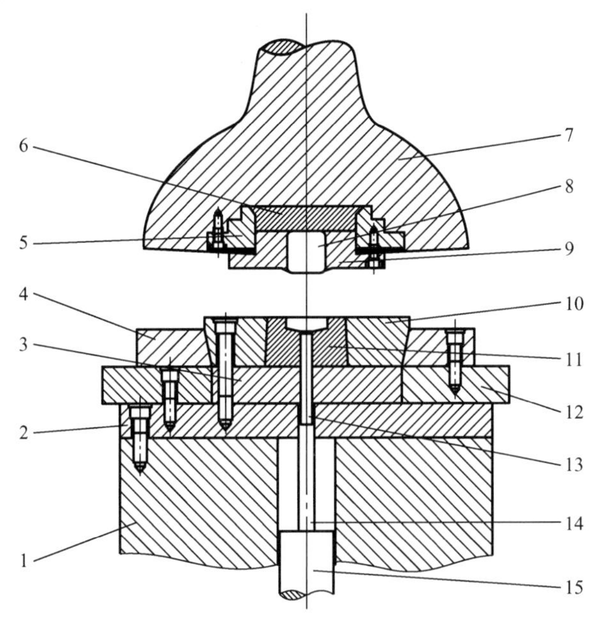

1—摆辗机滑块；2—下模板；3—凹模承载垫；4—下模座；5—上模座；6—上模承载垫；7—摆辗机球头座；8—摆头；9—摆头外套；10—凹模外套；11—凹模芯；12—下模衬垫圈；13—顶料杆；14—顶杆；15—摆辗机顶出器。

图 4.24 大直齿锥齿轮冷摆辗成形模具的结构

图 4.25 所示为大直齿锥齿轮冷摆辗成形模具中关键模具零件的零件图。

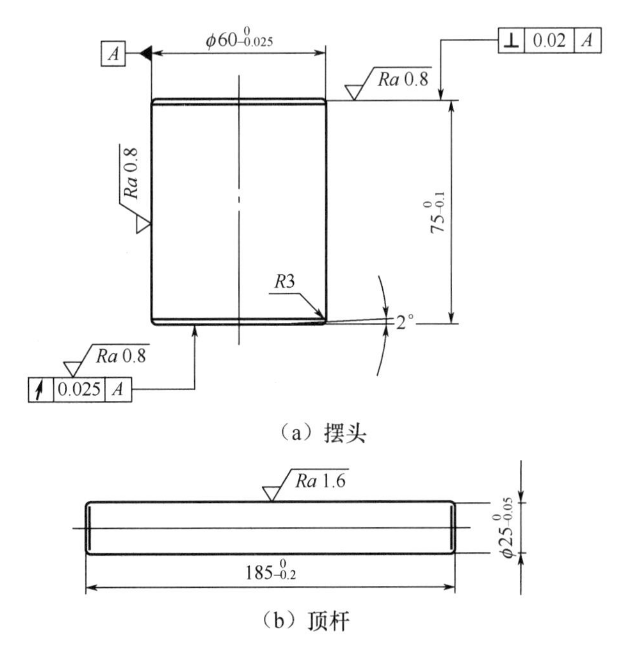

(a) 摆头

(b) 顶杆

图 4.25 大直齿锥齿轮冷摆辗成形模具中关键模具零件的零件图

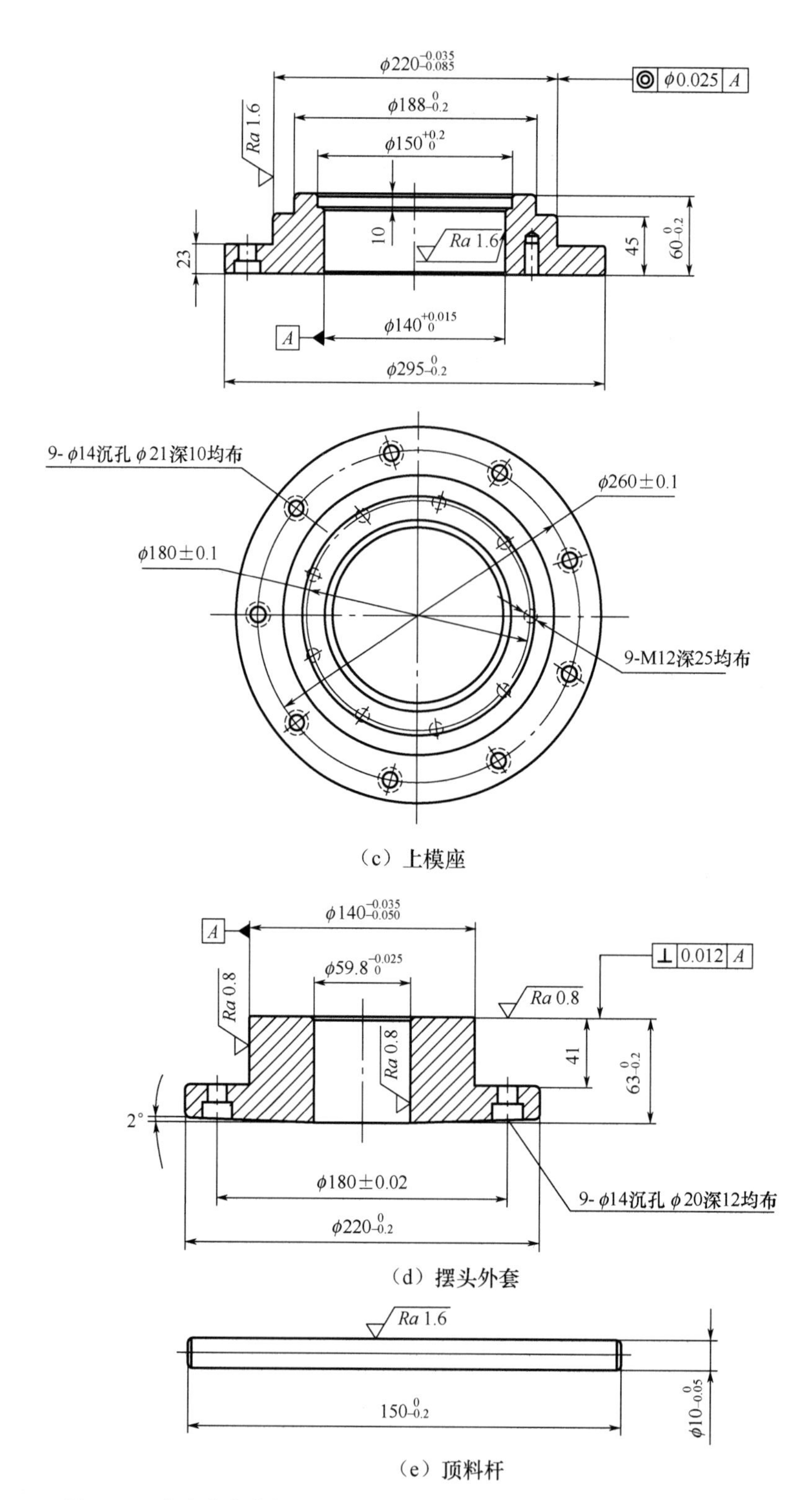

图 4.25 大直齿锥齿轮冷摆辗成形模具中关键模具零件的零件图（续）

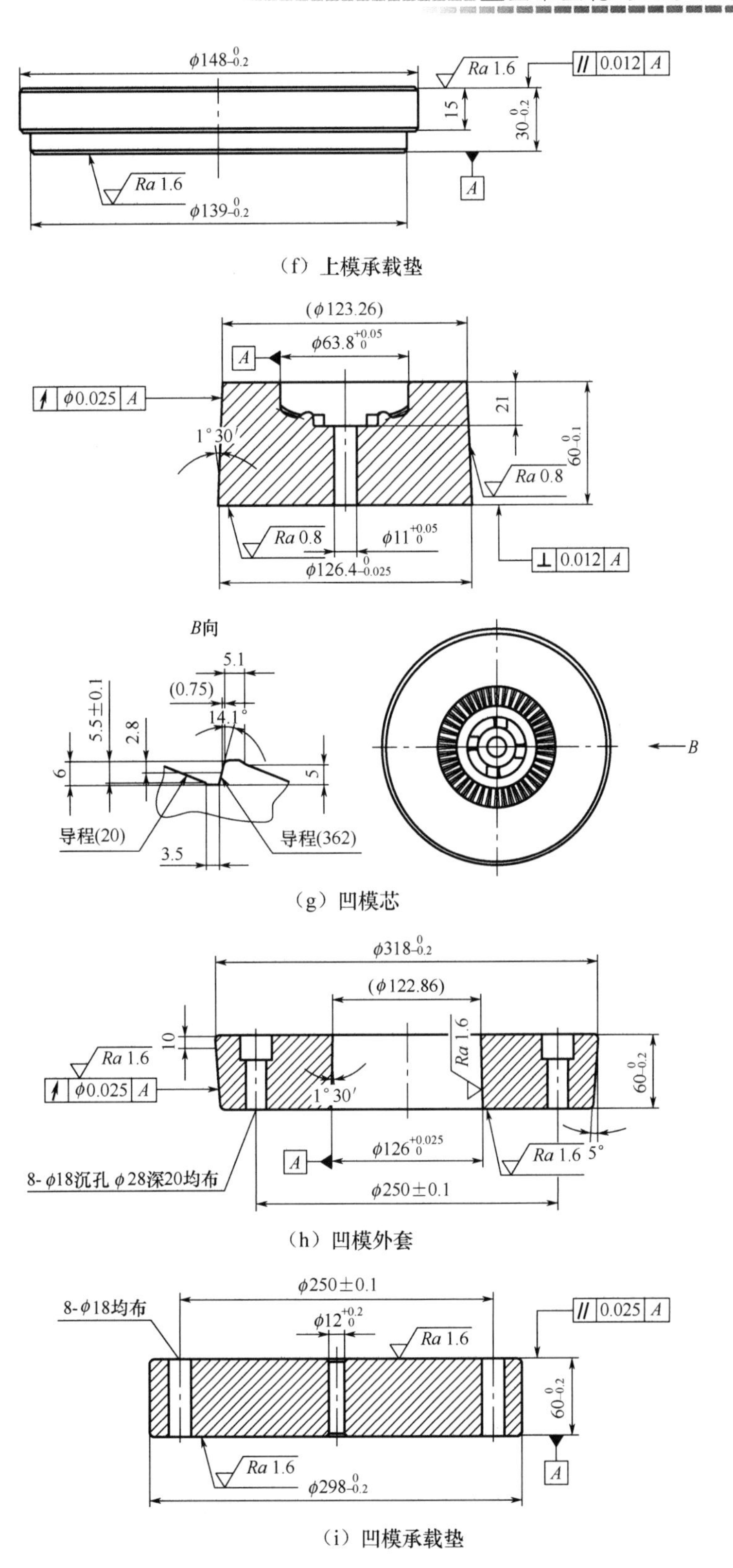

（f）上模承载垫

（g）凹模芯

（h）凹模外套

（i）凹模承载垫

图 4.25　大直齿锥齿轮冷摆辗成形模具中关键模具零件的零件图（续）

表 4－9 所示为大直齿锥齿轮冷摆辗成形模具中关键模具零件的材料牌号及热处理硬度。

表 4－9　大直齿锥齿轮冷摆辗成形模具中关键模具零件的材料牌号及热处理硬度

序号	模具零件	材料牌号	热处理硬度/HRC
1	凹模承载垫	H13	44～48
2	凹模外套	45	32～38
3	凹模芯	LD	56～60
4	上模承载垫	H13	44～48
5	顶料杆	W6Mo5Cr4V2	56～60
6	上模座	45	38～42
7	顶杆	Cr12MoV	54～58
8	摆头外套	45	32～38
9	摆头	Cr12MoV	56～60

第5章 直线形齿轮的近净锻造成形

5.1 矩形内花键套的冷挤压成形工艺与模具

图 5.1 所示为某重型汽车分动器啮合套的零件简图。该啮合套的材料为 20CrMnTi。

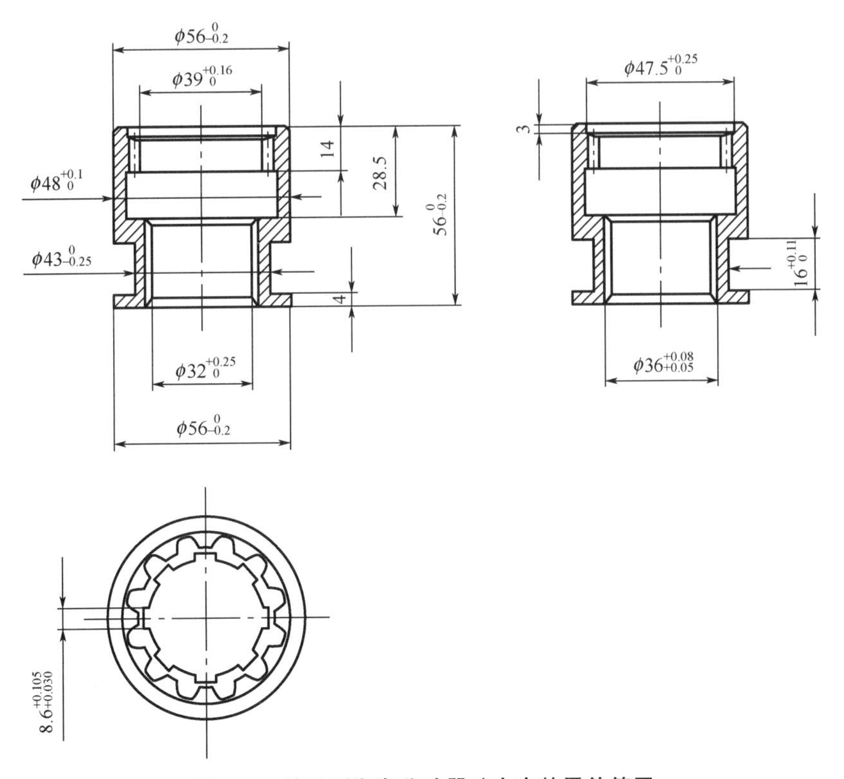

图 5.1 某重型汽车分动器啮合套的零件简图

对于具有矩形内花键的套类零件，可采用圆筒形坯料经冷挤压成形方法生产。图 5.2 所示为啮合套的冷挤压件图。

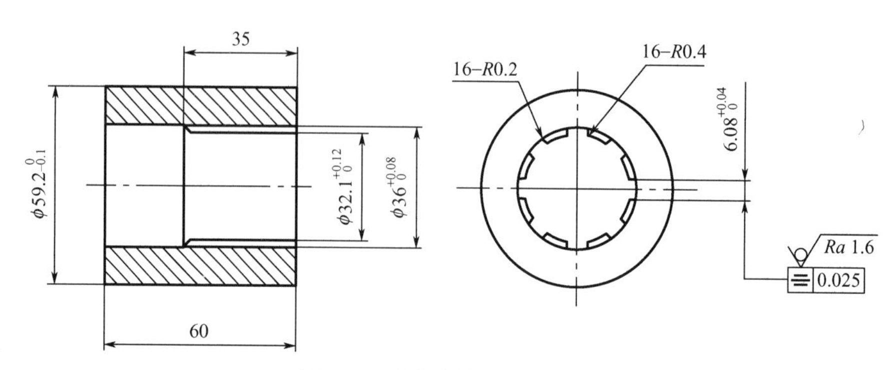

图 5.2　啮合套的冷挤压件图

5.1.1　冷挤压成形工艺流程

1. 坯料的制备

先在带锯床上将外径 φ60mm、壁厚为 15mm 的 20CrMnTi 厚壁无缝钢管锯切成长度为 60mm 的下料件，如图 5.3 所示；再在车床上将下料件车削加工成图 5.4 所示的坯料。

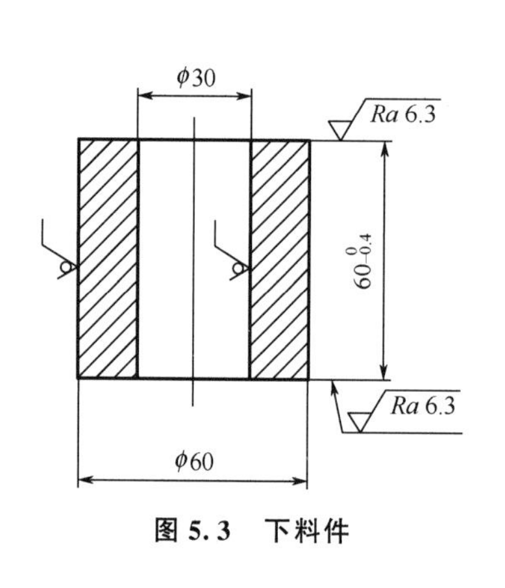

图 5.3　下料件

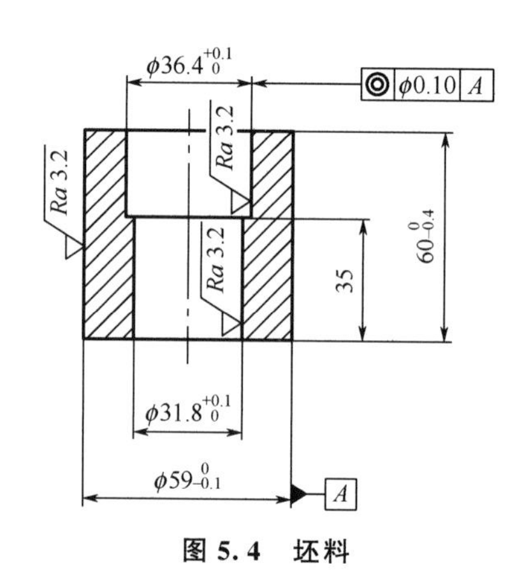

图 5.4　坯料

2. 坯料的软化退火处理

在大型井式光亮退火炉内对坯料进行软化退火处理，其规范如下：加热温度为 860℃±20℃，保温时间为 240～280min，炉冷；将软化退火后的坯料硬度控制在 120～140HB。

3. 坯料的磷化处理

在磷化生产线上对软化退火处理后的坯件进行磷化处理，使坯料表面覆盖一层致密的多孔磷酸盐膜层。

4. 表面润滑处理

以 MoS_2 和少许机油为润滑剂，将磷化处理后的坯料倒入盛有润滑剂的振荡容器；振

荡容器振荡5～8min后，MoS_2 进入坯料表面的多孔磷酸盐膜层，使坯料表面在随后的冷挤压成形过程中起到良好的润滑作用。

5. 冷挤压成形

将表面润滑处理后的坯料放入冷挤压成形模具的凹模型腔，随着冲头的向下运动，冷挤压出图5.2所示的冷挤压件。

图5.5所示为啮合套的冷挤压件实物。

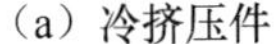

（a）冷挤压件　　（b）剖开后的冷挤压件

图5.5　啮合套的冷挤压件实物

5.1.2　啮合套冷挤压模具结构

图5.6所示为啮合套冷挤压成形模具的结构。

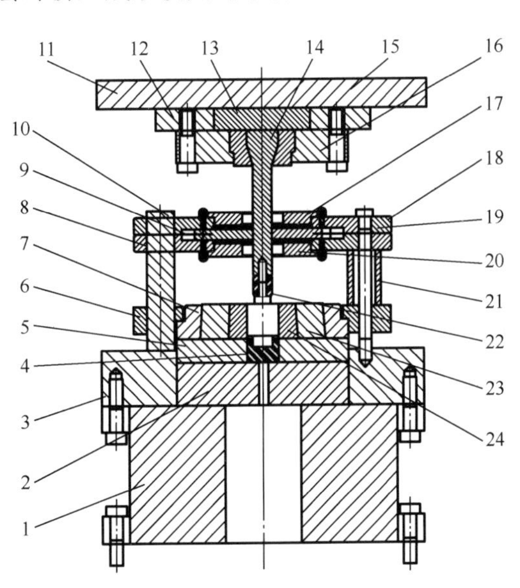

1—下模板；2—下模承载板；3—下模座；4—下模芯垫；5—下模衬垫；6—下模压板；7—下模外套；8—下卸料板；9—拉簧；10—导柱；11—上模板；12—上模垫圈；13—上模承载垫；14—冲头连接杆；15—冲头座套；16—上模座；17—上卸料盖板；18—上卸料板；19—（左、右）卸料刮板；20—下卸料盖板；21—卸料衬套；22—冲头；23—下模中套；24—下模芯。

图5.6　啮合套冷挤压成形模具的结构

图 5.7 所示为啮合套冷挤压成形模具中关键模具零件的零件图。

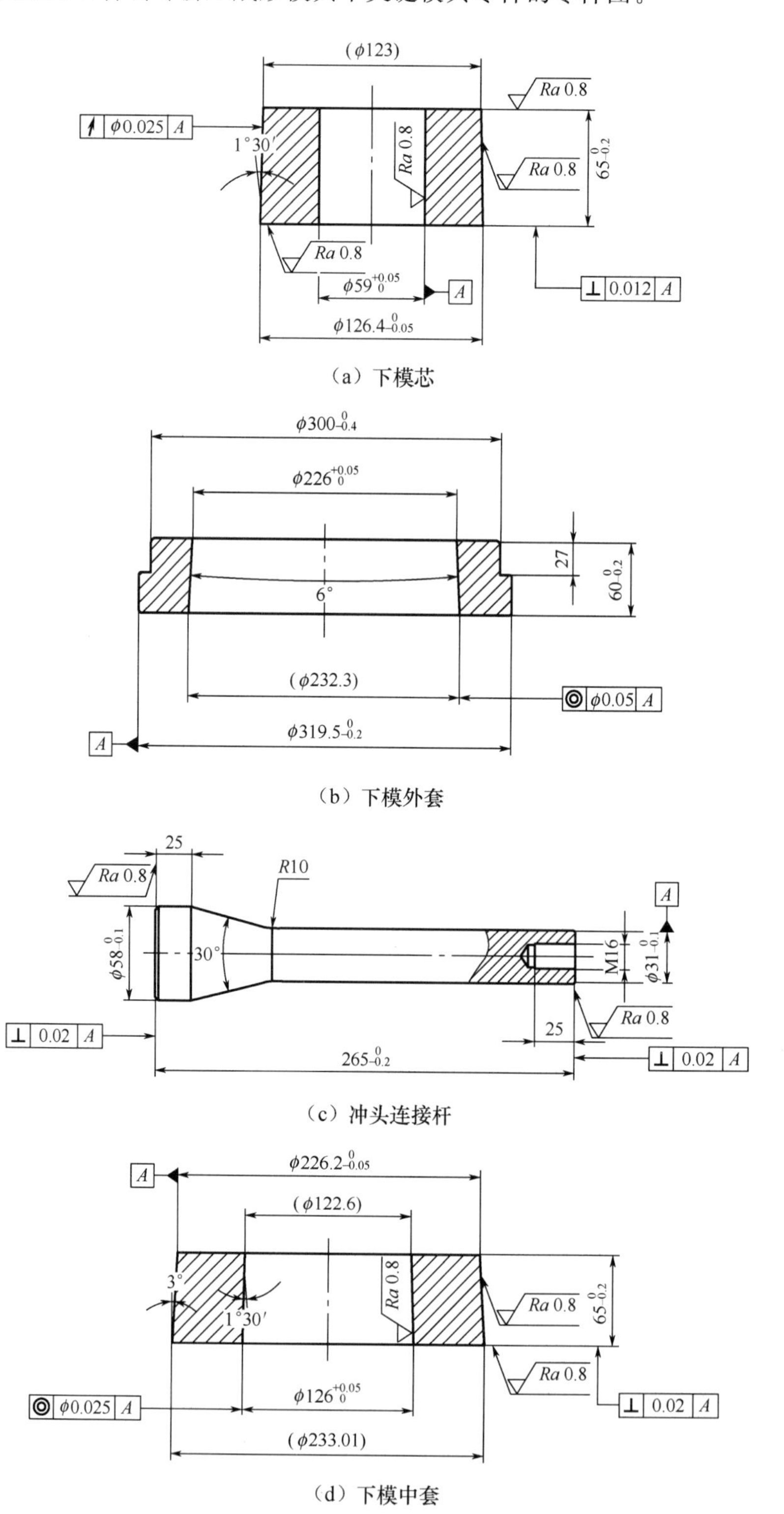

图 5.7　啮合套冷挤压成形模具中关键模具零件的零件图

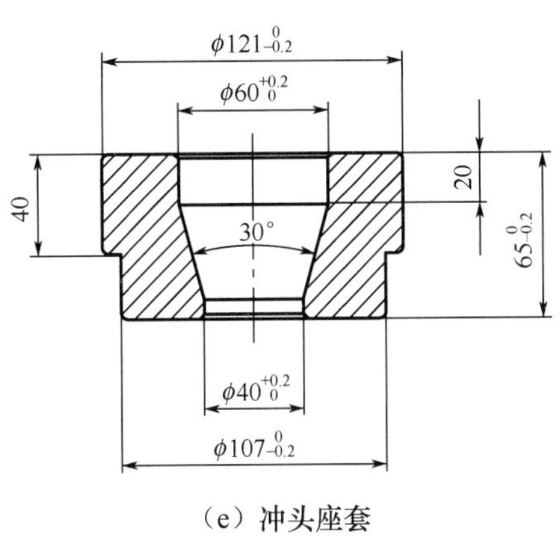

（e）冲头座套

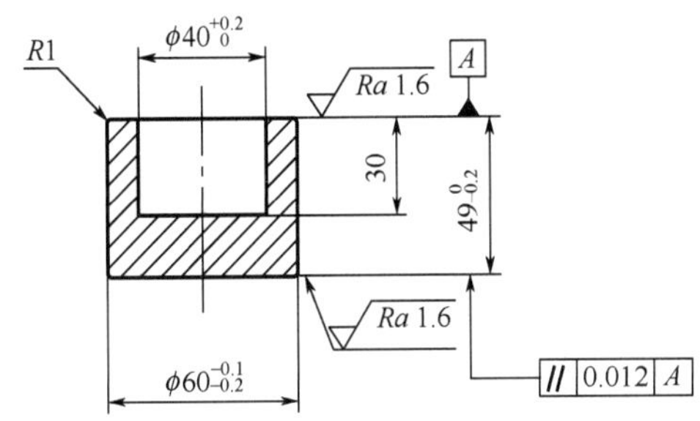

（f）下模芯垫

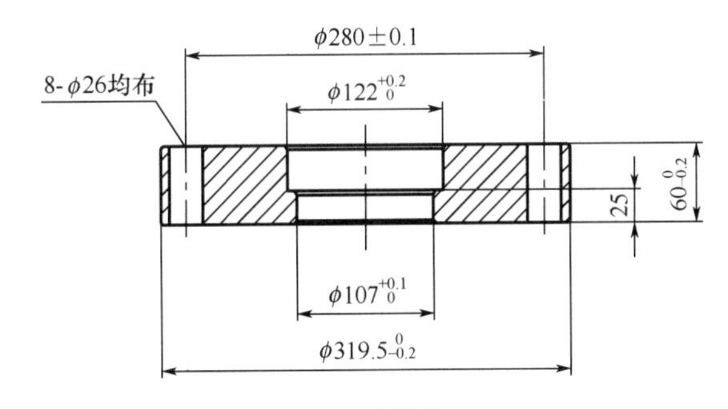

（g）上模座

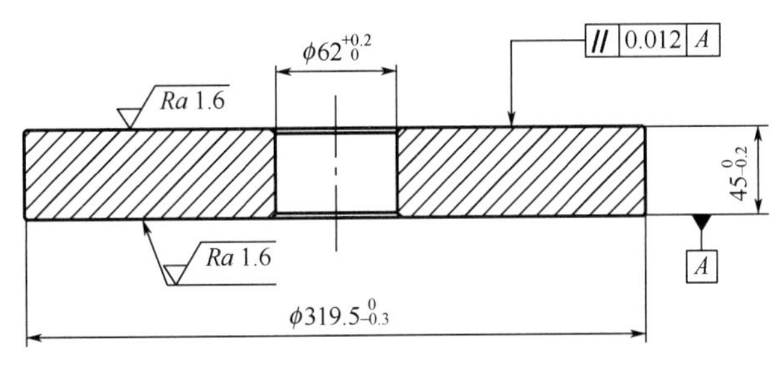

（h）下模衬垫

图 5.7　啮合套冷挤压成形模具中关键模具零件的零件图（续）

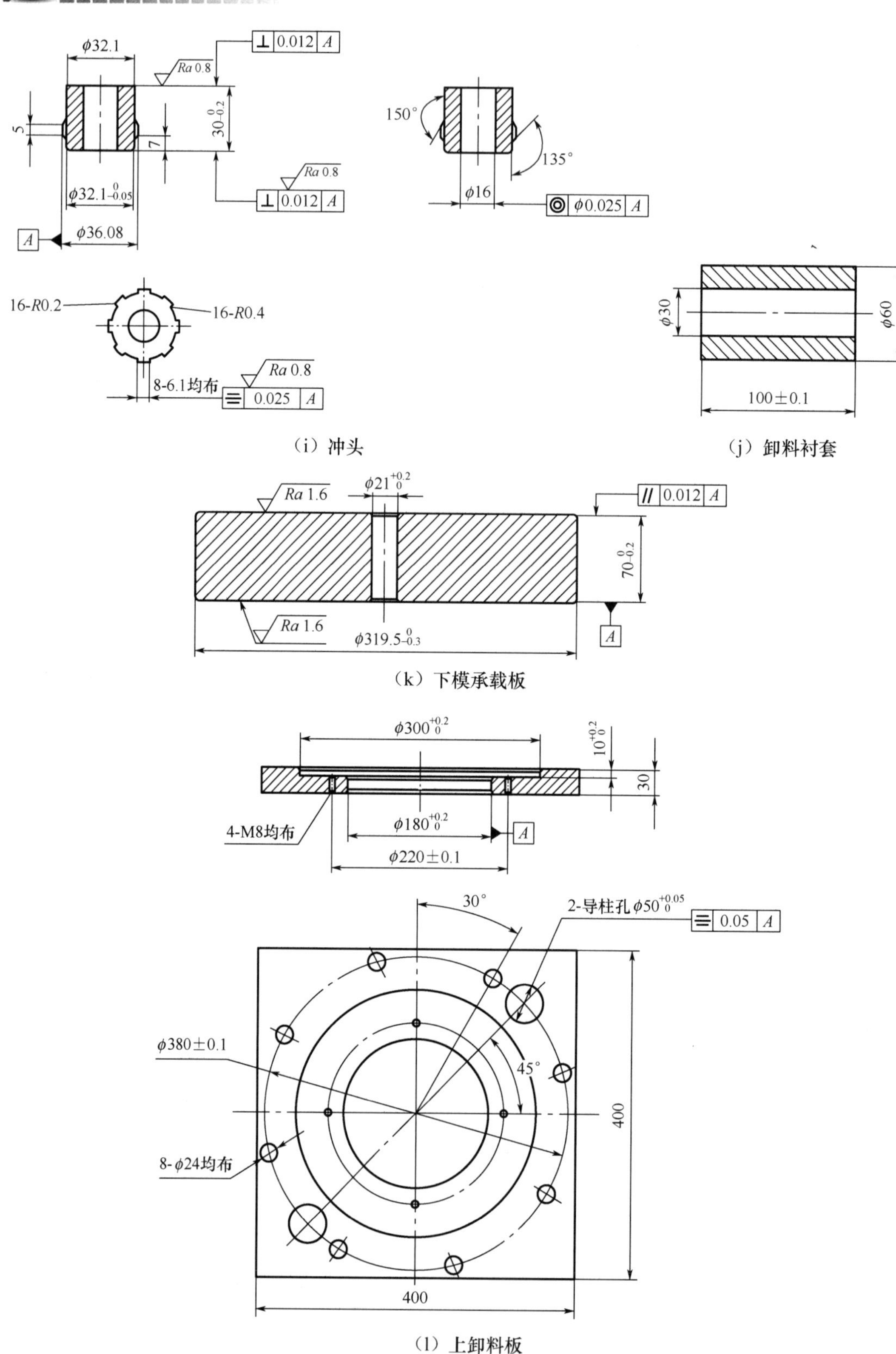

图 5.7 啮合套冷挤压成形模具中关键模具零件的零件图（续）

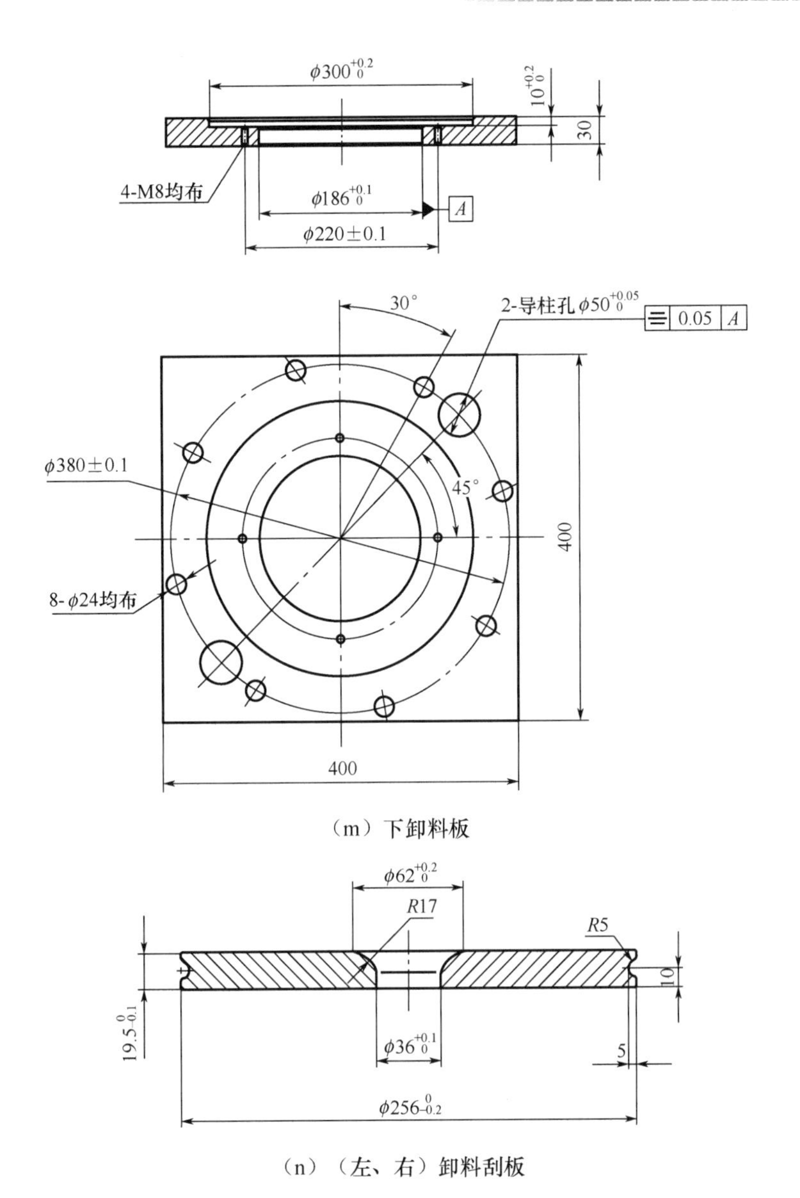

（m）下卸料板

（n）（左、右）卸料刮板

图5.7 啮合套冷挤压成形模具中关键模具零件的零件图（续）

啮合套冷挤压成形模具中关键模具零件的材料牌号及热处理硬度见表5-1。

表5-1 啮合套冷挤压成形模具中关键模具零件的材料牌号及热处理硬度

模具零件	材料牌号	热处理硬度/HRC
下卸料板	45	32～38
上卸料板	45	32～38
冲头	LD	56～60
卸料衬套	45	28～32
（左、右）卸料刮板	H13	44～48

续表

模具零件	材料牌号	热处理硬度/HRC
下模承载板	H13	44～48
下模衬垫	45	32～38
上模座	45	32～38
下模芯垫	Cr12MoV	54～58
冲头座套	45	28～32
下模中套	45	32～38
下模外套	45	32～38
冲头连接杆	H13	44～48
下模芯	LD	56～60

5.2 矩形外花键轴的近净锻造成形工艺与模具

图 5.8 所示为某摩托车发动机传动主轴的零件简图。该传动主轴的材料为 20CrMo。传动主轴渐开线外齿形的齿形参数见表 5-2。

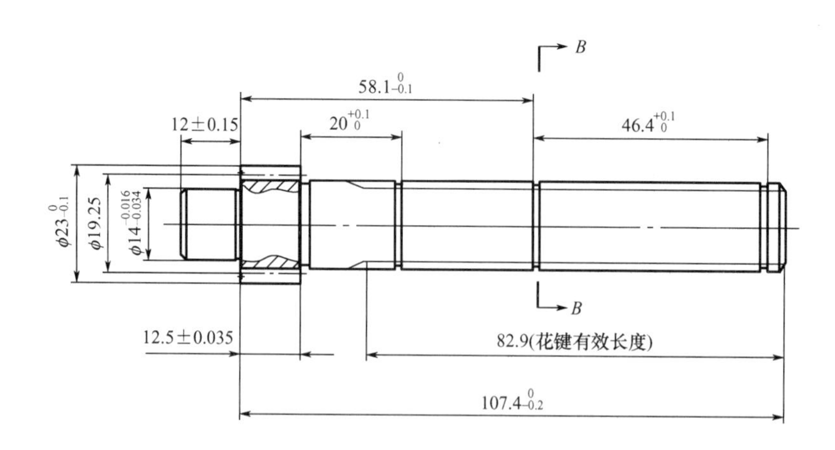

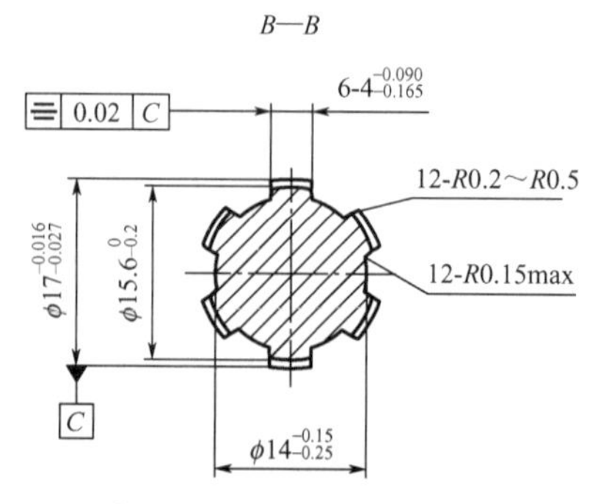

图 5.8　某摩托车发动机传动主轴的零件简图

表 5-2 传动主轴渐开线外齿形的齿形参数

参数	符号	数值
模数/mm	m	1.75
齿数	Z	11
压力角/°	α	20
变位系数	x	+0.4
齿顶圆直径/mm	D_a	22.9～23
齿根圆直径/mm	D_f	17.6
齿顶高系数	ha^*	1.0
顶隙系数	c^*	0.25
齿轮精度	7 级	
跨齿数	k	2
公法线长度/mm	W_k	8.545

对于具有渐开线外齿形和矩形外花键的阶梯轴类零件，可采用圆棒料经冷镦制坯+冷正挤压成形的近净锻造成形方法生产。为了保证渐开线外齿形和矩形外花键的同轴度要求，只对矩形外花键进行近净锻造成形，而后续采用滚齿加工方法加工渐开线外齿形。图 5.9 所示为传动主轴的精锻件图。

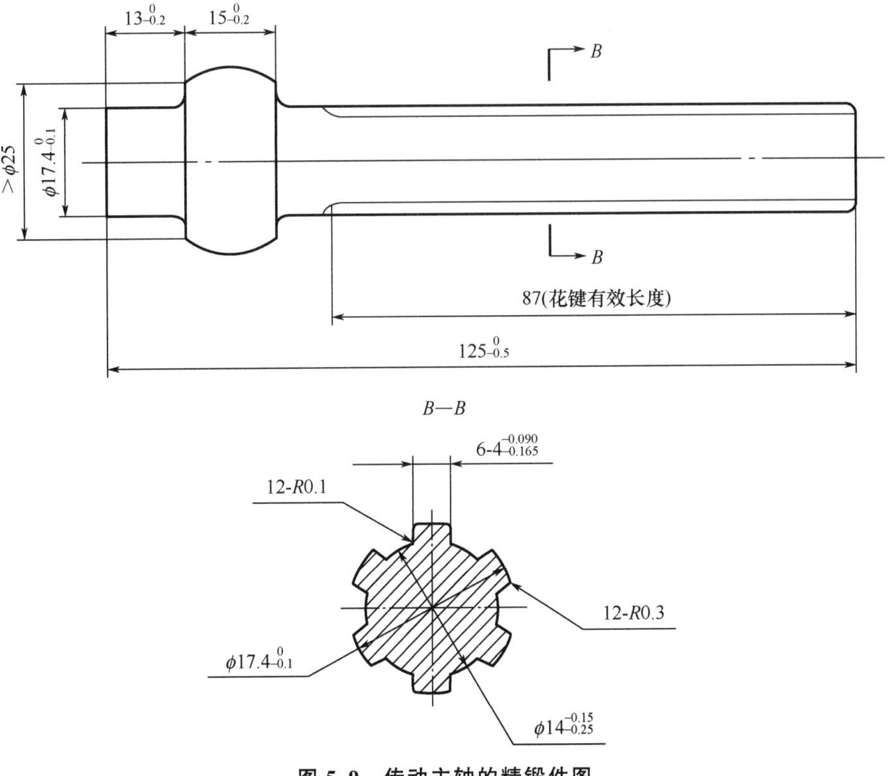

图 5.9 传动主轴的精锻件图

5.2.1 近净锻造成形工艺流程

1. 坯料的制备

先在带锯床上将直径 ϕ17mm 的 20CrMo 圆棒料锯切成长度为 140mm 的下料件，如图 5.10 所示；再在无芯磨床上将下料件磨削加工成图 5.11 所示的无芯磨坯件。

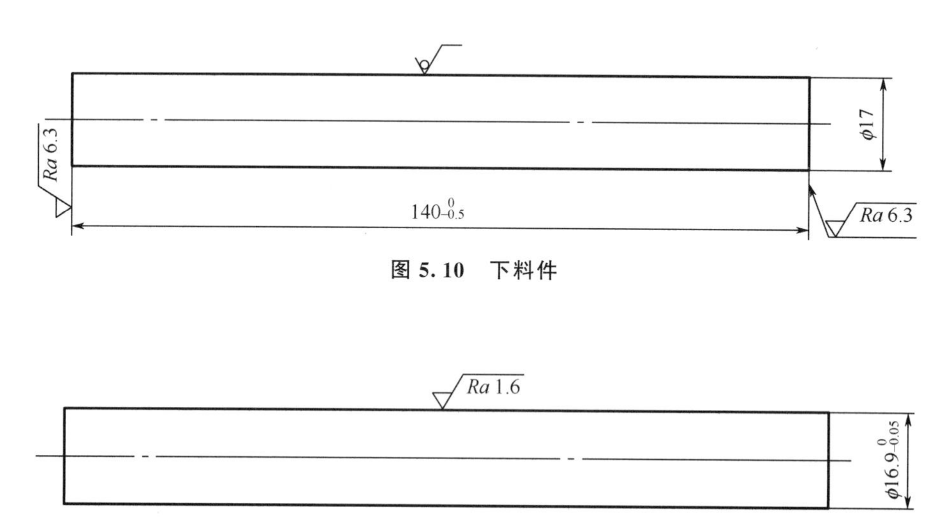

图 5.10 下料件

图 5.11 无芯磨坯件

2. 无芯磨坯件的软化退火处理

在大型井式光亮退火炉内对无芯磨坯件进行软化退火处理，其规范如下：加热温度为 860℃±20℃，保温时间为 240～280min，炉冷；将软化退火后的退火坯件硬度控制在 120～140HB。

3. 退火坯件的磷化处理

在磷化生产线上对软化退火处理后的退火坯件进行磷化处理，使退火坯件表面覆盖一层致密的多孔磷酸盐膜层，得到磷化坯件。

4. 磷化坯件的表面润滑处理

以 MoS_2 和少许机油为润滑剂，将磷化坯件倒入盛有润滑剂的振荡容器；振荡容器振荡 5～8min 后，MoS_2 进入磷化坯件表面的多孔磷酸盐膜层，使磷化坯件表面在随后的冷镦制坯过程中起到良好的润滑作用。

5. 冷镦制坯

将表面润滑处理后的磷化坯件放入冷镦制坯成形模具的凹模型腔，随着冲头的向下运动，冷镦成形出图 5.12 所示的冷镦坯件。

6. 冷正挤压成形

将冷镦坯件放入冷正挤压成形模具的凹模型腔，随着冲头的向下运动，冷正挤压成形出图 5.9 所示的精锻件。

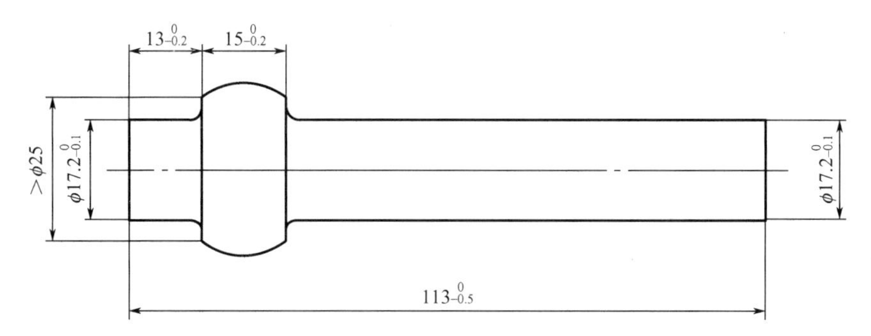

图 5.12　冷镦坯件

图 5.13 所示为传动主轴的精锻件实物（已加工中心孔）。

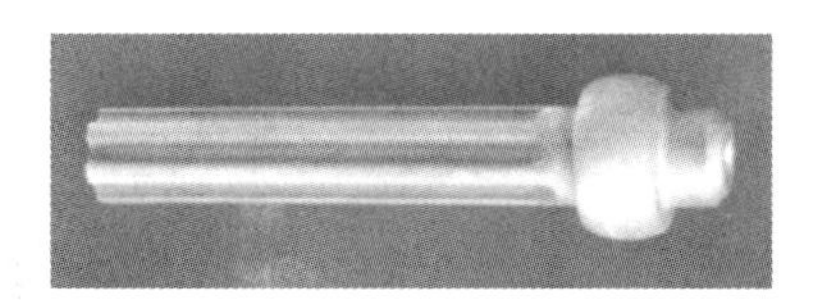

图 5.13　传动主轴的精锻件实物（已加工中心孔）

5.2.2　近净锻造成形模具

1. 冷镦制坯模具

图 5.14 所示为传动主轴冷镦制坯模具的结构。

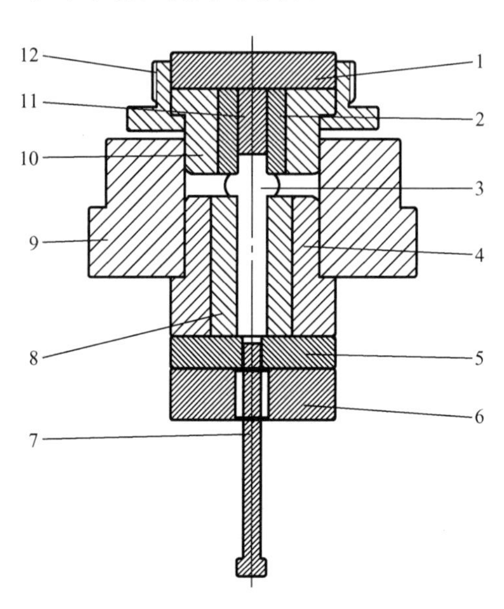

1—上模承载垫；2—上模芯；3—冷镦坯件；4—凹模外套；5—下模承载垫；6—下模衬垫；
7—顶料杆；8—凹模芯；9—定位套；10—上模外套；
11—上模芯块；12—上模紧固套。

图 5.14　传动主轴冷镦制坯模具的结构

图 5.15 所示为传动主轴冷镦制坯模具中关键模具零件的零件图。

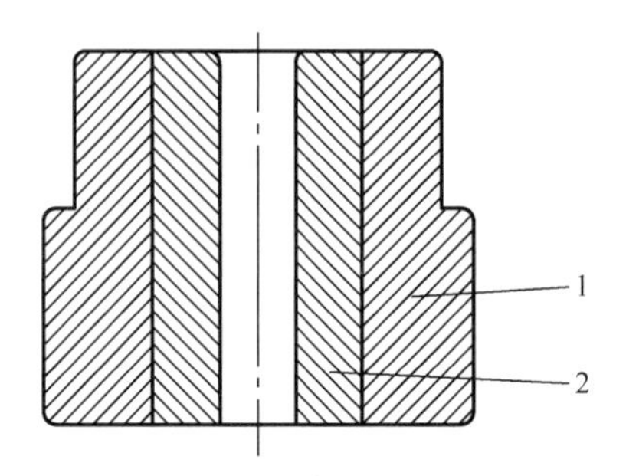

1—凹模外套；2—凹模芯。

（a）预应力组合凹模

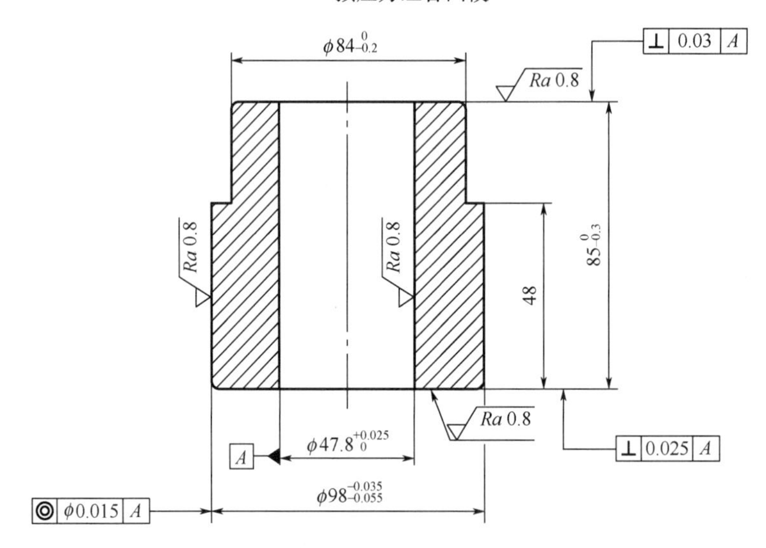

（b）凹模外套

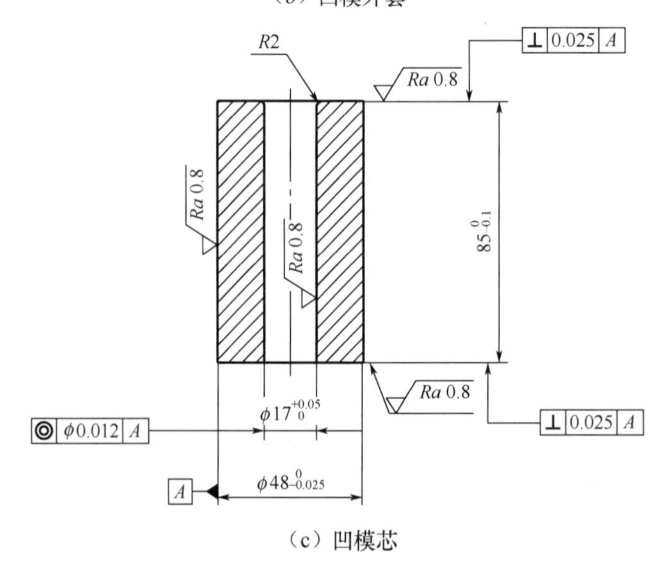

（c）凹模芯

图 5.15　传动主轴冷镦制坯模具中关键模具零件的零件图

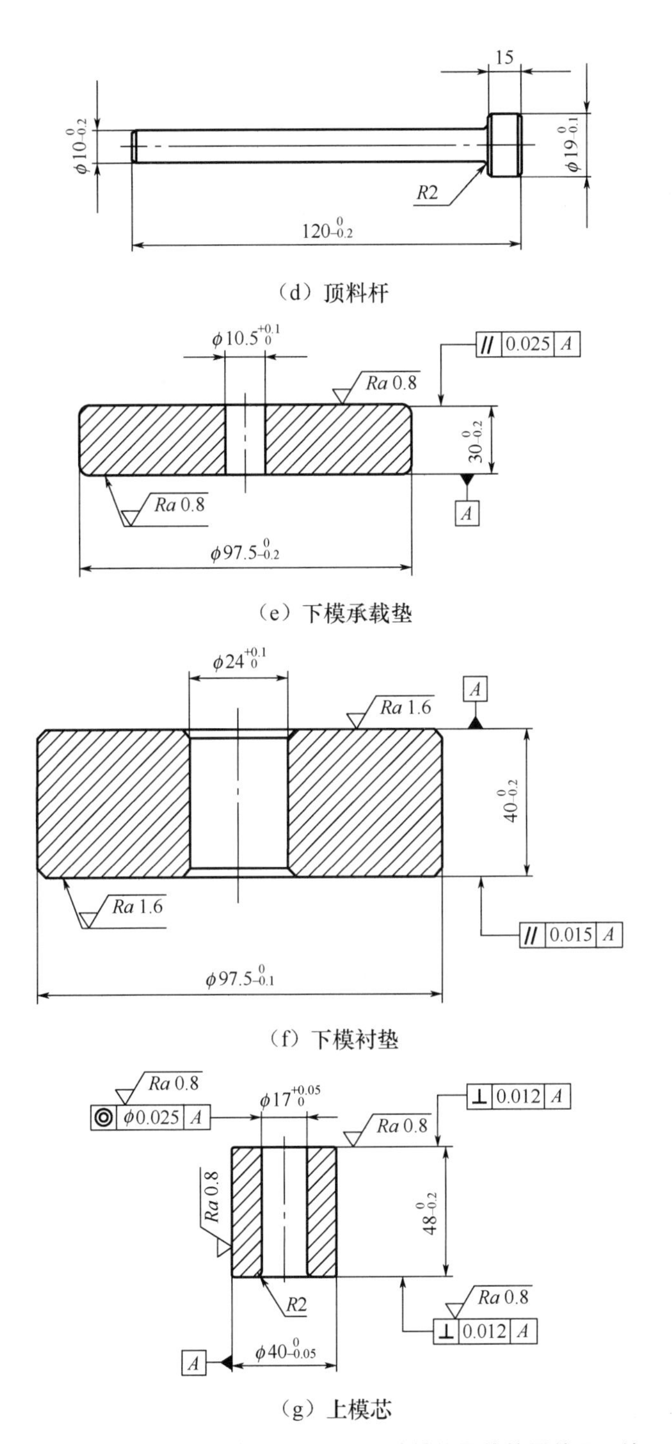

（d）顶料杆

（e）下模承载垫

（f）下模衬垫

（g）上模芯

图5.15　传动主轴冷镦制坯模具中关键模具零件的零件图（续）

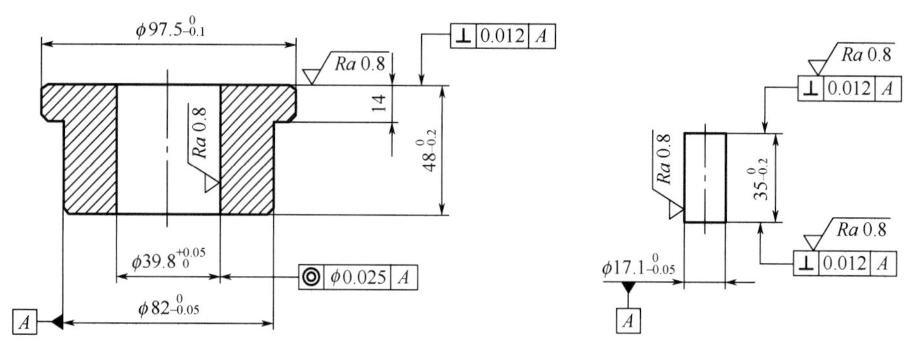

（h）上模外套　　（i）上模芯块

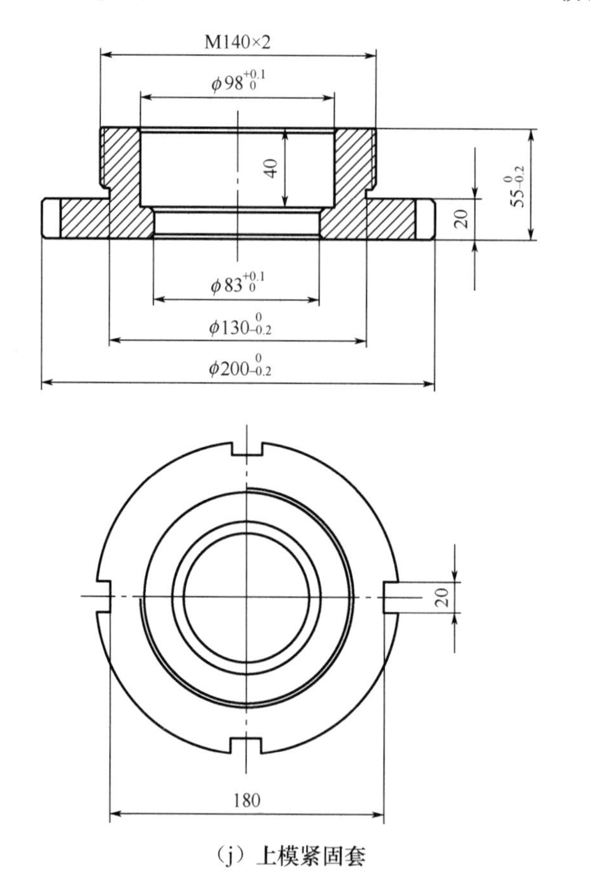

（j）上模紧固套

图 5.15　传动主轴冷镦制坯模具中关键模具零件的零件图（续）

传动主轴冷镦制坯模具中关键模具零件的材料牌号及热处理硬度见表 5－3。

表 5－3　传动主轴冷镦制坯模具中关键模具零件的材料牌号及热处理硬度

模具零件	材料牌号	热处理硬度/HRC
上模紧固套	45	32～38
上模芯块	Cr12MoV	56～60
上模外套	45	32～38

续表

模具零件	材料牌号	热处理硬度/HRC
上模芯	Cr12MoV	56～60
下模衬垫	45	44～48
下模承载垫	Cr12MoV	54～58
顶料杆	Cr12MoV	54～58
凹模芯	Cr12MoV	56～60
凹模外套	45	32～38

2. 冷正挤压成形模具

图 5.16 所示为传动主轴冷正挤压成形模具的结构。

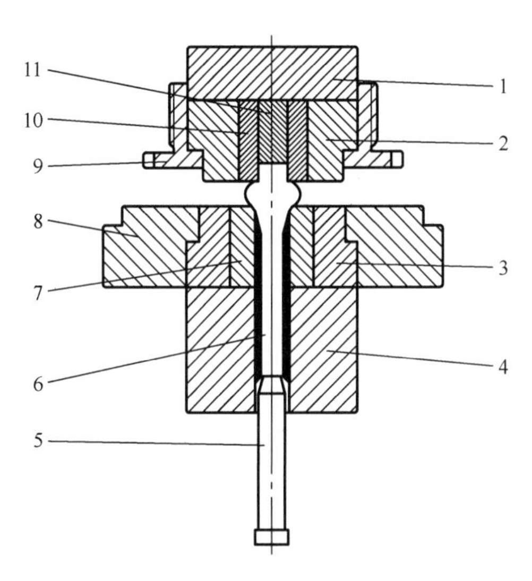

1—上模承载垫；2—上模外套；3—凹模外套；4—下模承载垫；
5—顶料杆；6—精锻件；7—凹模芯；8—下模紧固套；
9—上模紧固套；10—上模芯；11—上模芯垫。

图 5.16 传动主轴冷正挤压成形模具的结构

图 5.17 所示为传动主轴冷正挤压成形模具中关键模具零件的零件图。

传动主轴冷正挤压成形模具中关键模具零件的材料牌号及热处理硬度见表 5－4。

表 5－4 传动主轴冷正挤压成形模具中关键模具零件的材料牌号及热处理硬度

模具零件	材料牌号	热处理硬度/HRC
顶料杆	W6Mo5Cr4V2	60～62
下模承载垫	Cr12MoV	54～58
凹模外套	45	32～38
凹模芯	W6Mo5Cr4V2	60～62

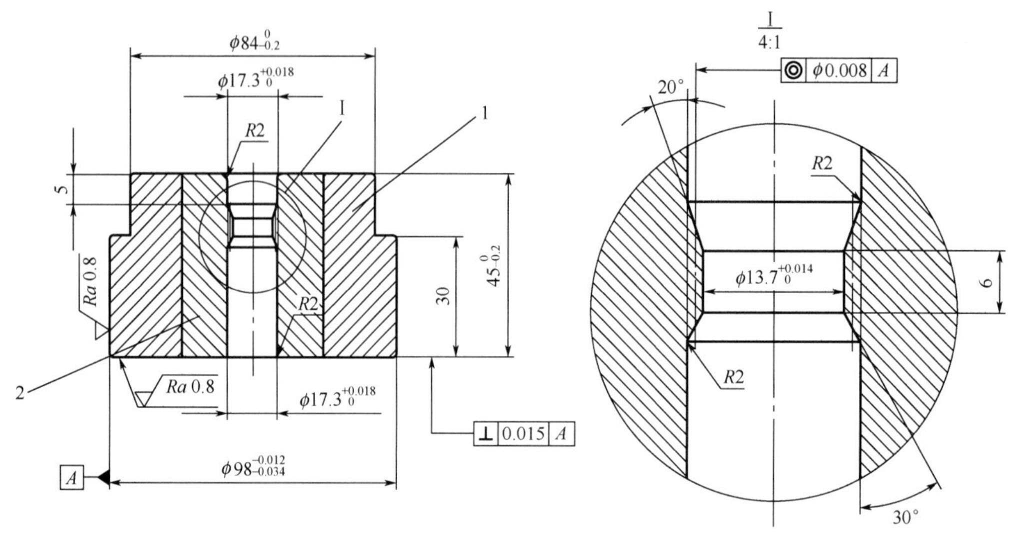

1—凹模外套；2—凹模芯。

（a）预应力组合凹模

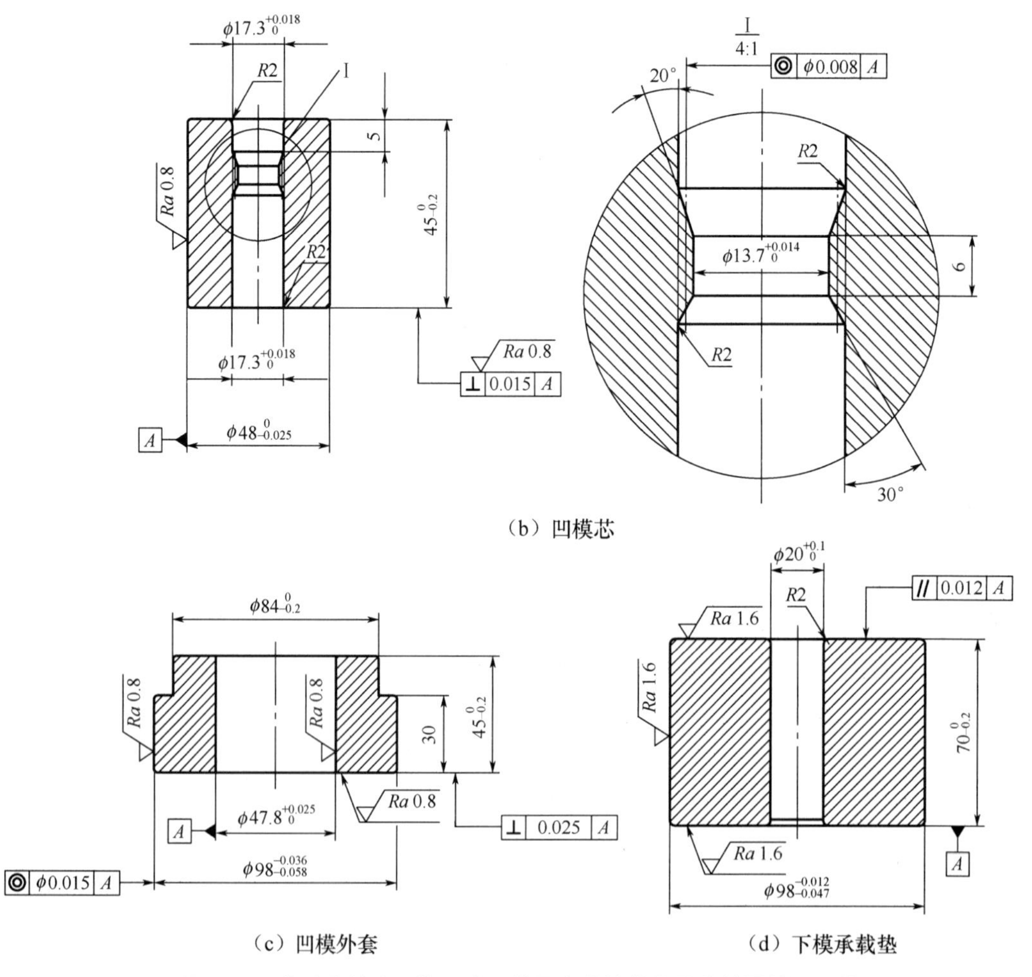

图 5.17　传动主轴冷正挤压成形模具中关键模具零件的零件图（续）

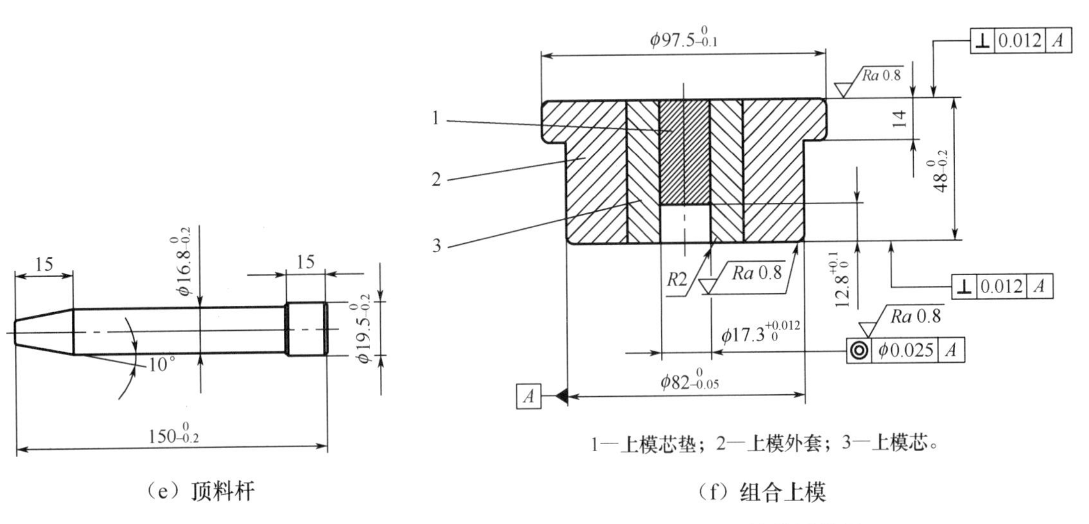

（e）顶料杆　　　　（f）组合上模

图 5.17　传动主轴冷正挤压成形模具中关键模具零件的零件图

5.3　三角形内花键套的近净锻造成形工艺与模具

图 5.18 所示为某仪器仪表输出轴的零件简图。该输出轴的材料为 20CrMnTi。

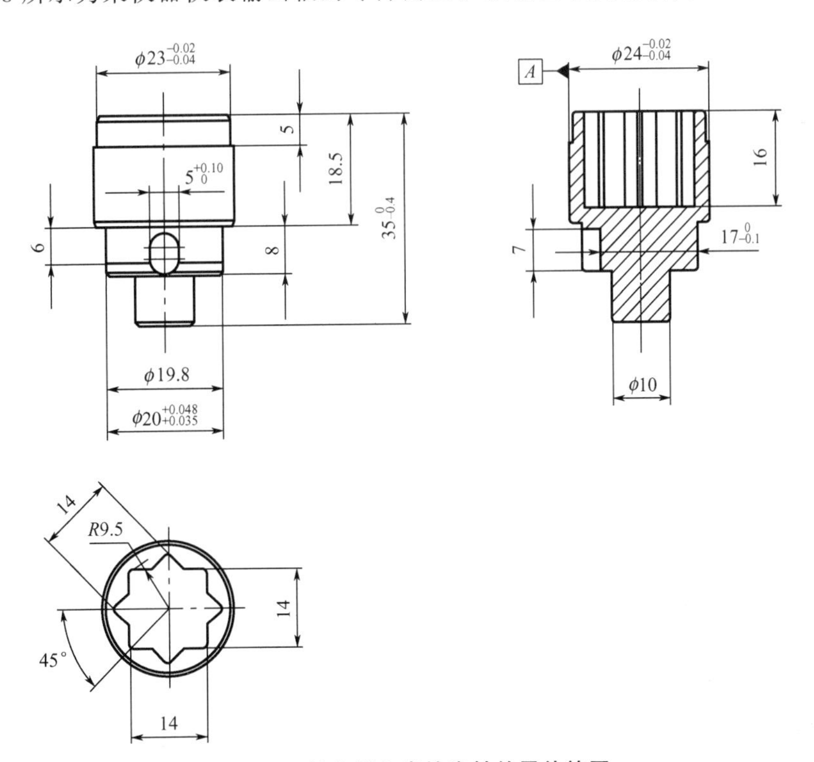

图 5.18　某仪器仪表输出轴的零件简图

对于具有三角形内花键的套类零件，可采用圆棒料经冷冲孔制坯＋冷反挤压成形的近净锻造成形方法生产。图 5.19 所示为输出轴的精锻件图。

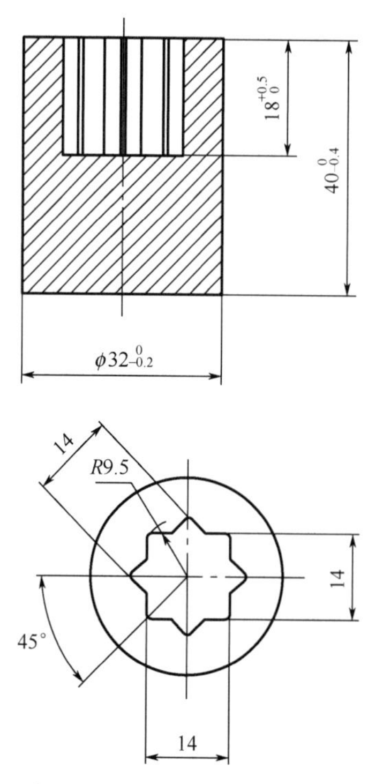

图 5.19　输出轴的精锻件图

5.3.1　近净锻造成形工艺流程

1. 坯料的制备

先在带锯床上将直径 ϕ32mm 的 20CrMnTi 圆棒料锯切成长度为 36mm 的下料件，如图 5.20 所示；再在无芯磨床上将下料件磨削加工成图 5.21 所示的无芯磨坯件。

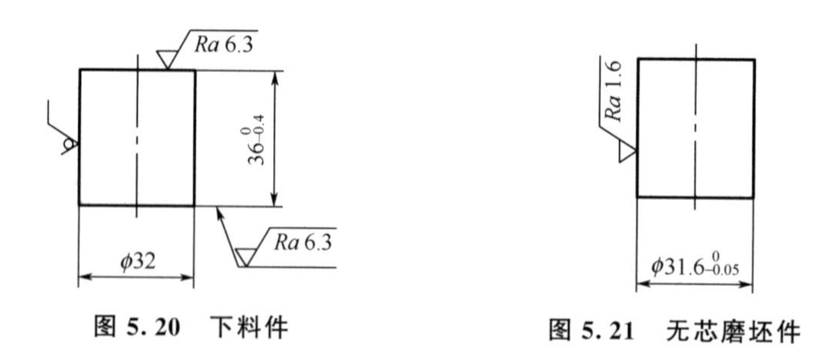

图 5.20　下料件　　　　图 5.21　无芯磨坯件

2. 无芯磨坯件的软化退火处理

在大型井式光亮退火炉内对无芯磨坯件进行软化退火处理，其规范如下：加热温度为 860℃±20℃，保温时间为 240～280min，炉冷；将软化退火后的退火坯件硬度控制在120～140HB。

3. 退火坯件的磷化处理

在磷化生产线上对软化退火处理后的退火坯件进行磷化处理，使退火坯件表面覆盖一层致密的多孔磷酸盐膜层，得到磷化坯件。

4. 磷化坯件的表面润滑处理

以 MoS_2 和少许机油为润滑剂，将磷化坯件倒入盛有润滑剂的振荡容器；振荡容器振荡 5～8min 后，MoS_2 进入磷化坯件表面的多孔磷酸盐膜层，使磷化坯件表面在随后的冷冲孔制坯成形过程中起到良好的润滑作用。

5. 冷冲孔制坯

将表面润滑处理后的磷化坯件放入冷冲孔制坯成形模具的凹模型腔，随着冲头的向下运动，冷冲孔成形出图 5.22 所示的冲孔坯件。

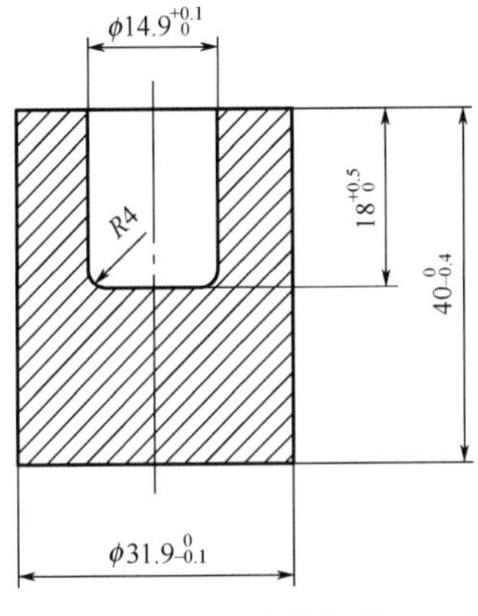

图 5.22　冲孔坯件

6. 冲孔坯件的软化退火处理

在大型井式光亮退火炉内对冲孔坯件进行软化退火处理，其规范如下：加热温度为 860℃±20℃，保温时间为 240～280min，炉冷；将软化退火后的冲孔坯件硬度控制在 120～140HB。

7. 冲孔坯件的磷化处理

在磷化生产线上对软化退火处理后的冲孔坯件进行磷化处理，使坯件表面覆盖一层致密的多孔磷酸盐膜层。

8. 表面润滑处理

以 MoS_2 和少许机油为润滑剂，将磷化处理后的冲孔坯件倒入盛有润滑剂的振荡容器；振荡容器振荡 5～8min 后，MoS_2 进入坯件表面的多孔磷酸盐膜层，使冲孔坯件表面在随后的冷反挤压成形过程中起到良好的润滑作用。

9. 冷反挤压成形

将表面润滑处理后的冲孔坯件放入冷反挤压成形模具的凹模型腔，随着冲头的向下运动，冷反挤压成形出图 5.19 所示的精锻件。

图 5.23 所示为输出轴的精锻件实物。

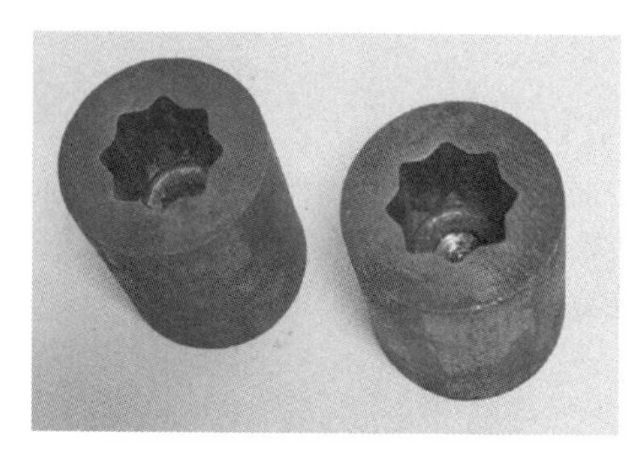

图 5.23 输出轴的精锻件实物

5.3.2 近净锻造成形模具

1. 冷冲孔制坯模具

图 5.24 所示为输出轴冷冲孔制坯模具的结构。

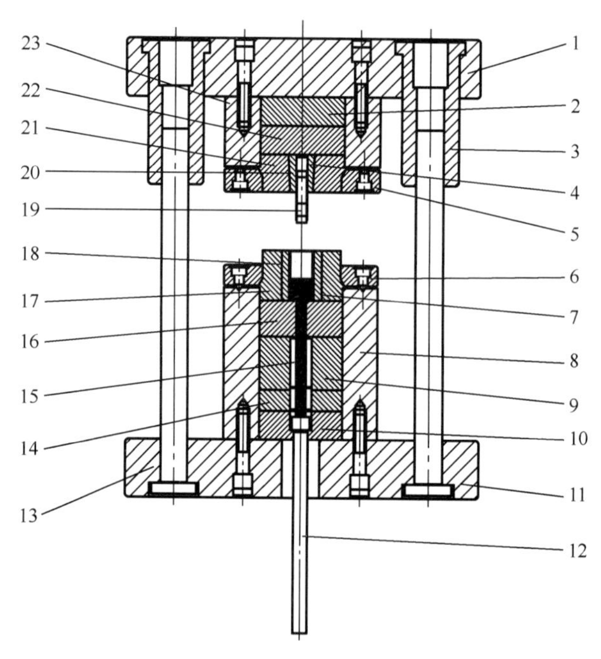

1—上模板；2—上模衬垫；3—导套；4—凹模外套；5—右冲头紧固套；6—上模压板；
7—下模压板；8—下模座；9—下模衬垫；10—顶杆垫块；11—下模板；12—下顶杆；13—导柱；
14—顶杆衬垫；15—顶杆；16—下模承载垫；17—下模外套；18—下模芯；19—冲头；
20—左冲头紧固套；21—上模外套；22—上模承载垫；23—上模座。

图 5.24 输出轴冷冲孔制坯模具的结构

图 5.25 所示为输出轴冷冲孔制坯模具中关键模具零件的零件图。

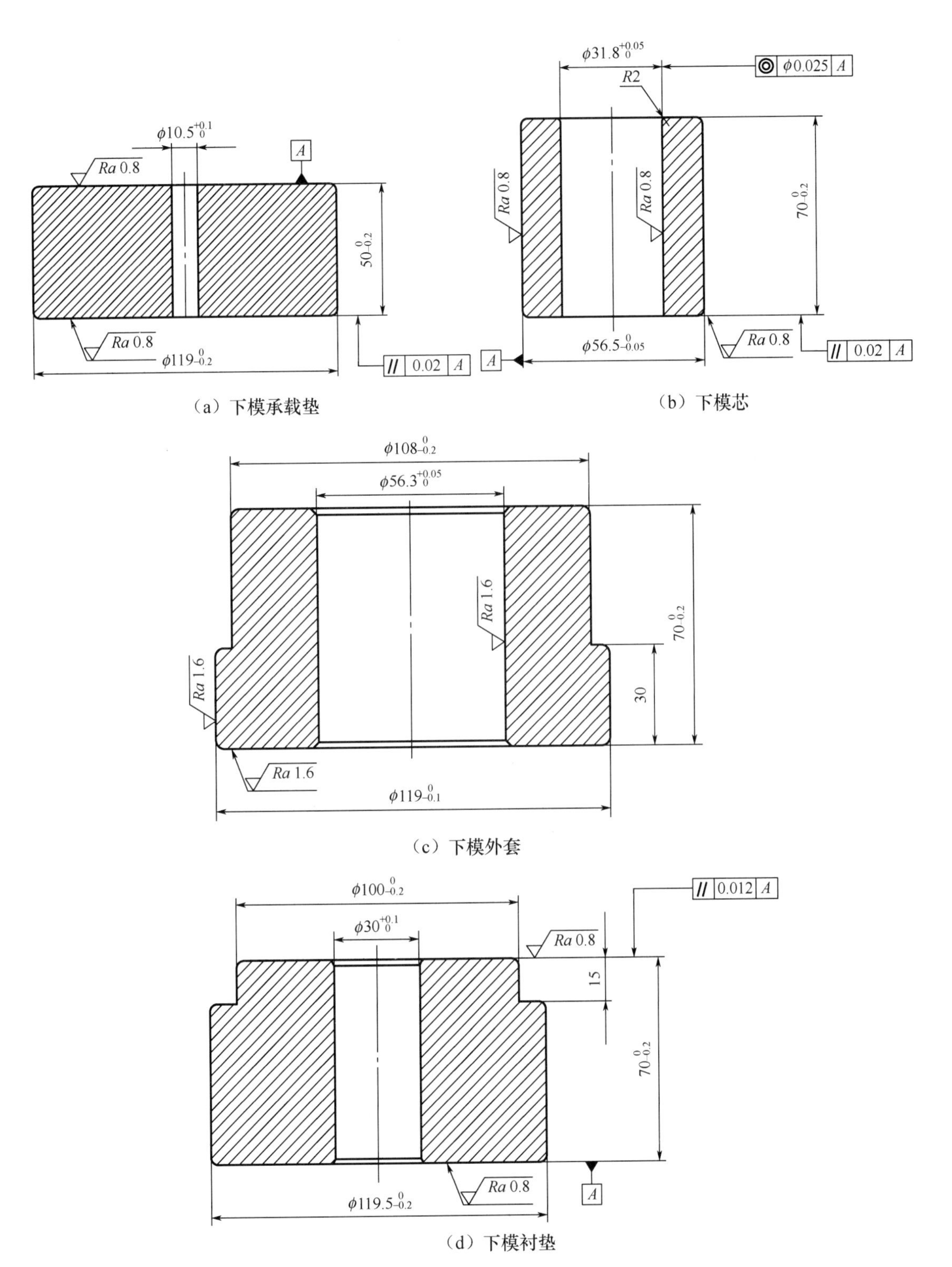

图 5.25 输出轴冷冲孔制坯模具中关键模具零件的零件图

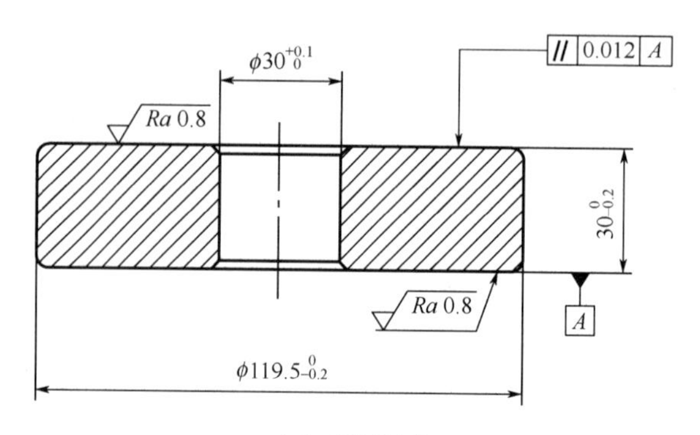

（e）顶杆衬垫

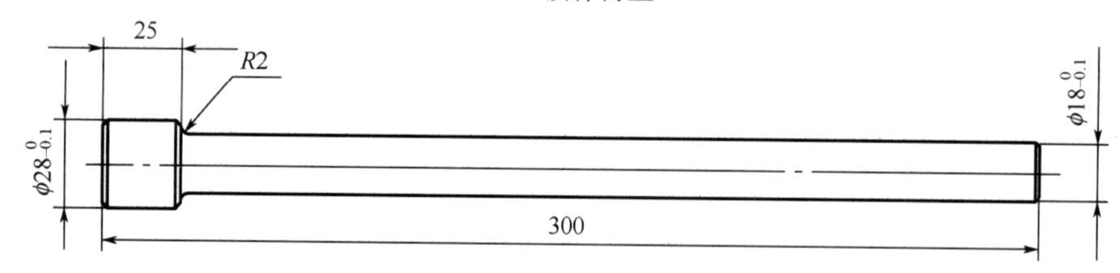

（f）下顶杆

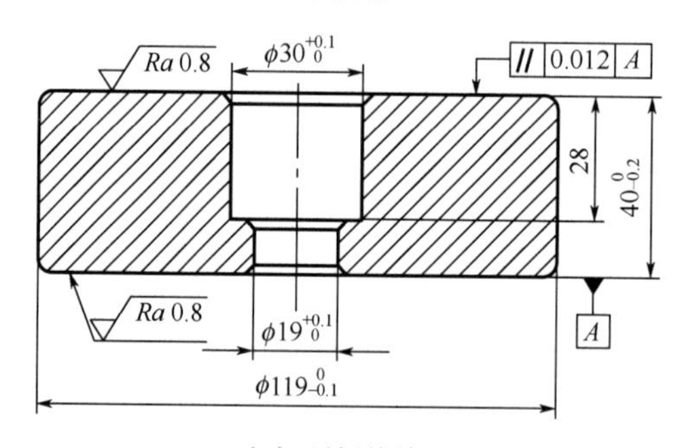

（g）顶杆垫块

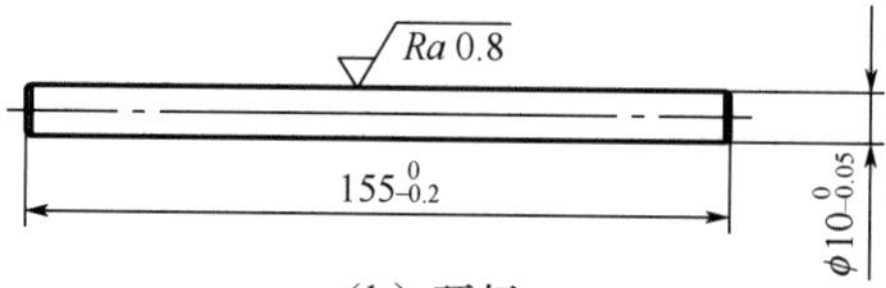

（h）顶杆

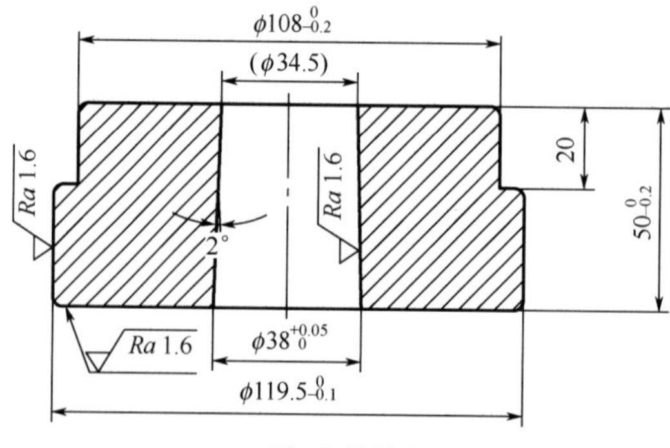

（i）上模外套

图 5.25　输出轴冷冲孔制坯模具中关键模具零件的零件图（续）

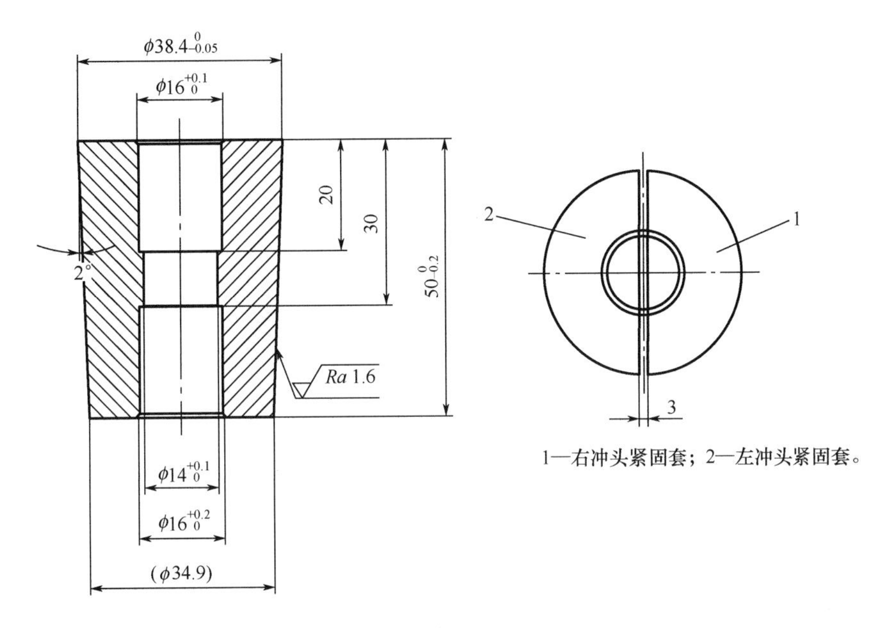

（j）冲头紧固套

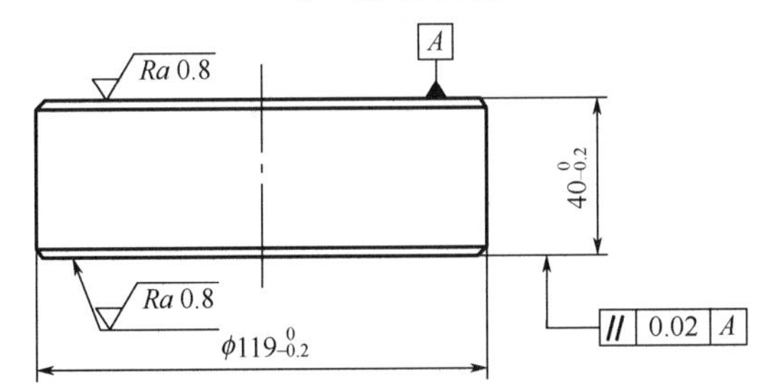

（k）上模承载垫

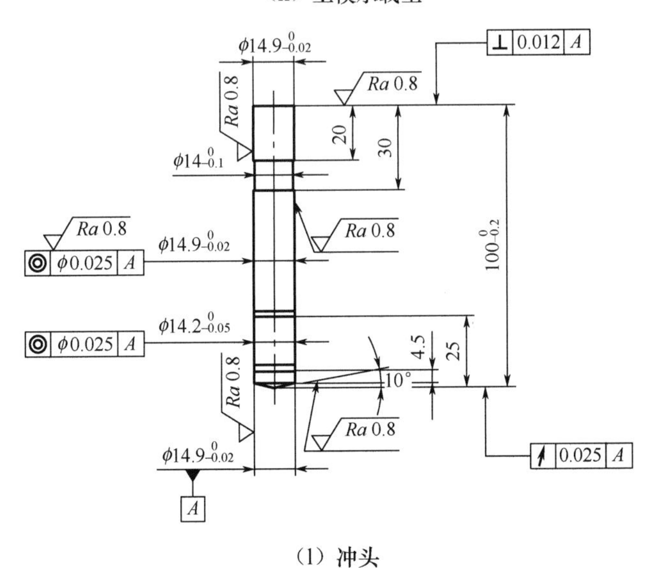

（l）冲头

图 5.25 输出轴冷冲孔制坯模具中关键模具零件的零件图（续）

输出轴冷冲孔制坯模具中关键模具零件的材料牌号及热处理硬度见表 5-5。

表 5-5　输出轴冷冲孔制坯模具中关键模具零件的材料牌号及热处理硬度

模具零件	材料牌号	热处理硬度/HRC
上模承载垫	Cr12MoV	54～58
冲头	W6Mo5Cr4V2	60～62
冲头紧固套	45	32～38
上模外套	45	32～38
顶杆	W6Mo5Cr4V2	60～62
顶杆垫块	45	32～38
下顶杆	Cr12MoV	54～58
顶杆衬垫	45	38～42
下模衬垫	45	38～42
下模外套	45	28～32
下模芯	Cr12MoV	56～60
下模承载垫	Cr12MoV	54～58

2. 冷反挤压成形模具

图 5.26 所示为输出轴冷反挤压成形模具的结构。

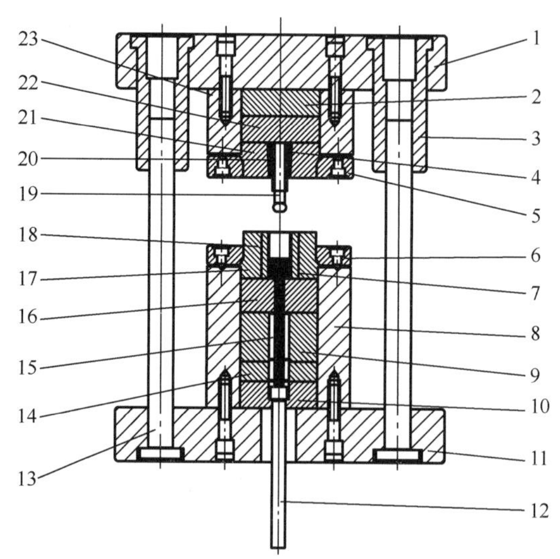

1—上模板；2—上模衬垫；3—导套；4—凹模外套；5—右冲头紧固套；6—上模压板；7—下模压板；8—下模座；9—下模衬垫；10—顶杆垫块；11—下模板；12—下顶杆；13—导柱；14—顶杆衬垫；15—顶杆；16—下模承载垫；17—下模外套；18—下模芯；19—冲头；20—左冲头紧固套；21—上模外套；22—上模承载垫；23—上模座。

图 5.26　输出轴冷反挤压成形模具的结构

图 5.27 所示为输出轴冷反挤压成形模具中冲头和冲头紧固套的零件图。

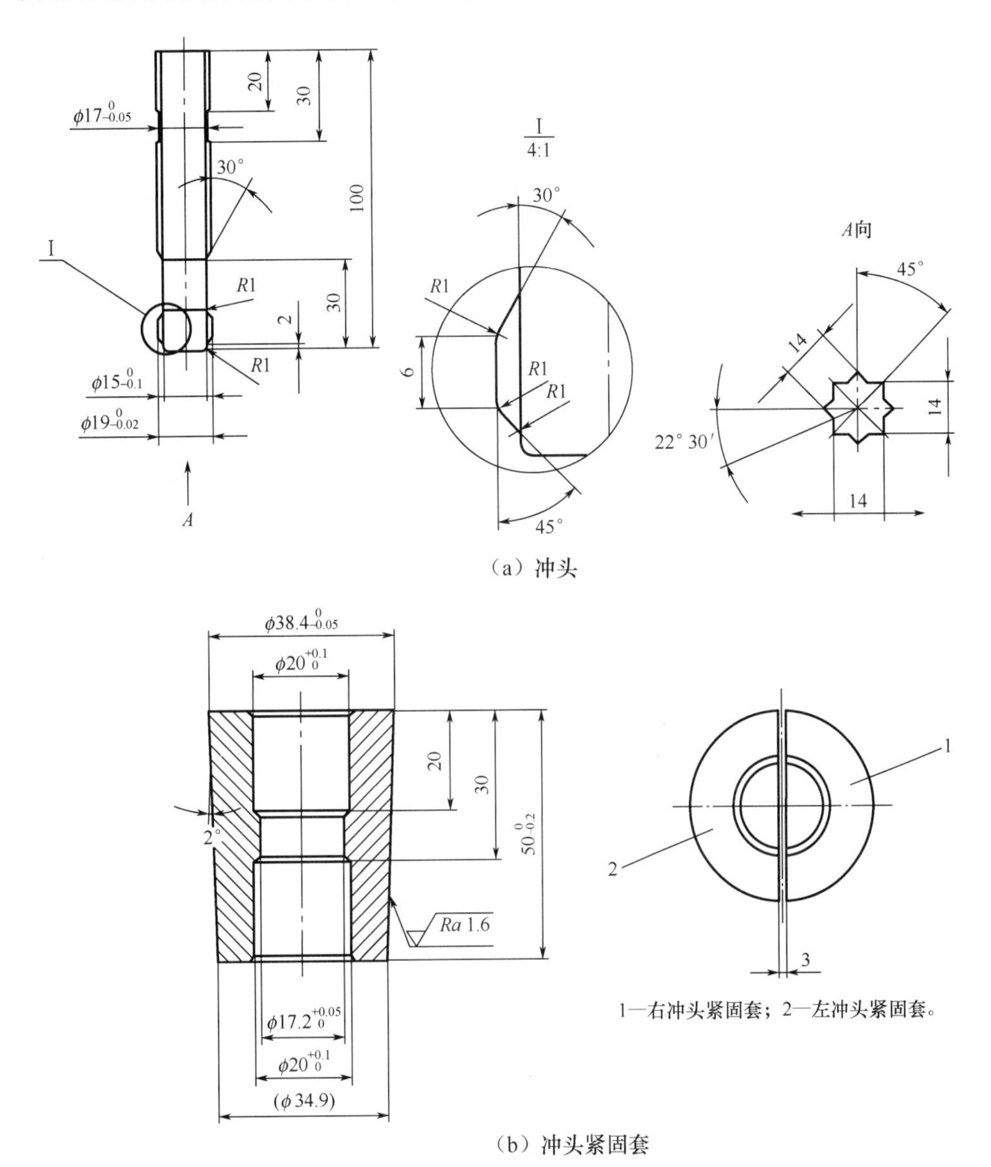

图 5.27 输出轴冷反挤压成形模具中冲头和冲头紧固套的零件图

第6章 端面齿轮的近净锻造成形

6.1 阿基米德螺旋线齿形的端面凸轮近净锻造成形工艺与模具

图 6.1 所示为某轻型载重汽车端面凸轮的零件简图。该端面凸轮的材料为 20CrMo。

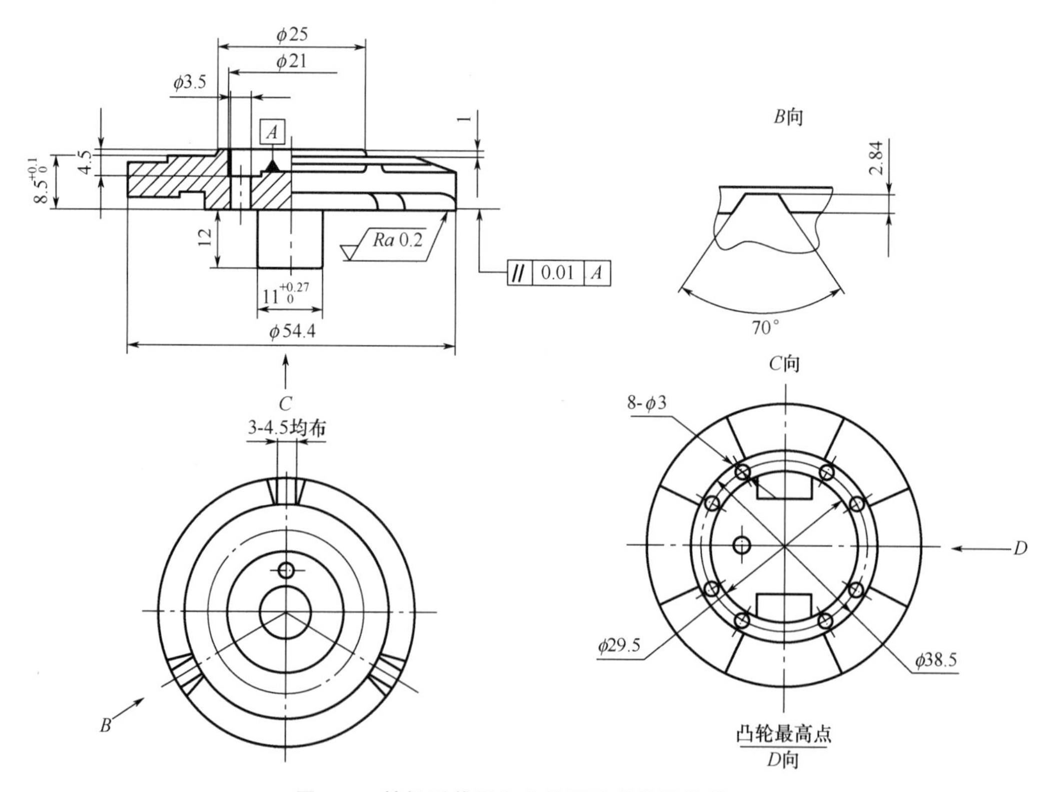

图 6.1 某轻型载重汽车端面凸轮的零件简图

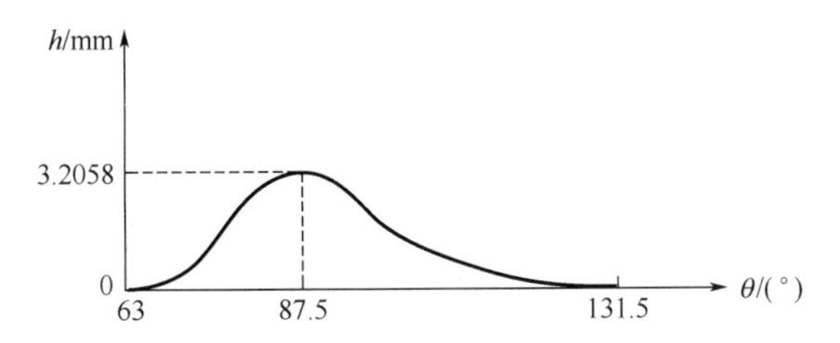

图 6.1　某轻型载重汽车端面凸轮的零件简图（续）

对于具有阿基米德螺旋线齿形的盘类零件，可采用圆柱体坯料经冷摆辗制坯+冷摆辗成形的近净锻造成形方法生产。图 6.2 所示为端面凸轮的精锻件图。

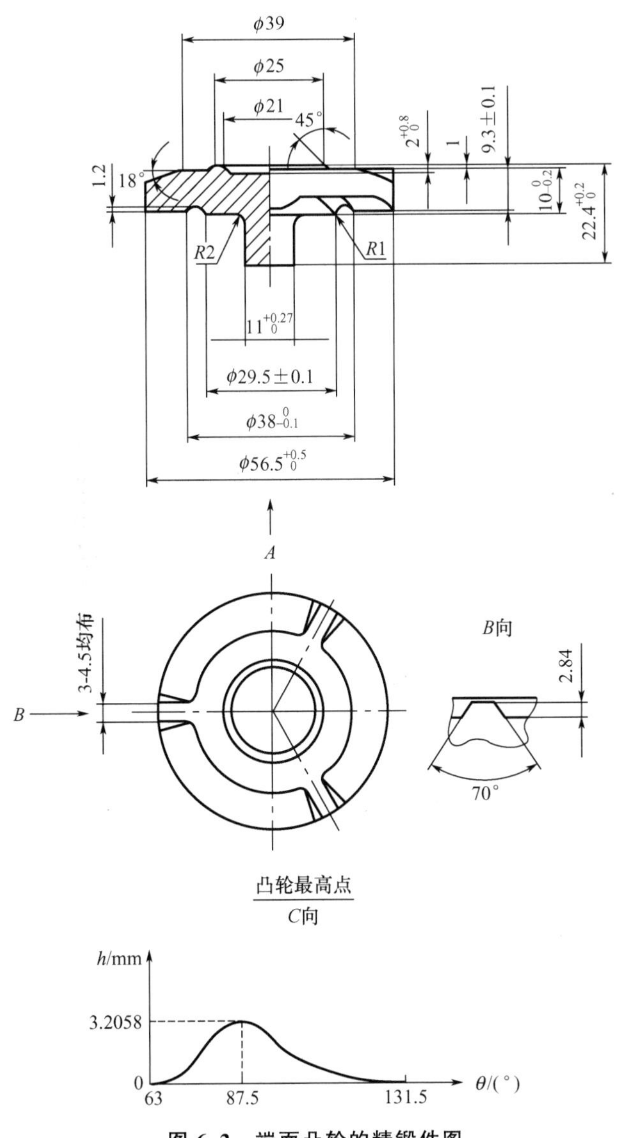

图 6.2　端面凸轮的精锻件图

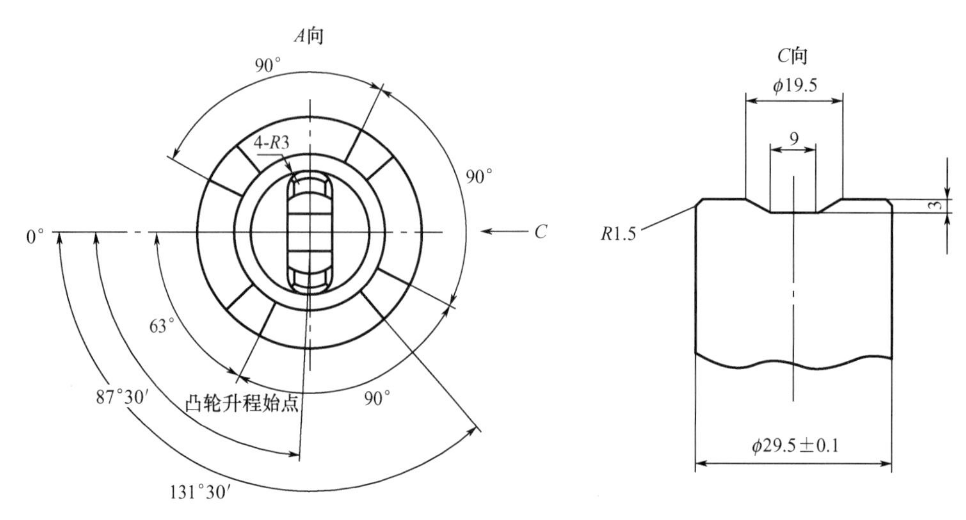

图 6.2 端面凸轮的精锻件图（续）

6.1.1 近净锻造成形工艺流程

1. 坯料的制备

先在带锯床上将直径 ϕ30mm 的 20CrMo 圆棒料锯切成长度为 37.5mm 的下料件，如图 6.3 所示；再在无芯磨床上将下料件磨削加工成图 6.4 所示的无芯磨坯件。

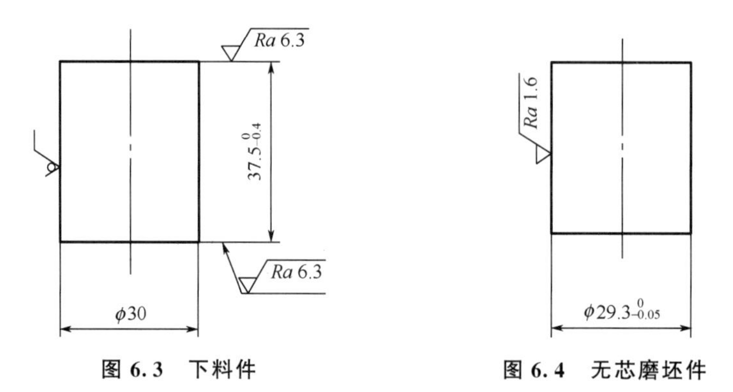

图 6.3 下料件　　**图 6.4 无芯磨坯件**

2. 无芯磨坯件的软化退火处理

在大型井式光亮退火炉内对无芯磨坯件进行软化退火处理，其规范如下：加热温度为 860℃±20℃，保温时间为 240～280min，炉冷；将软化退火后的无芯磨坯件硬度控制在 120～140HB，得到软化退火坯件。

3. 软化退火坯件的磷化处理

在磷化生产线上对软化退火坯件进行磷化处理，使坯件表面覆盖一层致密的多孔磷酸盐膜层，得到磷化坯件。

4. 磷化坯件的表面润滑处理

以 MoS_2 和少许机油为润滑剂，将磷化坯件倒入盛有润滑剂的振荡容器；振荡容器振荡 5～8min 后，MoS_2 进入磷化坯件表面的多孔磷酸盐膜层，使磷化坯件表面在随后的冷摆辗制坯过程中起到良好的润滑作用。

5. 冷摆辗制坯

将表面润滑处理后的磷化坯件放入冷摆辗制坯模具的凹模型腔，随着摆头的向下运动，冷摆辗成形出图 6.5 所示的制坯件。

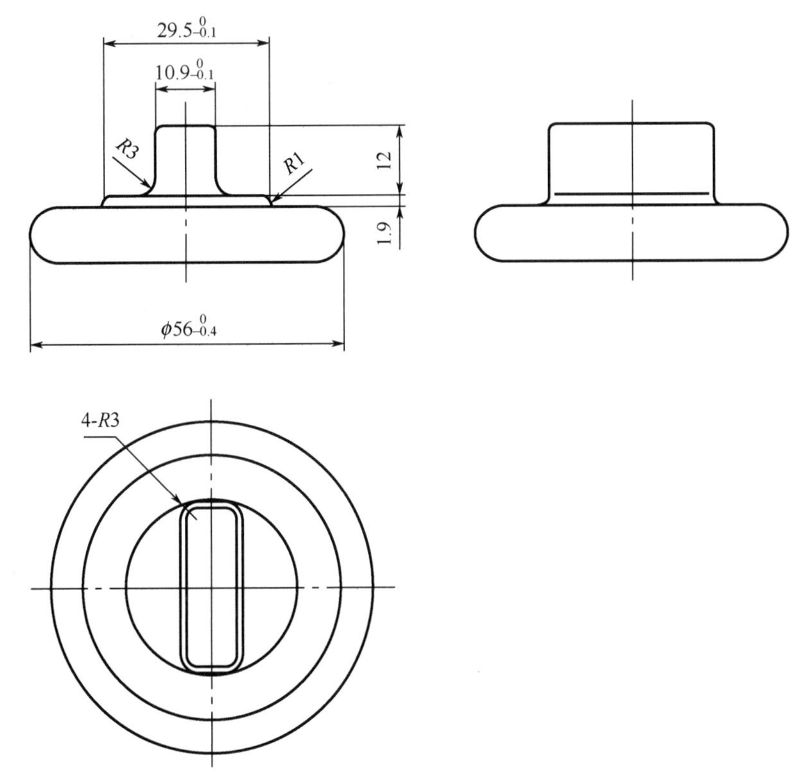

图 6.5 制坯件

6. 制坯件的软化退火处理

在大型井式光亮退火炉内对制坯件进行软化退火处理，其规范如下：加热温度为 860℃±20℃，保温时间为 240～280min，炉冷；将软化退火后的制坯件硬度控制在 120～140HB。

7. 制坯件的磷化处理

在磷化生产线上对软化退火处理后的制坯件进行磷化处理，使坯件表面覆盖一层致密的多孔磷酸盐膜层。

8. 表面润滑处理

以 MoS_2 和少许机油为润滑剂，将磷化处理后的制坯件倒入盛有润滑剂的振荡容器；

振荡容器振荡 5～8min 后，MoS_2 进入制坯件表面的多孔磷酸盐膜层，使制坯件表面在随后的冷摆辗成形过程中起到良好的润滑作用。

9. 冷摆辗成形

将表面润滑处理后的制坯件放入冷摆辗成形模具的凹模型腔，随着摆头的向下运动，冷摆辗成形出图 6.2 所示的精锻件。

图 6.6 所示为端面凸轮精锻件及其经粗车加工而成的端面凸轮半成品。

（a）端面凸轮精锻件

（b）端面凸轮精锻件经粗车加工而成的断面凸轮半成品

图 6.6　端面凸轮精锻件及其经粗车加工而成的端面凸轮半成品

6.1.2　近净锻造成形模具结构

1. 冷摆辗制坯模具

图 6.7 所示为端面凸轮冷摆辗制坯模具的结构。

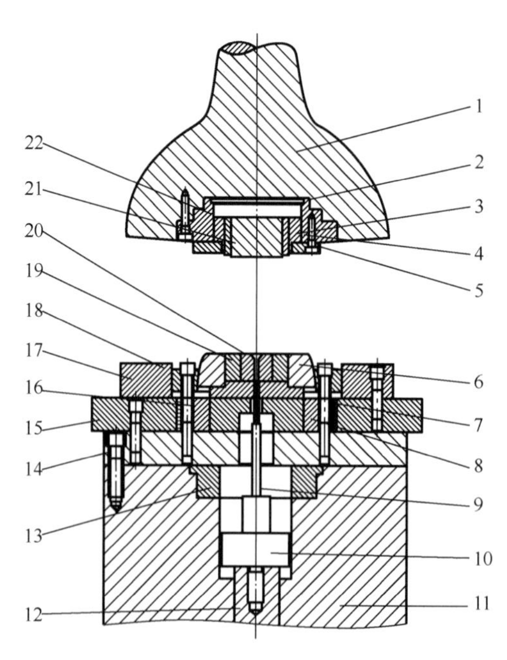

1—摆头座；2—上模承载垫；3—上模座；4—摆头外套；5—摆头压板；6—凹模外套；
7—下模承载垫；8—下模衬垫；9—顶料杆；10—下顶杆；11—摆辗机滑块；12—摆辗机顶出活塞杆；
13—下模垫板；14—下模板；15—下模座板；16—下模垫圈；17—下模座；18—凹模紧固板；
19—凹模中套；20—凹模芯；21—摆头；22—摆头中套。

图 6.7　端面凸轮冷摆辗制坯模具的结构

图 6.8 所示为端面凸轮冷摆辗制坯模具中关键模具零件的零件图。

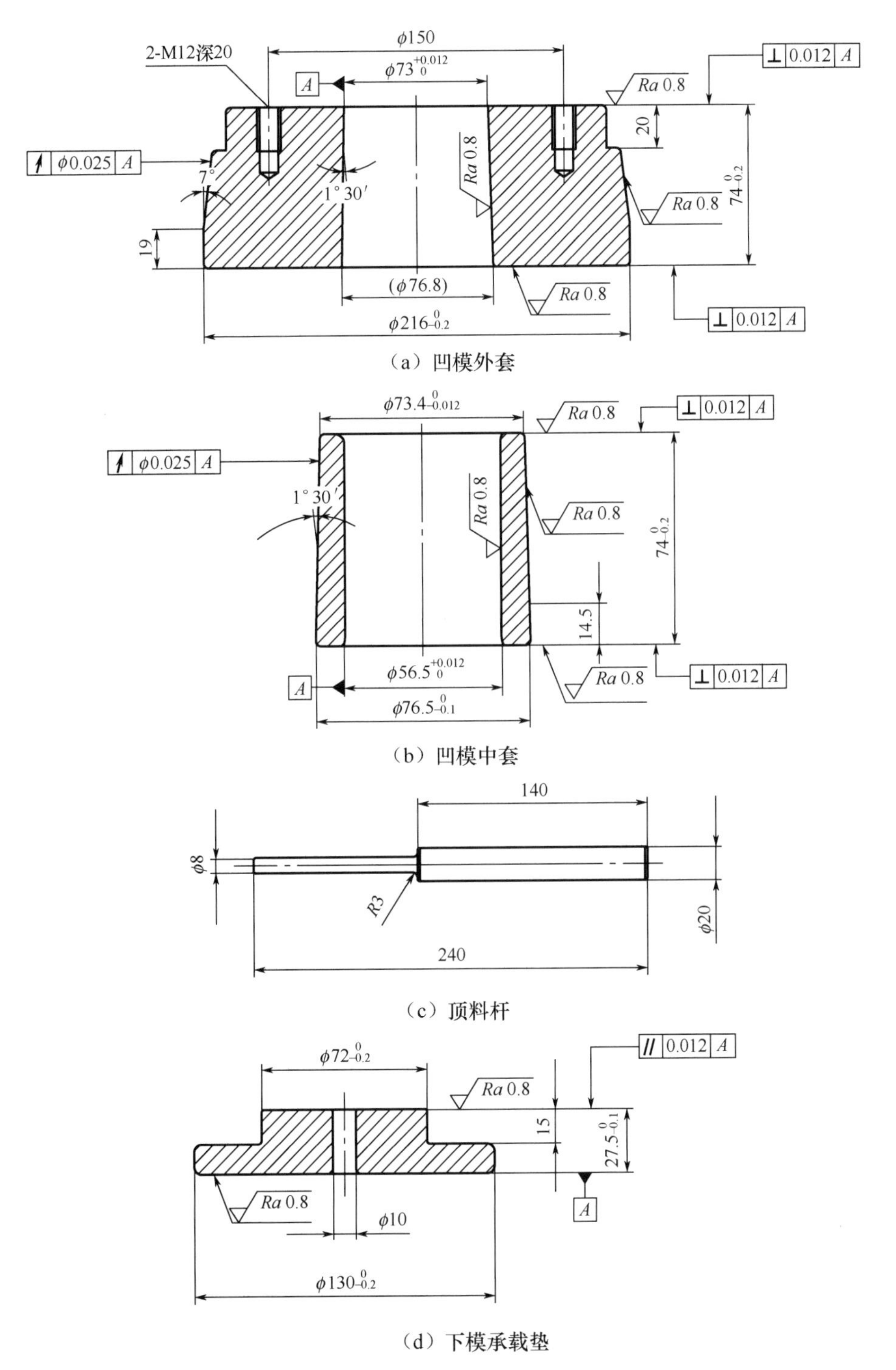

图 6.8 端面凸轮冷摆辗制坯模具中关键模具零件的零件图

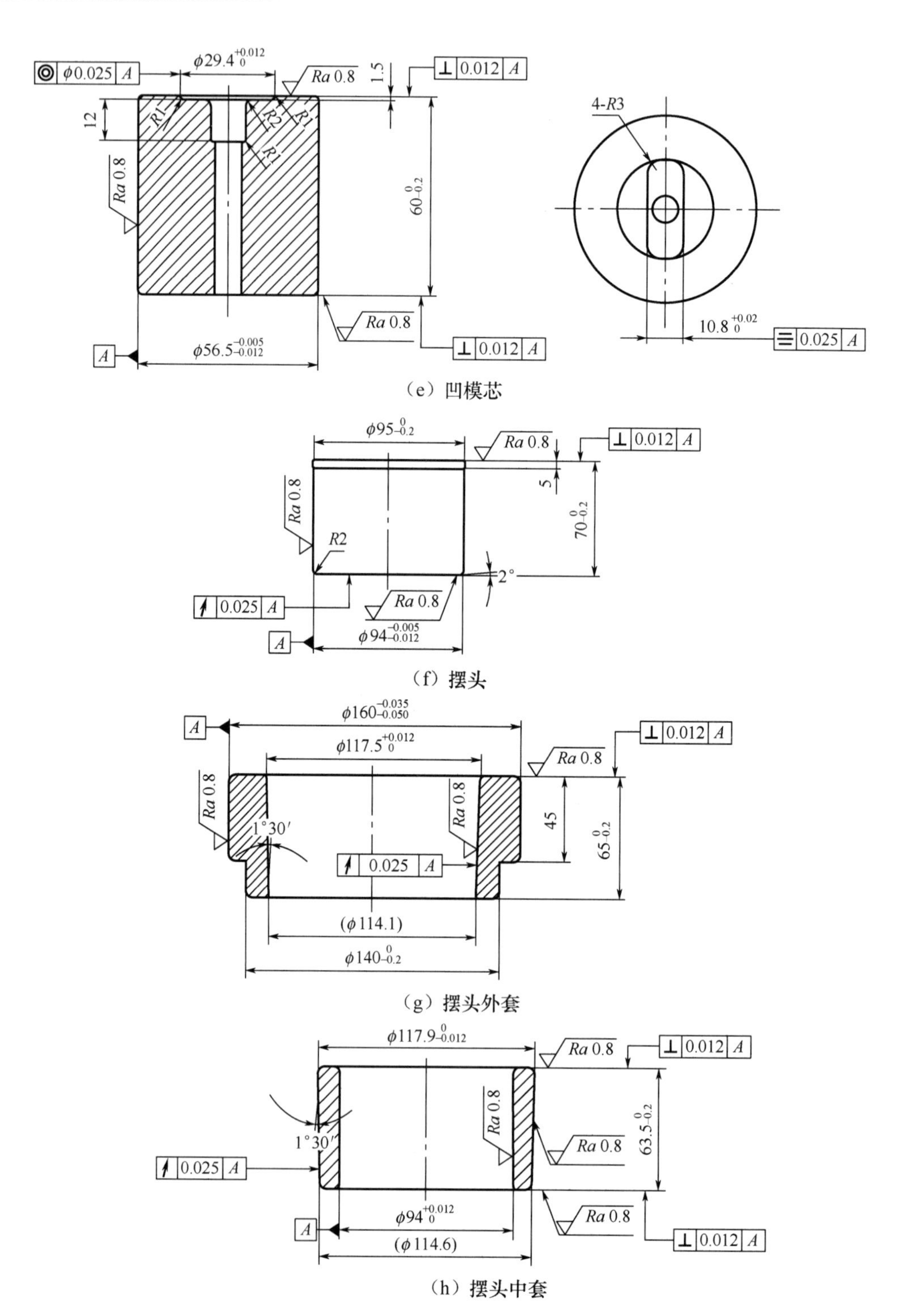

(e) 凹模芯

(f) 摆头

(g) 摆头外套

(h) 摆头中套

图 6.8 端面凸轮冷摆辗制坯模具中关键模具零件的零件图（续）

表 6－1 所示为端面凸轮冷摆辗制坯模具中关键模具零件的材料牌号及热处理硬度。

表 6－1　端面凸轮冷摆辗制坯模具中关键模具零件的材料牌号及热处理硬度

模具零件	材料牌号	热处理硬度/HRC
摆头中套	H13	44～48
摆头外套	45	32～38
摆头	LD	56～60
下模承载垫	Cr12MoV	54～58
凹模芯	LD	56～60
顶料杆	W6Mo5Cr4V2	60～62
凹模中套	H13	44～48
凹模外套	45	32～38

2. 冷摆辗成形模具

图 6.9 所示为端面凸轮冷摆辗成形模具的结构。

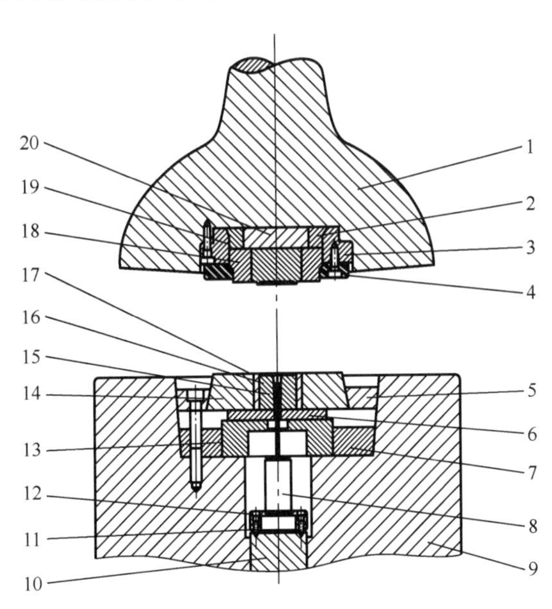

1—摆头座；2—上模承载垫套；3—上模座；4—摆头压板；5—凹模压板；6—下模承载垫；7—下模垫圈；8—下顶杆；9—摆辗机滑块；10—摆辗机顶出活塞杆；11—顶杆导向座；12—顶杆压板；13—下模衬垫；14—凹模外套；15—凹模芯块；16—凹模芯；17—凹模中套；18—摆头外套；19—摆头；20—上模承载垫。

图 6.9　端面凸轮冷摆辗成形模具的结构

图 6.10 所示为端面凸轮冷摆辗成形模具中关键模具零件的零件图。

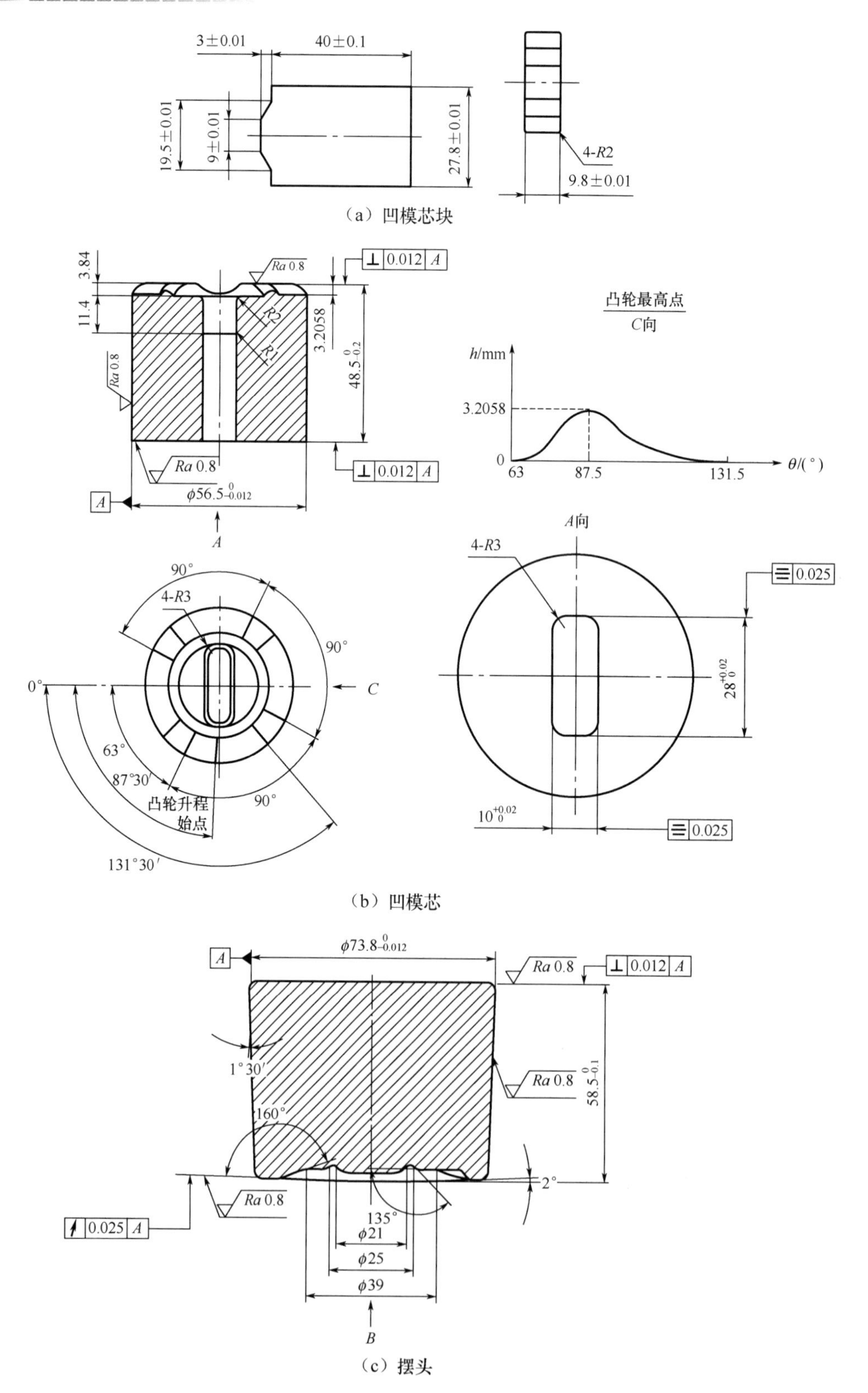

图 6.10　端面凸轮冷摆辗成形模具中关键模具零件的零件图

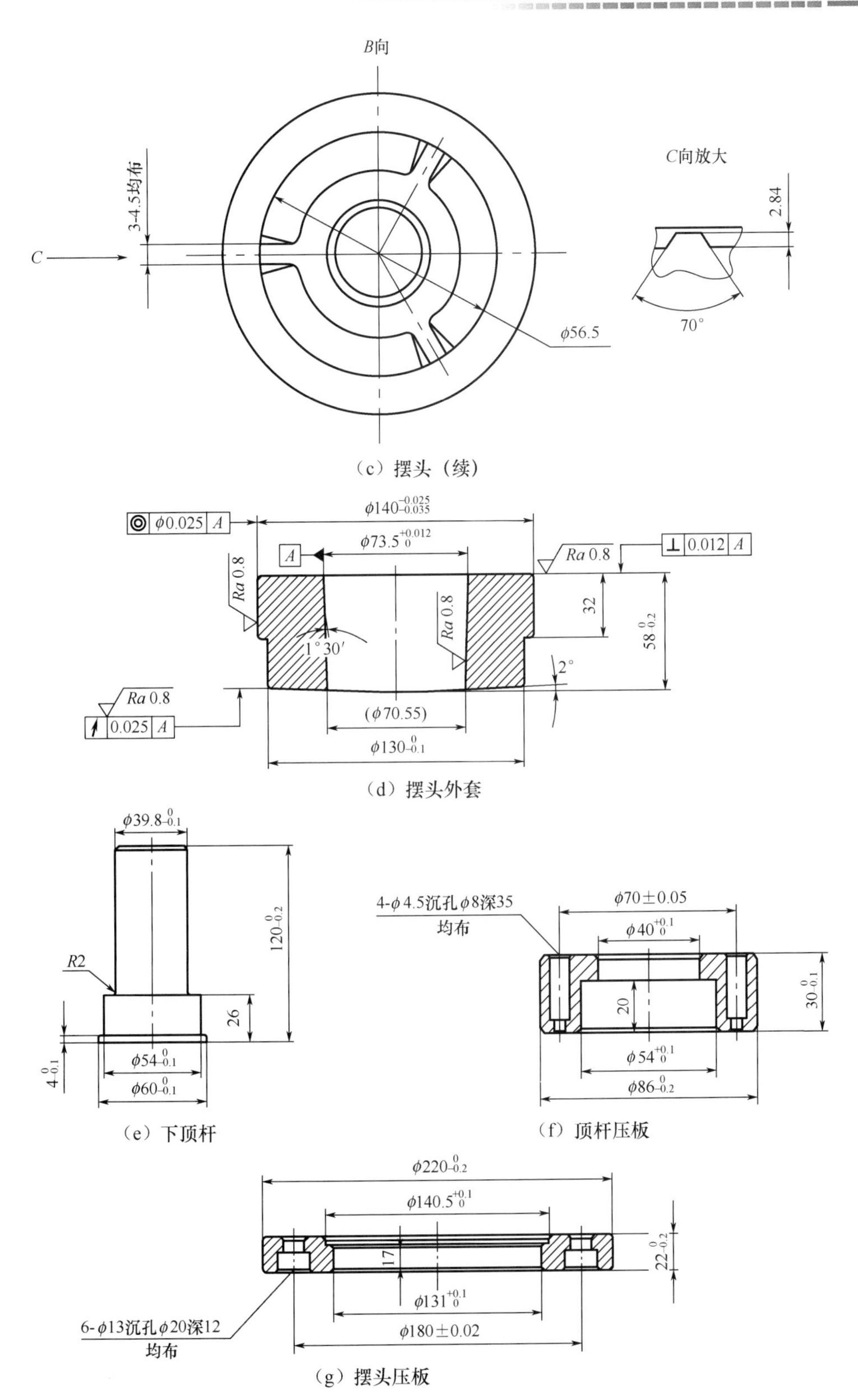

（c）摆头（续）

（d）摆头外套

（e）下顶杆

（f）顶杆压板

（g）摆头压板

图 6.10　端面凸轮冷摆辗成形模具中关键模具零件的零件图（续）

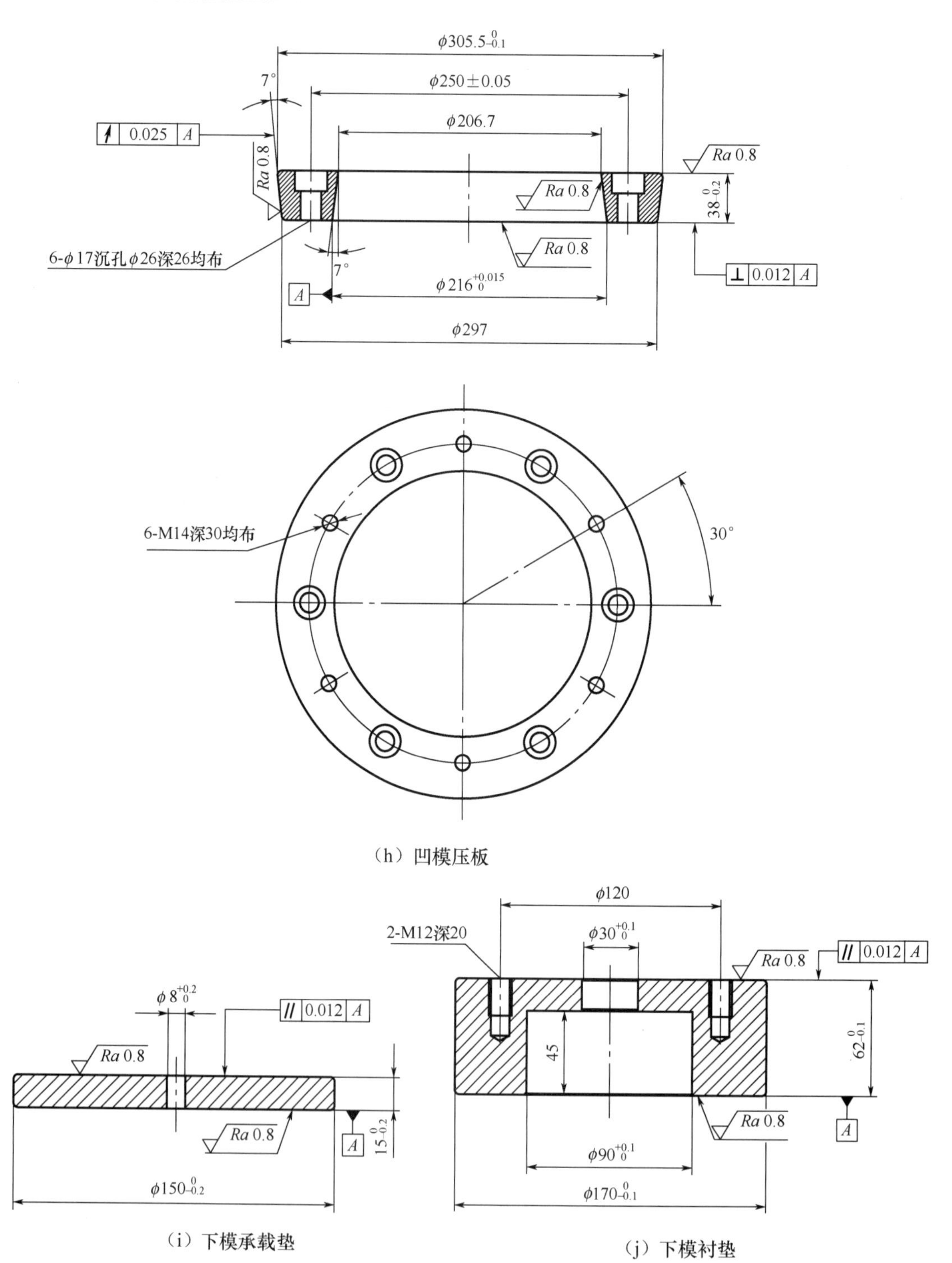

（h）凹模压板

（i）下模承载垫

（j）下模衬垫

图 6.10　端面凸轮冷摆辗成形模具中关键模具零件的零件图（续）

端面凸轮冷摆辗成形模具中关键模具零件的材料牌号及热处理硬度见表 6－2。

表 6-2 端面凸轮冷摆辗成形模具中关键模具零件的材料牌号及热处理硬度

模具零件	材料牌号	热处理硬度/HRC
下模衬垫	H13	44～48
下模承载垫	Cr12MoV	54～58
凹模压板	45	32～38
摆头压板	45	32～38
顶杆压板	45	32～38
下顶杆	Cr12MoV	54～58
摆头	W6Mo5Cr4V2	60～62
摆头外套	45	32～38
凹模芯	LD	60～62
凹模芯块	LD	60～62

6.2 双螺旋线齿形的差速轮冷摆辗成形过程 DEFORM 模拟分析

图 6.11 所示为某摩托车发动机差速轮的零件简图。该差速轮的材料为 20CrMo。差速轮渐开线内花键的齿形参数见表 6-3。

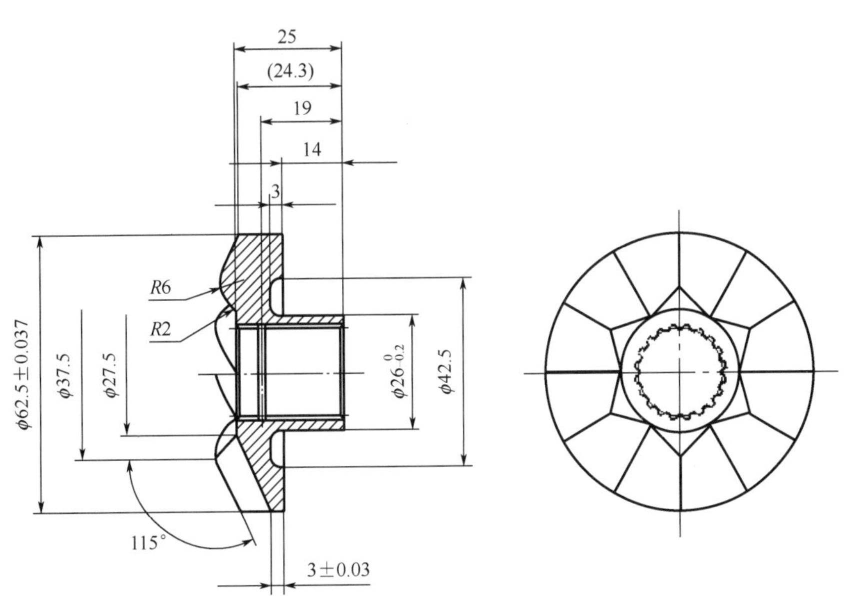

图 6.11 某摩托车发动机差速轮的零件简图

表 6－3　差速器渐开线内花键的齿形参数

参　　数	符　　号	数　　值
模数/mm	m	1.0
齿数	Z	20
压力角/°	α	45
齿顶圆直径/mm	D_a	19.1
齿根圆直径/mm	D_f	21.1
齿顶高系数	h_a^*	1.0
顶隙系数	c^*	0.25
分度圆齿厚/mm		1.571
量棒直径/mm	d_p	2.24
跨棒距/mm	M	16.12～16.17

对于具有双螺旋线齿形端面齿轮和渐开线内花键的端面齿形类零件，可采用圆棒料经冷镦制坯＋冷摆辗成形的近净锻造成形方法生产。为了保证双螺旋线齿形端面齿轮和渐开线内花键的几何公差要求，只对双螺旋线齿形端面齿轮进行近净锻造成形，而后续采用拉齿加工方法加工渐开线内花键。图 6.12 所示为差速轮的精锻件图。

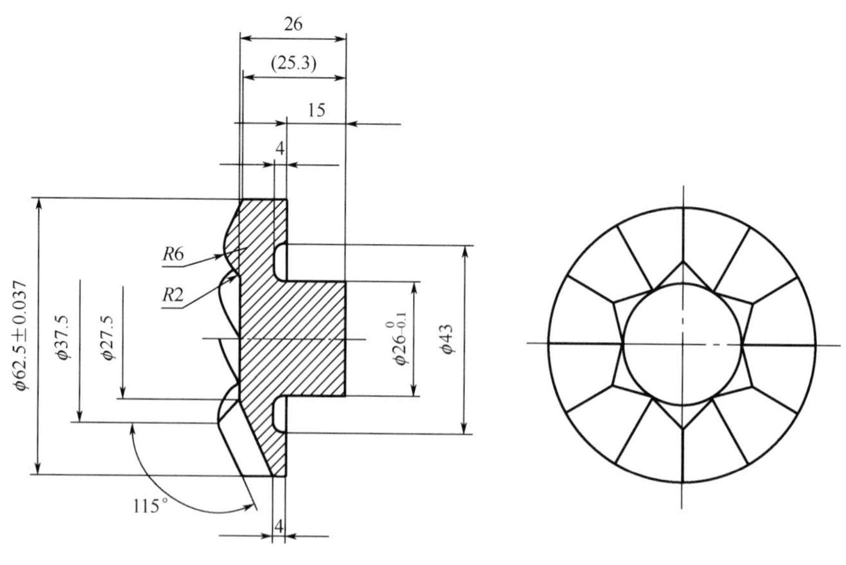

图 6.12　差速轮的精锻件图

6.2.1　近净锻造成形工艺流程

1. 坯料的制备

先在带锯床上将直径 ϕ28mm 的 20CrMo 圆棒料锯切成长度为 75mm 的下料件，如图 6.13 所示；再在车床上将下料件车削加工成图 6.14 所示的粗车坯件。

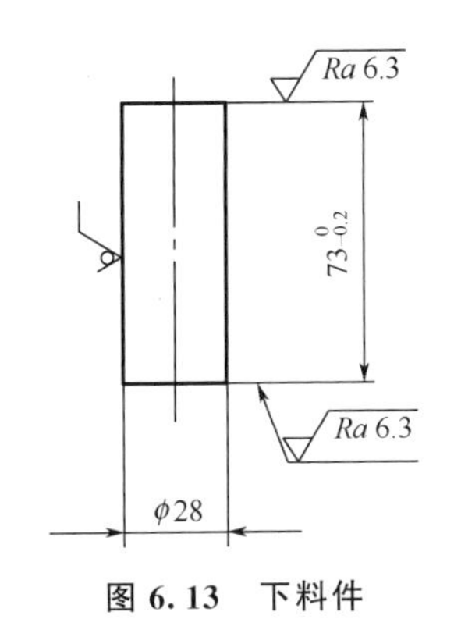

图 6.13 下料件

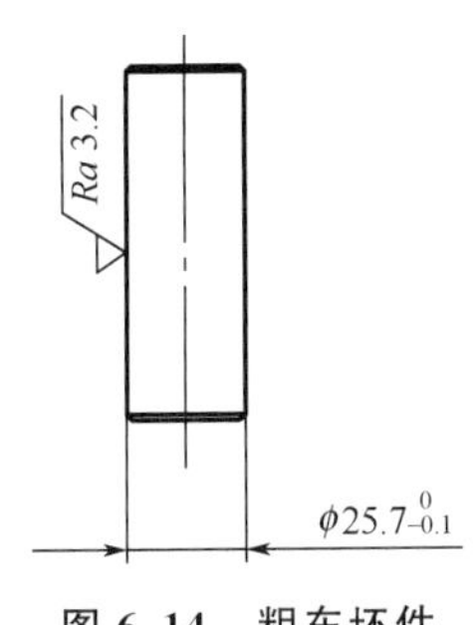

图 6.14 粗车坯件

2. 粗车坯件的软化退火处理

在大型井式光亮退火炉内对粗车坯件进行软化退火处理，其规范如下：加热温度为860℃±20℃，保温时间为240～280min，炉冷；将软化退火处理后的退火坯件硬度控制在120～140HB。

3. 退火坯件的磷化处理

在磷化生产线上对软化退火处理后的退火坯件进行磷化处理，使退火坯件表面覆盖一层致密的多孔磷酸盐膜层，得到磷化坯件。

4. 磷化坯件的表面润滑处理

以 MoS_2 和少许机油为润滑剂，将磷化坯件倒入盛有润滑剂的振荡容器；振荡容器振荡5～8min后，MoS_2 进入磷化坯件表面的多孔磷酸盐膜层，使磷化坯件表面在随后的冷镦制坯成形过程中起到良好的润滑作用。

5. 冷镦制坯

将表面润滑处理后的磷化坯件放入冷镦制坯成形模具的凹模型腔，随着冲头的向下运动，冷镦成形出图 6.15 所示的制坯件。

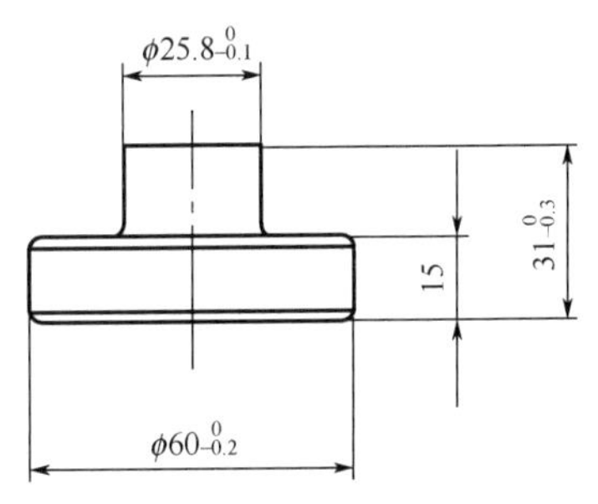

图 6.15 制坯件

6. 制坯件的软化退火处理

在大型井式光亮退火炉内对制坯件进行软化退火处理，其规范如下：加热温度为860℃±20℃，保温时间为240～280min，炉冷；将软化退火处理后的制坯件硬度控制在120～140HB。

7. 磷化处理

在磷化生产线上对软化退火处理后的制坯件进行磷化处理，使制坯件表面覆盖一层致密的多孔磷酸盐膜层。

8. 制坯件的表面润滑处理

以 MoS_2 和少许机油为润滑剂，将制坯件倒入盛有润滑剂的振荡容器；振荡容器振荡

5～8min 后，MoS_2 进入制坯件表面的多孔磷酸盐膜层，使制坯件表面在随后的冷摆辗成形过程中起到良好的润滑作用。

9. 冷摆辗成形

将表面润滑处理后的制坯件放入冷摆辗成形模具的凹模型腔，随着摆头的向下运动，冷摆辗成形出图 6.12 所示的精锻件。

图 6.16 所示为差速轮精锻件及其经后续精加工而成的差速轮零件实物。

(a) 差速轮精锻件　　(b) 差速轮零件实物

图 6.16　差速轮精锻件及其经后续精加工而成的差速轮零件实物

6.2.2　冷摆辗成形过程的 DEFORM 模拟分析

1. 模型的建立

(1) 基准建立。

选择 SI 制，如图 6.17 所示，然后单击 OK 按钮。

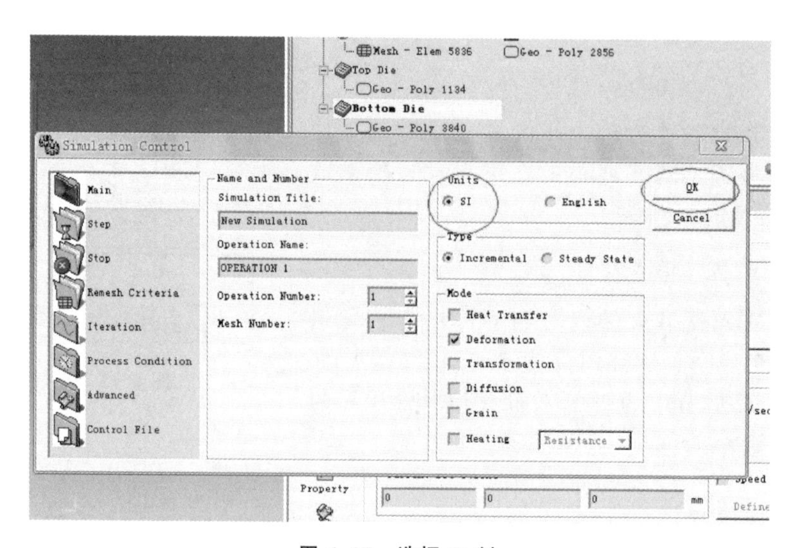

图 6.17　选择 SI 制

(2) 网格划分。

为了验证建模的正确性及加工的完善性，建立 8000、15000、35000 三种网格，如图 6.18 所示。

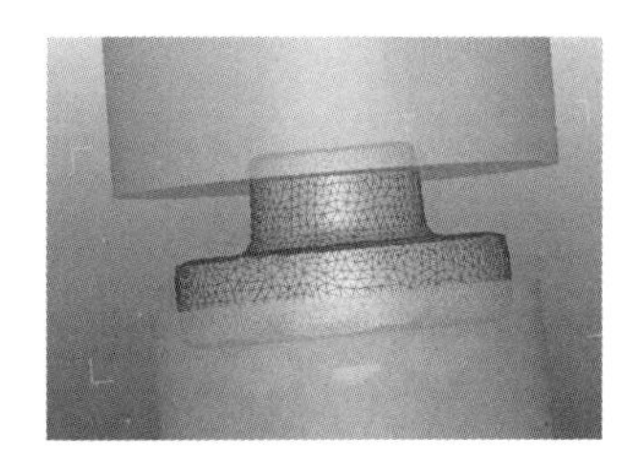

图 6.18 建立三种网格

(3) 采用冷摆辗成形加工，需设置模具中的摆头（上模）摆角为 2°，如图 6.19 (a) 所示，设置效果如图 6.19 (b) 所示。

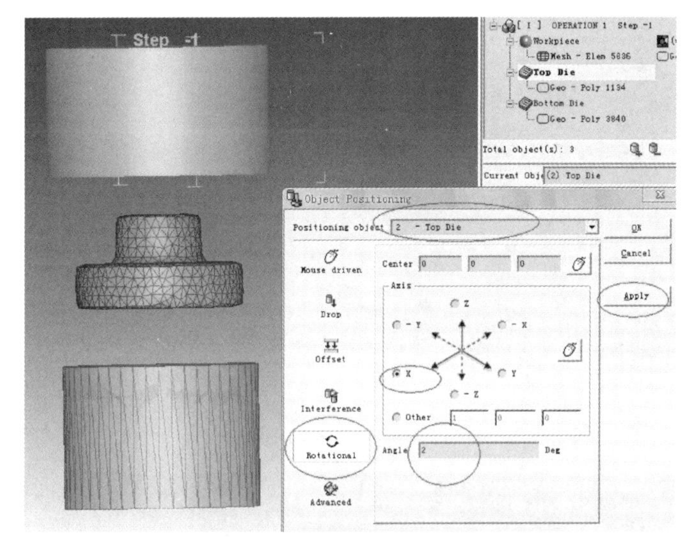

(a) 选择值

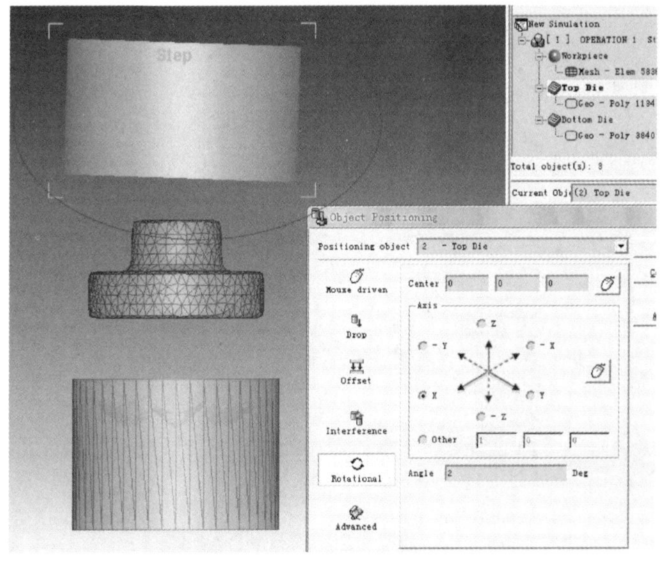

(b) 设置效果

图 6.19 摆头摆角设置

（4）摆头、摆辗凹模与坯料的接触设置。

摆头、摆辗凹模与坯料的接触设置分别如图 6.20（a）和图 6.20（b）所示。设置效果如图 6.20（c）所示。

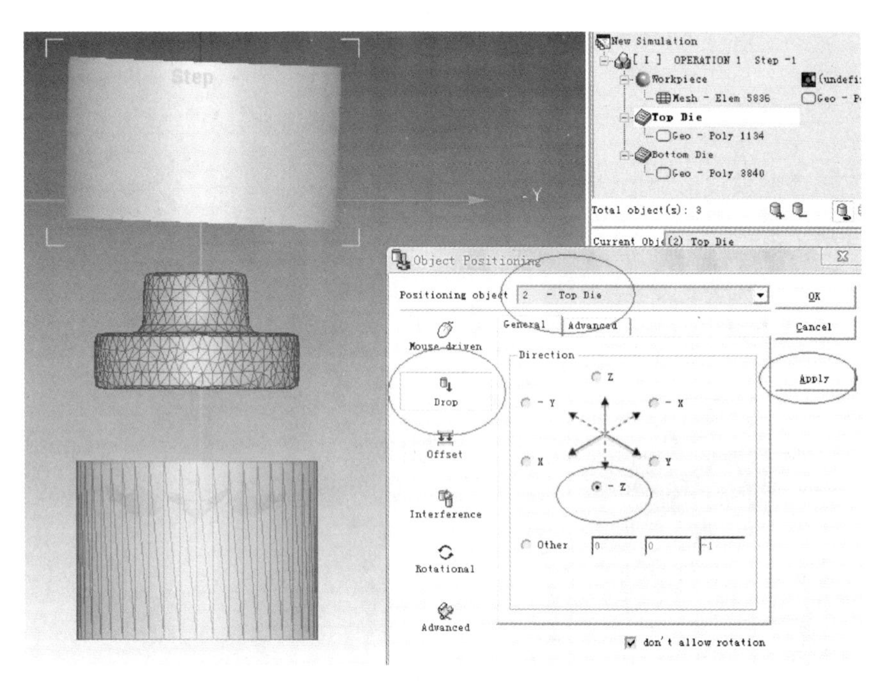

（a）摆头与坯料的接触设置

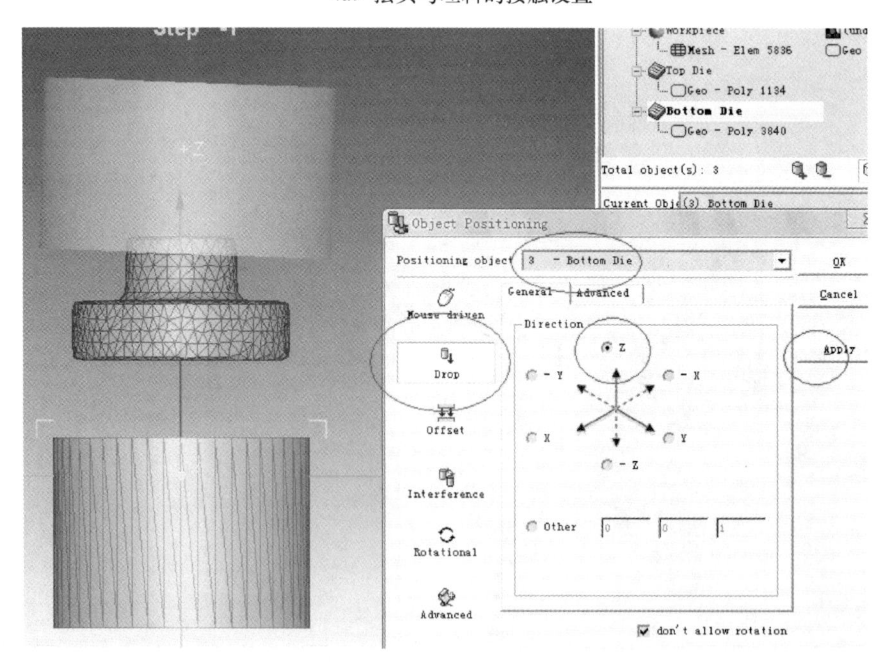

（b）摆辗凹模与坯料的接触设置

图 6.20　摆头、摆辗凹模与坯料的接触设置

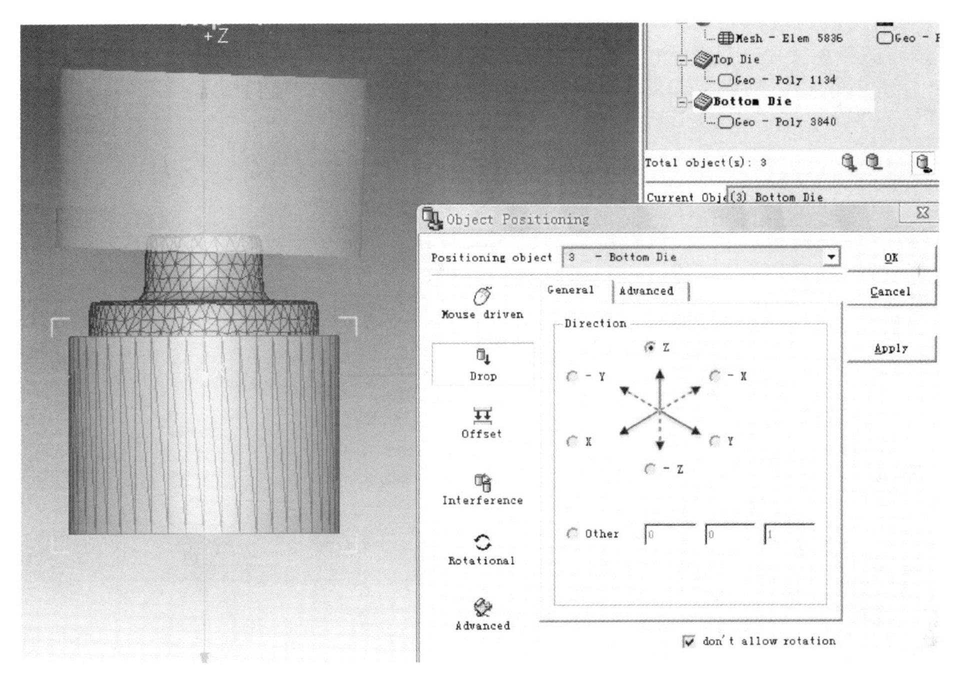

（c）设置完成

图 6.20　摆头、摆辗凹模与坯料的接触设置（续）

（5）摆头、摆辗凹模的运动进给设置。

设置摆头以 1rad/s 的速度摆动，摆辗凹模以 1mm/s 的速度向上进给，如图 6.21 所示。

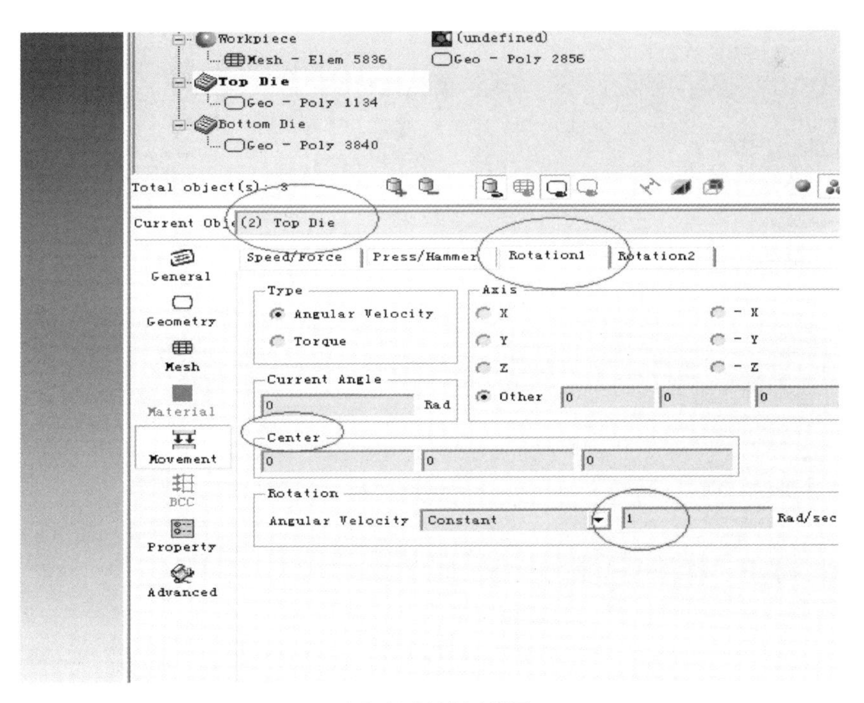

（a）摆头的摆动设置

图 6.21　摆头和摆辗凹模的运动设置

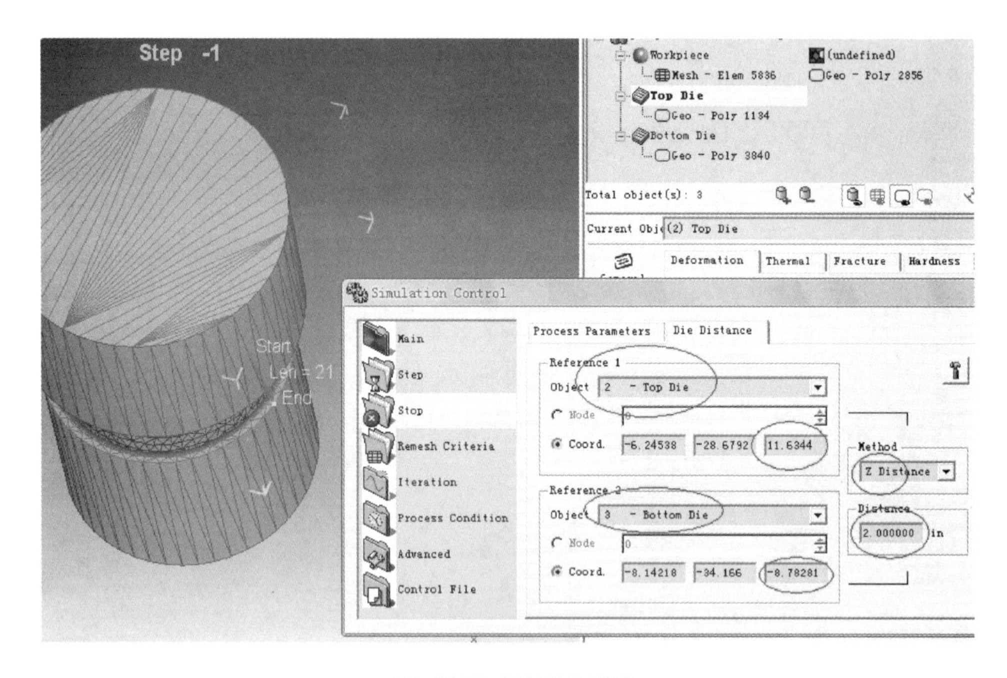

（b）摆辗凹模的进给设置

图 6.21　摆头和摆辗凹模的运动设置（续）

（6）模拟过程进给设置。

以一个网格的 1/3 距离为每步进给，用总进给距离除以单步进给得到总进给步数，设置每 10 步记录一次数据，如图 6.22 所示。

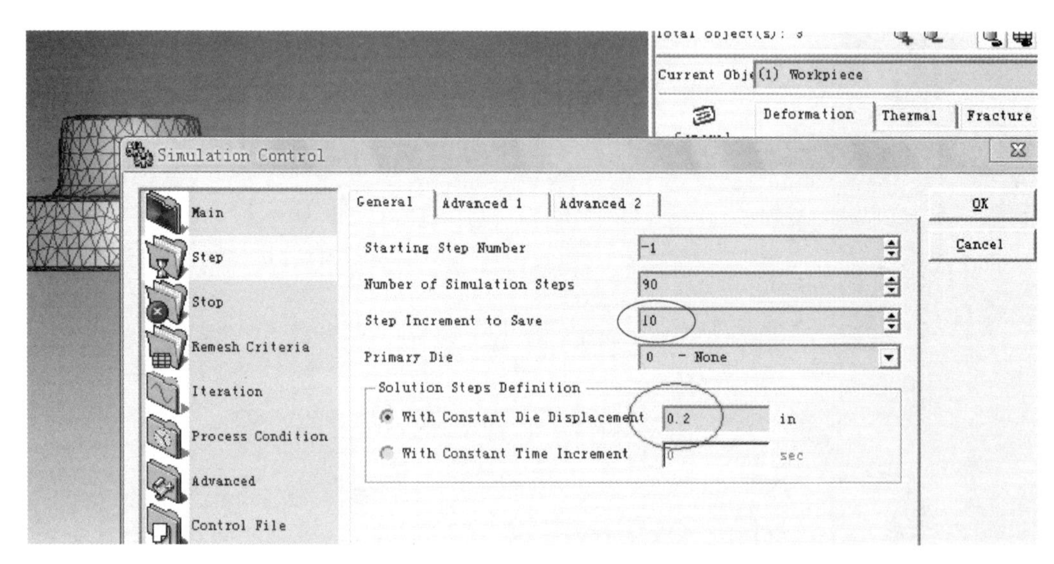

图 6.22　模拟过程进给设置

（7）模拟过程停止设置。

由于在差速轮的冷摆辗成形过程中会留有 2mm 飞边，因此，在模拟过程中不会出现摆头与摆辗凹模直接接触的问题。设置摆头在距离摆辗凹模的上表面 2mm 处停止模拟。

（8）坯料的体积补偿设置。

坯料的体积补偿设置如图 6.23 所示。

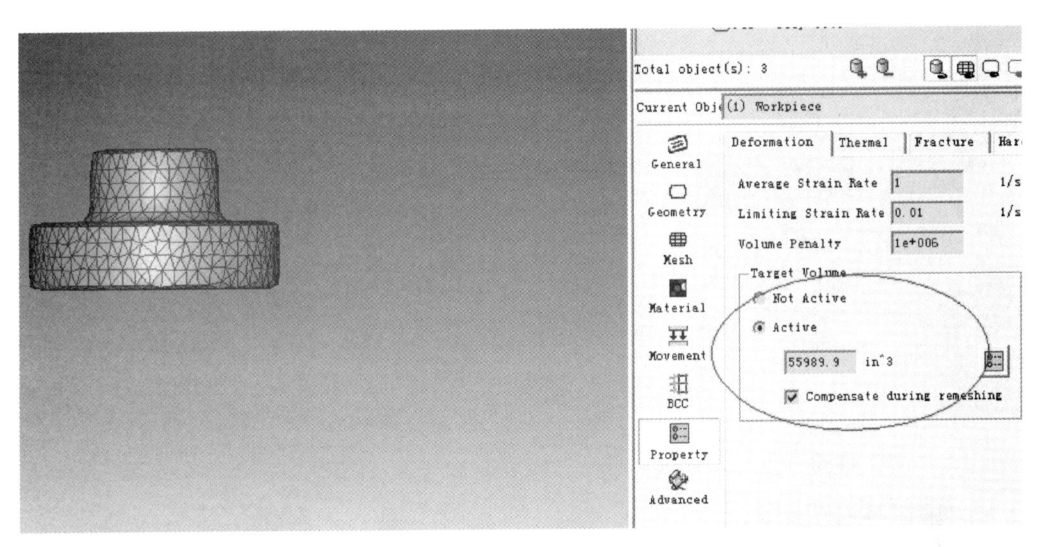

图 6.23 坯料的体积补偿设置

（9）坯料材料设置。

在冷摆辗成形过程中，坯料材料为 20CrMo。因此，模拟时设置的坯料材料为 20CrMo。

（10）成形加工类型设置。

由于差速轮的成形方式为冷摆辗成形，因此，模拟时将成形加工类型设置为冷锻，如图 6.24 所示。

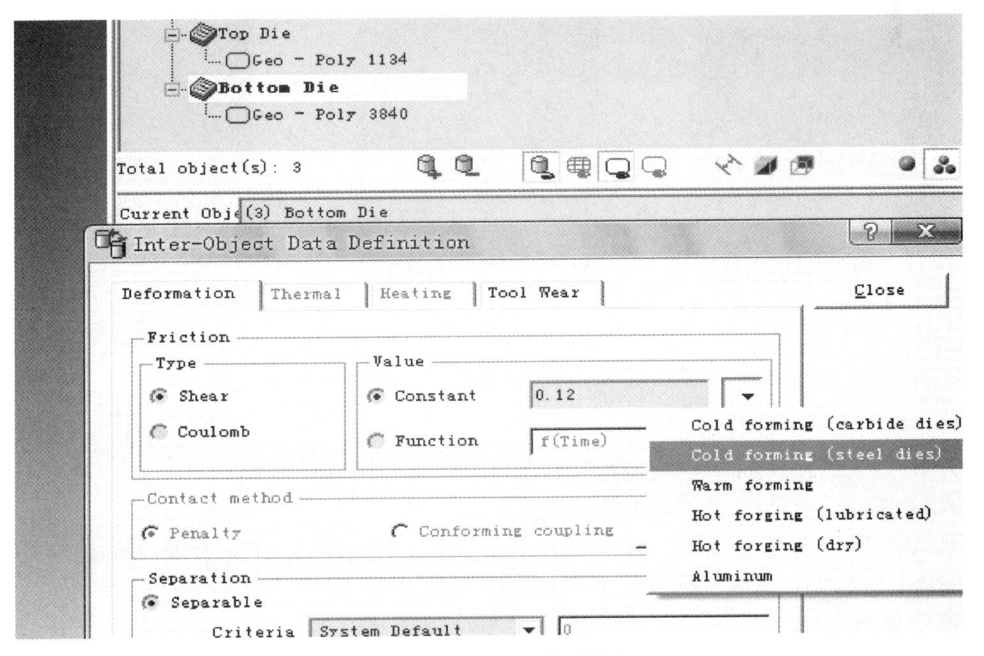

图 6.24 成形加工类型设置

2. 模拟结果及分析

模拟结束后，可在 DEFORM－3D 的后处理器中观察和分析成形过程信息。

（1）模拟过程。

差速轮冷摆辗成形的模拟过程如图 6.25 所示。

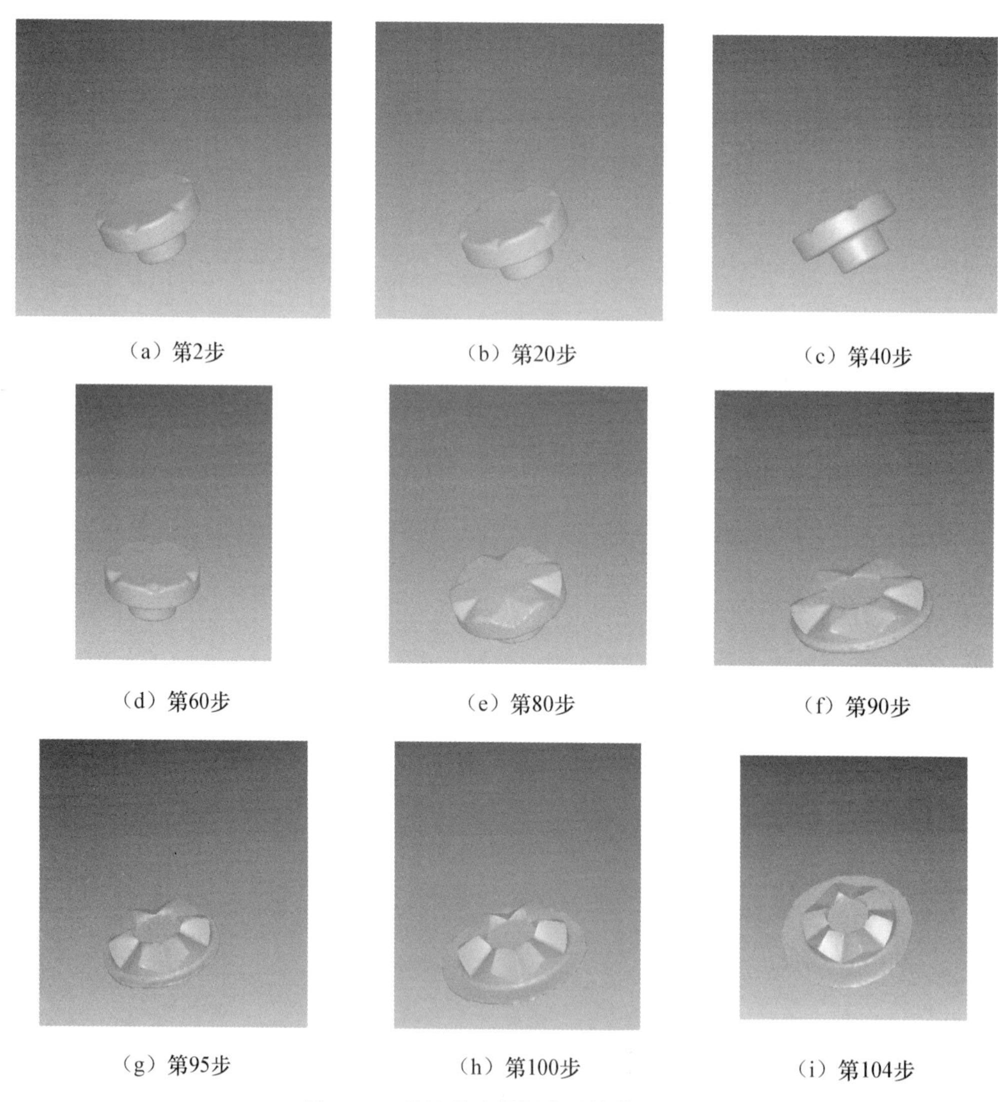

（a）第2步 （b）第20步 （c）第40步

（d）第60步 （e）第80步 （f）第90步

（g）第95步 （h）第100步 （i）第104步

图 6.25 差速轮冷摆辗成形的模拟过程

（2）模拟结果分析。

由图 6.25 可知，第 104 步［图 6.25（i）］为冷摆辗成形的精锻件，其表面光洁、充填饱满，没有出现褶皱、齿形不饱满等缺陷。

图 6.26 所示为图 6.25（i）中精锻件的表面网格分布图。由图 6.26 可知，精锻件的表面网格分布均匀、清晰、合理，无明显缺陷。

图 6.27 所示为图 6.25（i）中精锻件的内部网格分布图。由图 6.27 可知，精锻件的内部变形平稳，无缺陷区域。

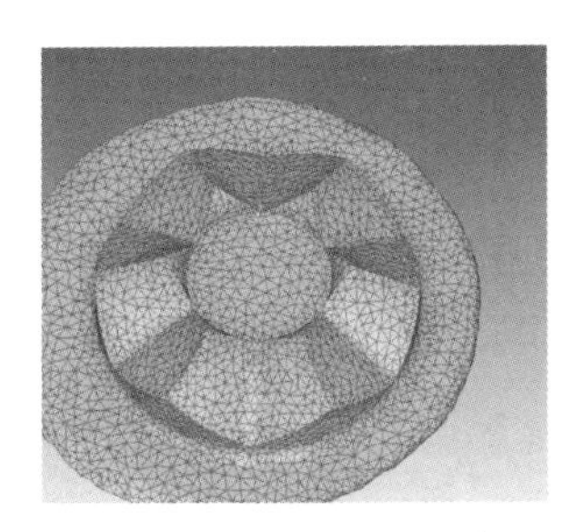

图 6.26　图 6.25（i）中精锻件的表面网格分布图

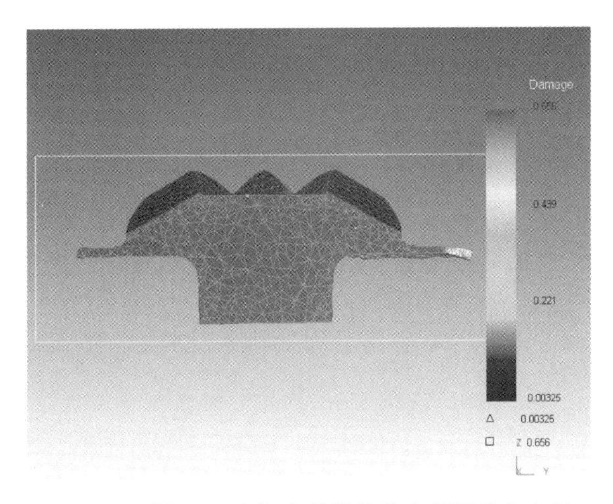

图 6.27　图 6.25（i）中精锻件的内部网格分布图

图 6.28 所示为冷摆辗成形过程中摆头（上模）和摆辗凹模（下模）的受力情况。

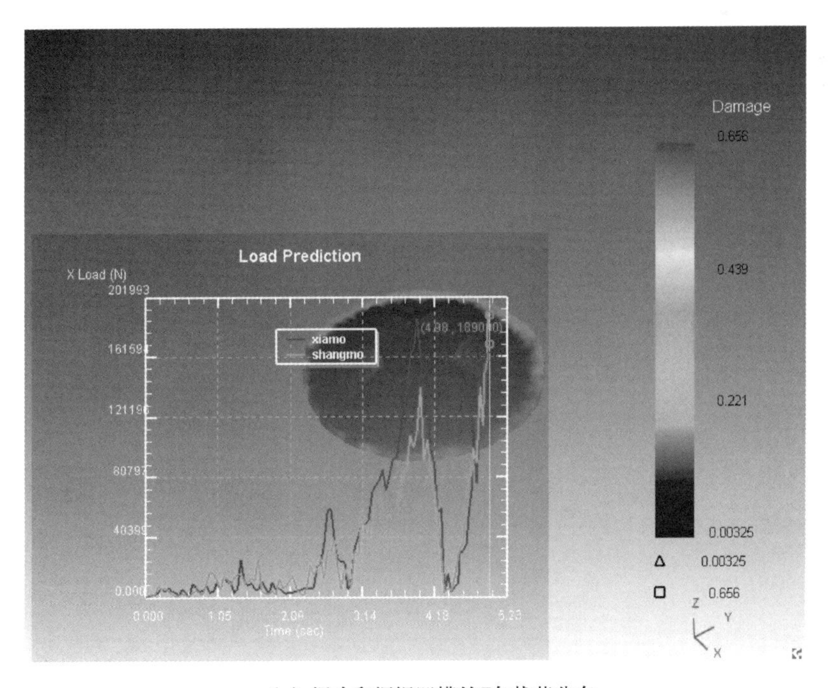

（a）摆头和摆辗凹模的Z向载荷分布

图 6.28　冷摆辗成形过程中摆头（上模）和摆辗凹模（下模）的受力情况

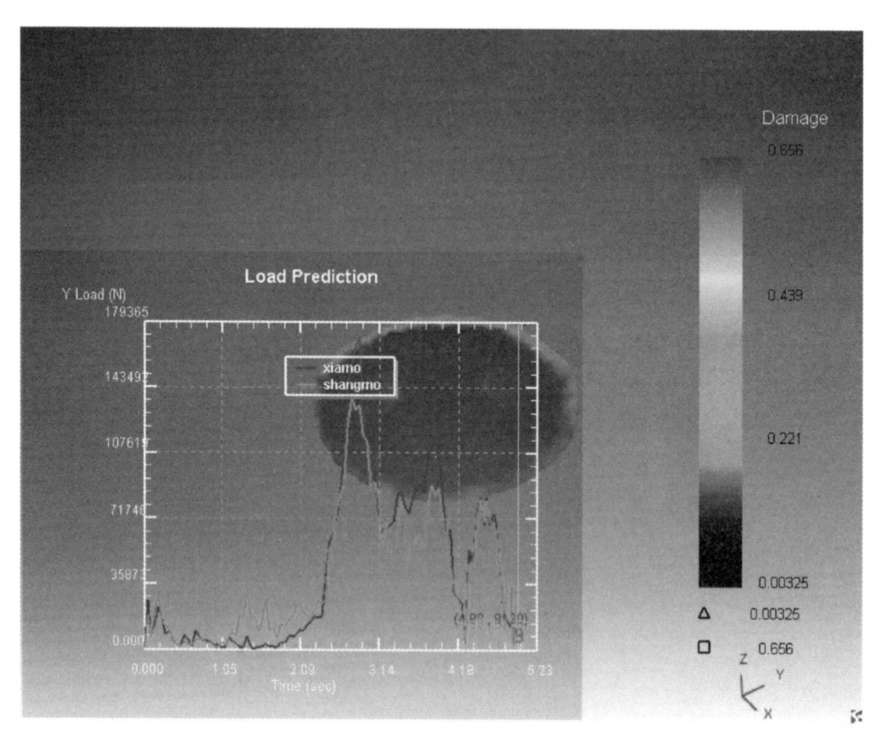

（b）摆头和摆辗凹模的Y向载荷分布

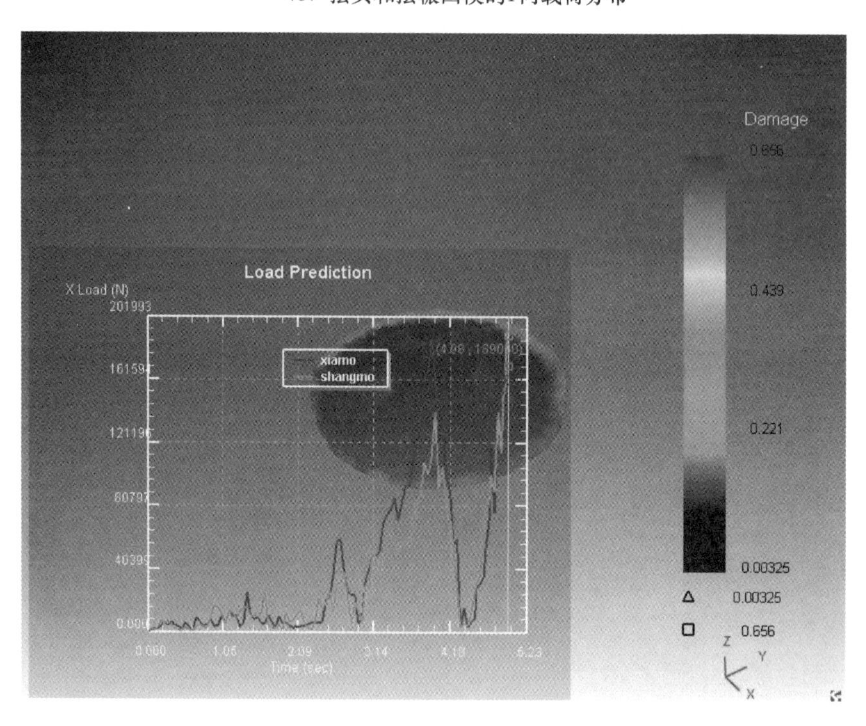

（c）摆头和摆辗凹模的X向载荷分布

图 6.28　冷摆辗成形过程中摆头（上模）和摆辗凹模（下模）的受力情况（续）

图 6.29 所示为冷摆辗成形过程中坯件的变形情况。

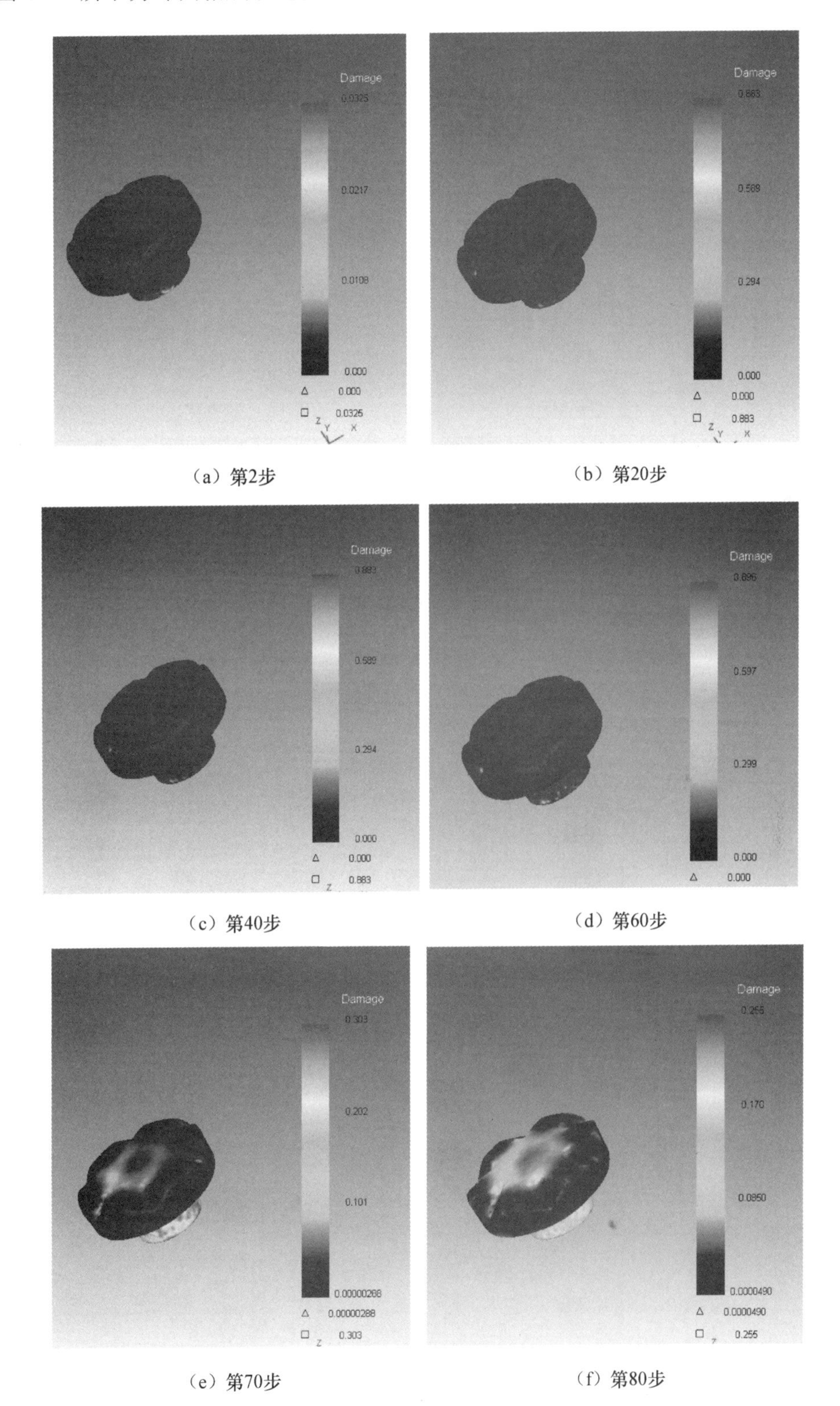

（a）第2步　（b）第20步

（c）第40步　（d）第60步

（e）第70步　（f）第80步

图 6.29　冷摆辗成形过程中坯件的变形情况

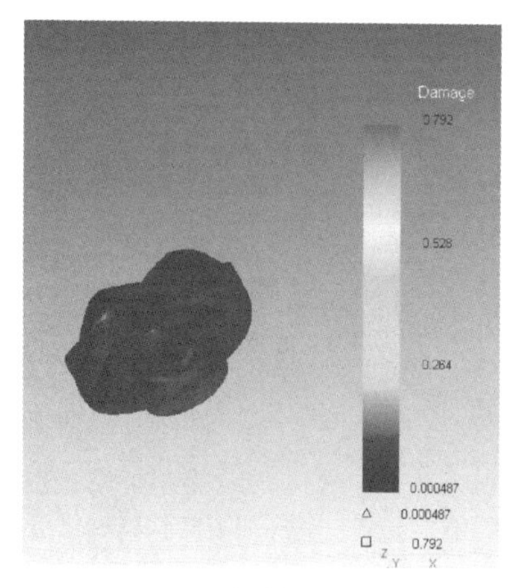

（g）第85步

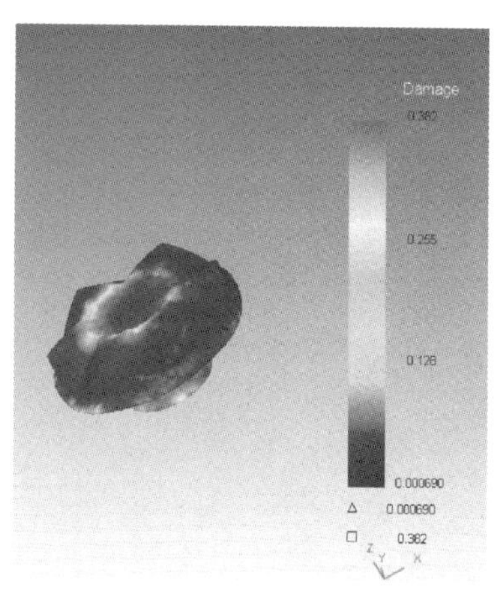

（h）第90步

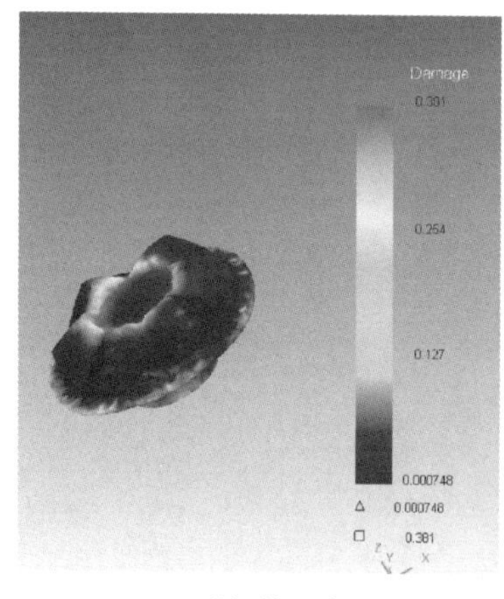

（i）第95步

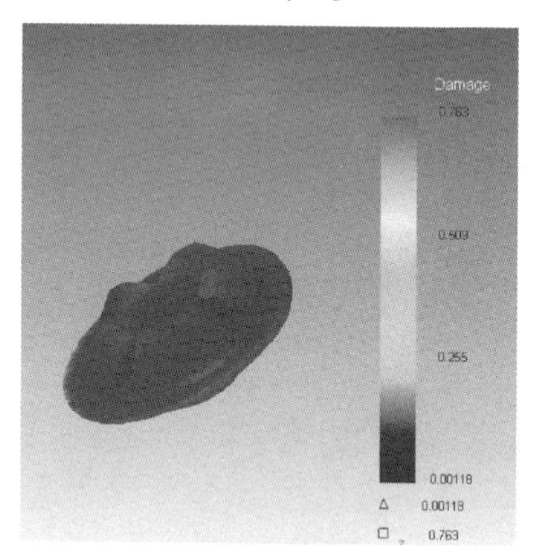

（j）第99步

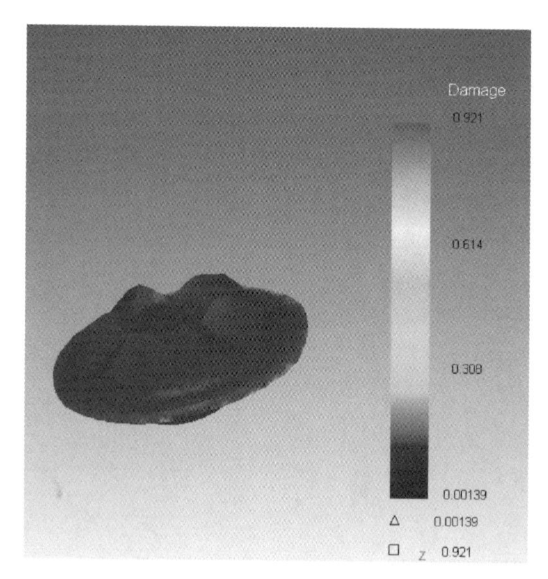

（k）第100步

图 6.29　冷摆辗成形过程中坯件的变形情况（续）

图 6.30 所示为冷摆辗成形过程中等效应变的变化情况。

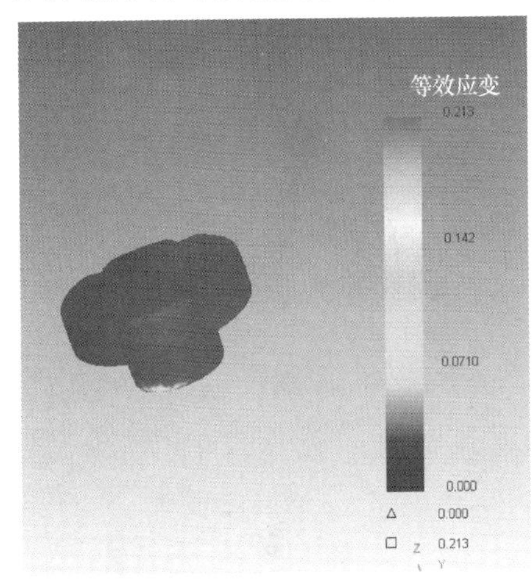

（a）第2步

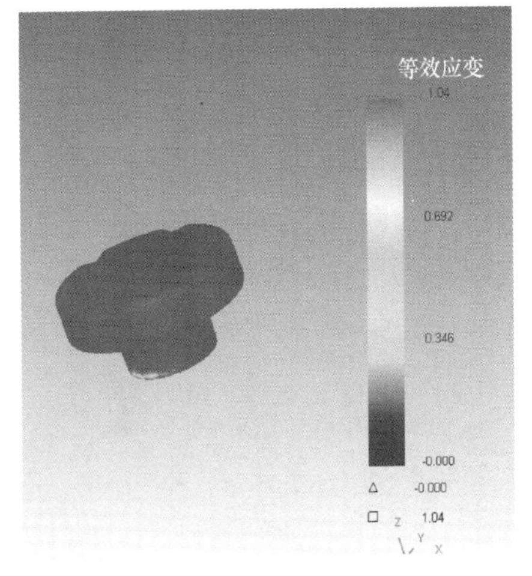

（b）第20步

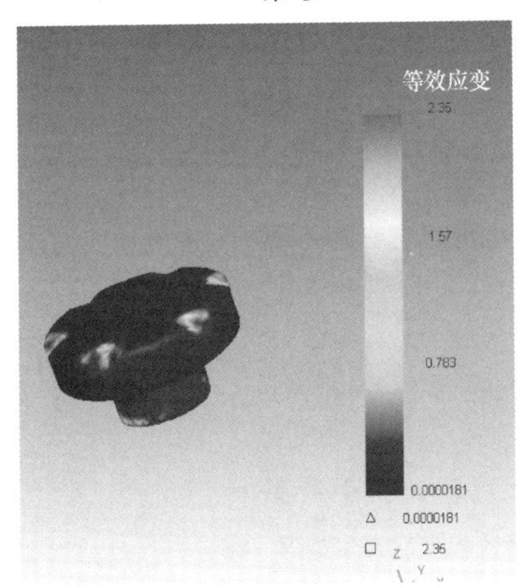

（c）第60步

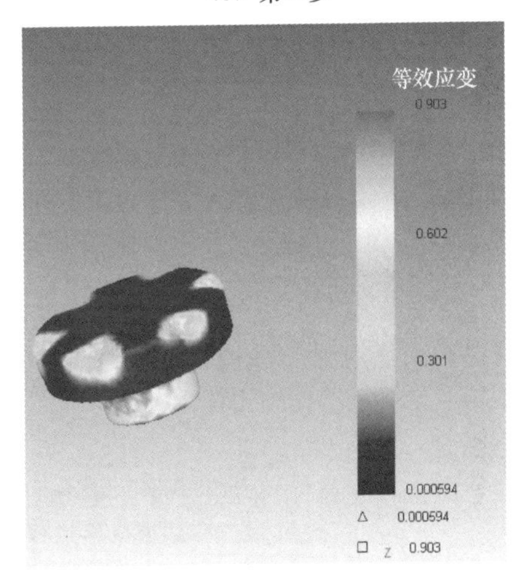

（d）第70步

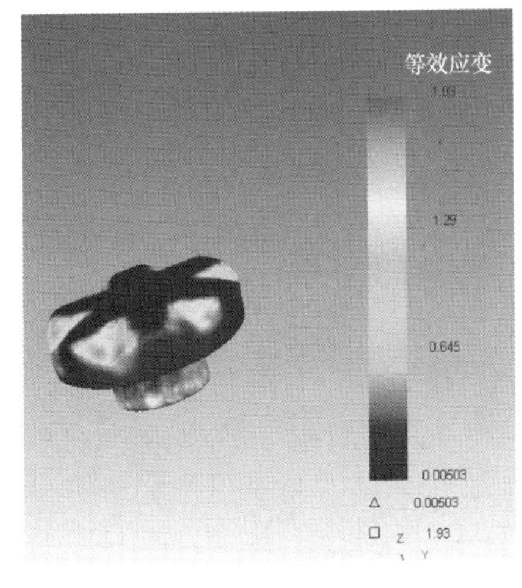

（e）第80步

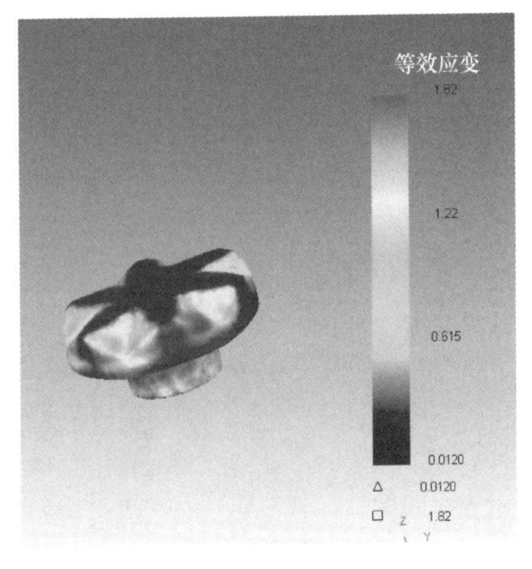

（f）第85步

图 6.30　冷摆辗成形过程中等效应变的变化情况

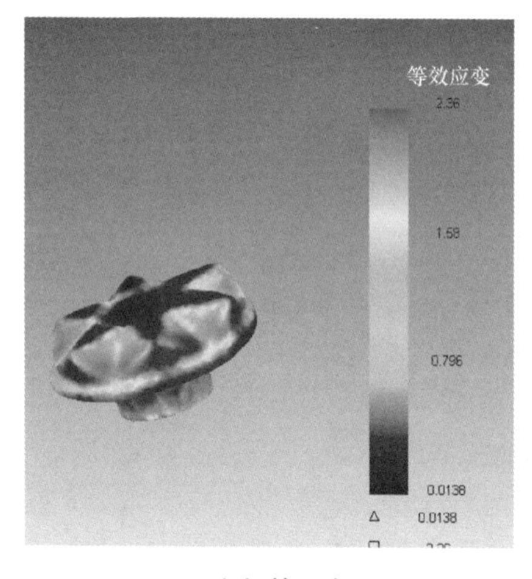

（g）第90步

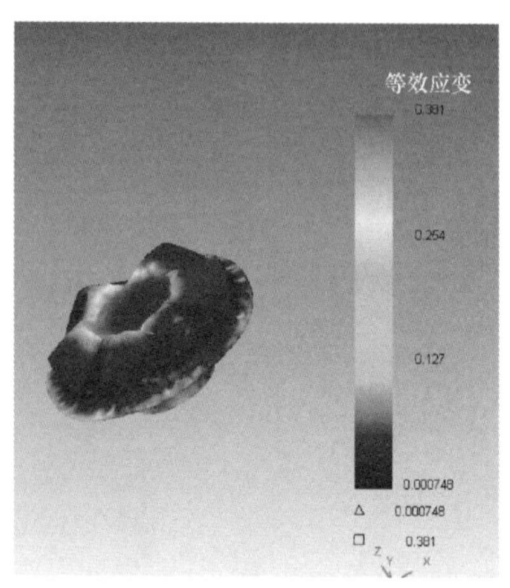

（h）第95步

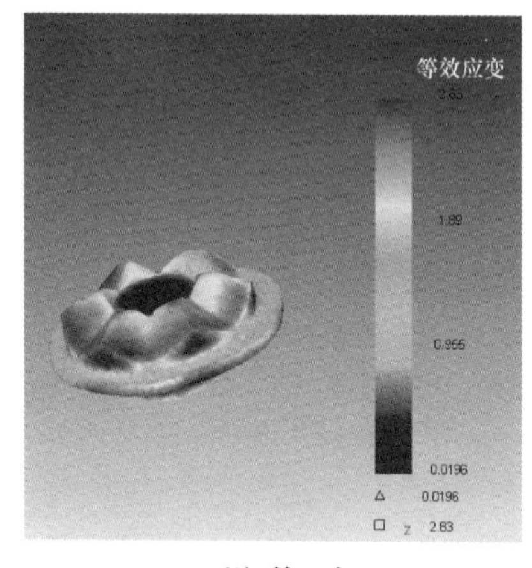

（i）第98步

（j）第100步

图 6.30　冷摆辗成形过程中等效应变的变化情况（续）

图 6.31 所示为冷摆辗成形过程中等效应力的变化情况。

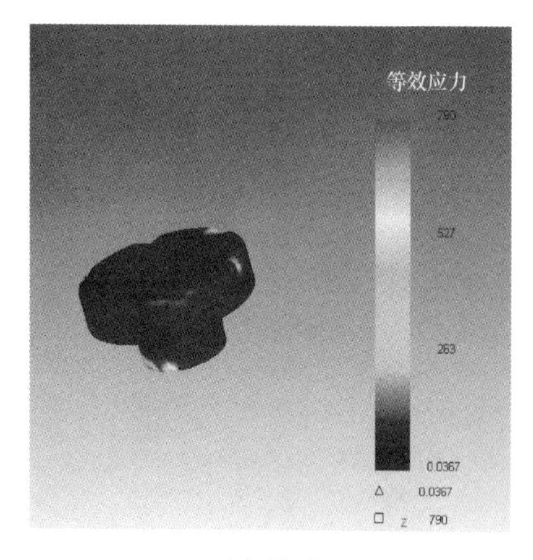

（a）第2步

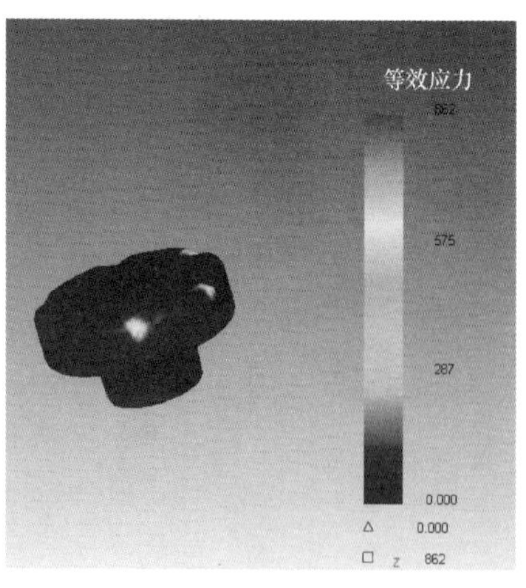

（b）第20步

图 6.31　冷摆辗成形过程中等效应力的变化情况

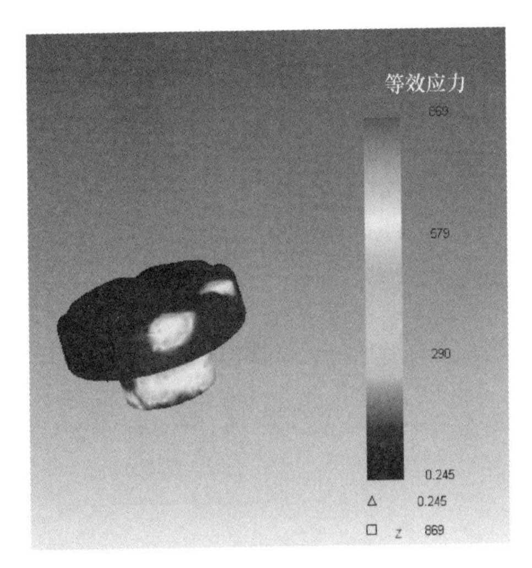

（c）第40步

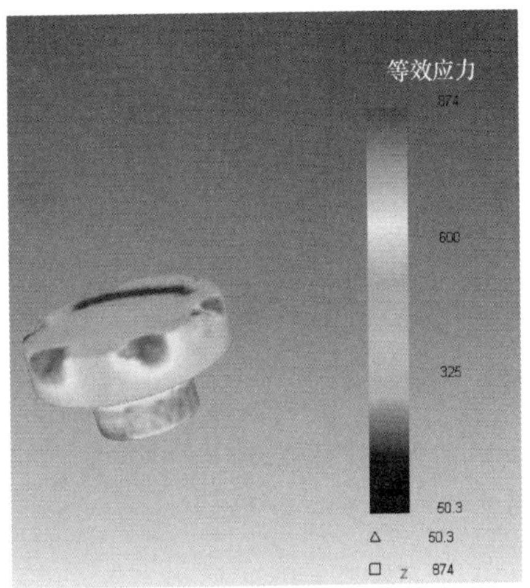

（d）第55步

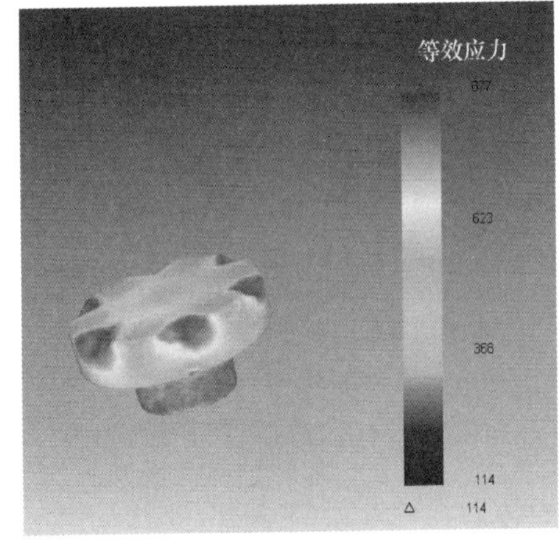

（e）第65步

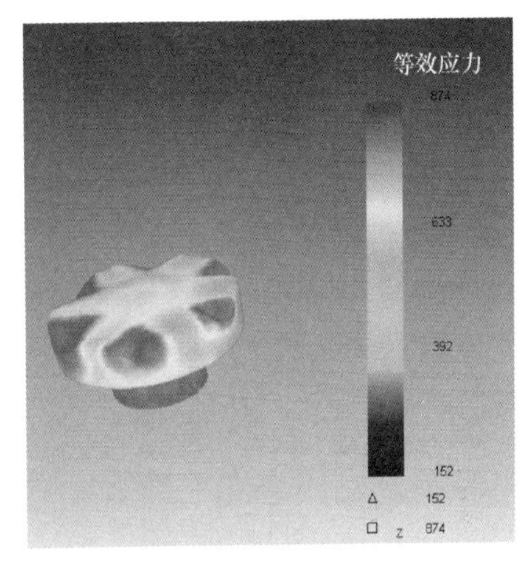

（f）第75步

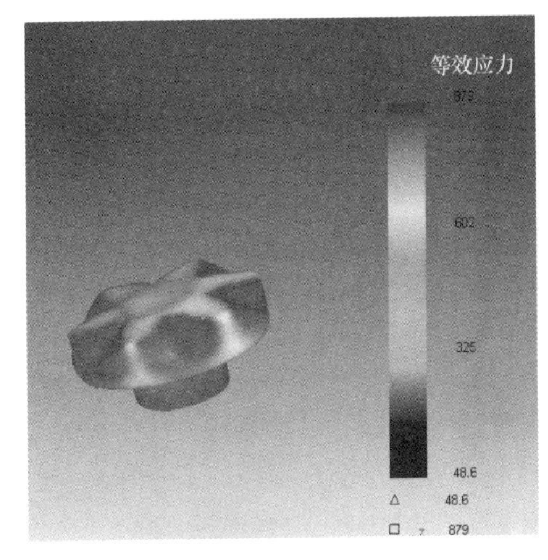

（g）第85步

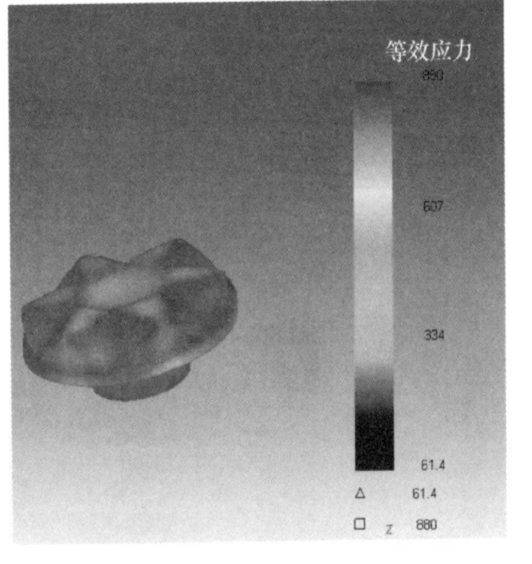

（h）第90步

图 6.31　冷摆辗成形过程中等效应力的变化情况

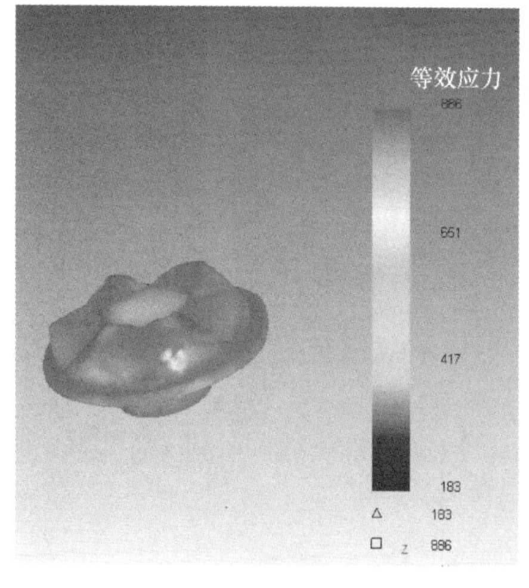

（i）第95步

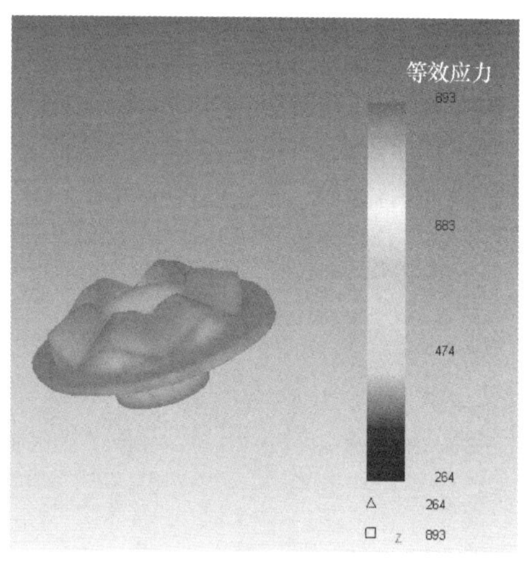

（j）第98步

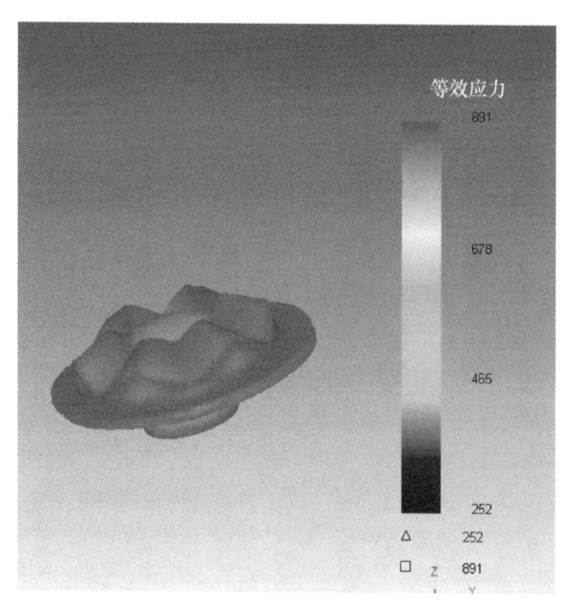

（k）第100步

图 6.31　冷摆辗成形过程中等效应力的变化情况

由图 6.31（k）可知，直接对预制坯冷摆辗成形时，在冷摆辗变形过程中坯料内部的等效应力很大，冷摆辗件容易产生裂纹甚至破裂等。为了减小冷摆辗成形过程中坯料内部的等效应力，需要增加一道预成形工序。

参 考 文 献

[1] 伍太宾，彭树杰．锻造成形工艺与模具 [M]. 北京：北京大学出版社，2017.
[2] 伍太宾，胡亚民．冷摆辗精密成形 [M]. 北京：机械工业出版社，2011.
[3] 伍太宾．精密锻造成形技术在我国的应用 [J]. 精密成形工程，2009，1 (2)：12－18.
[4] 伍太宾．一种传动轴花键挤压成型模具：201721213030.6 [P]. 2018－04－27.
[5] 伍太宾．一种用于生产具有矩形外花键空心轴的冷挤压模具：201520650856.3 [P]. 2016－01－20.
[6] 伍太宾．一种具有矩形外花键空心轴及其制造方法：201510571510.9 [P]. 2018－04－03.
[7] 伍太宾．一种小型电机轴的冷挤压成形模具：202020600097.0 [P]. 2021－02－12.
[8] 伍太宾．一种小型台阶轴的冷镦挤压模具：202020613147.9 [P]. 2021－02－02.
[9] 伍太宾，任广升．汽车差速器锥齿轮的温锻制坯/冷摆辗成形加工技术研究 [J]. 中国机械工程，2005，16 (12)：1106－1109.
[10] 伍太宾，胡亚民，任广升，等．直齿锥齿轮轮齿体积的计算 [J]. 机械，1996，23 (1)：21－24.
[11] 伍太宾，任广升．汽车半轴锥齿轮的精密成形技术和机加工专用夹具研究 [J]. 兵工学报，2007，28 (1)：68－72.
[12] 伍太宾．一种冷摆辗模具：201721213035.9 [P]. 2018－04－10.
[13] 伍太宾．轻型汽车燃油喷射系统分配凸轮盘的高效加工技术 [J]. 汽车技术，2004 (4)：31－34.
[14] 伍太宾．VE 泵端面凸轮冷/温复合成形技术研究 [J]. 金属成形工艺，2003，21 (5)：47－49.
[15] 伍太宾．VE 泵端面凸轮冷摆辗模具的设计与加工 [J]. 模具工业，2004 (2)：27－30.
[16] 伍太宾．沙滩车差速轮的冷摆辗成形工艺 [J]. 精密成形工程，2010，2 (2)：1－4.
[17] 华林，夏汉关，庄武豪．锻压技术理论研究与实践 [M]. 武汉：武汉理工大学出版社，2014.